建设行业专业技术管理人员职业资格培训教材

质量员专业管理实务

中国建设教育协会组织编写

危道军　主编
吴月华　主审

中国建筑工业出版社

图书在版编目（CIP）数据

质量员专业管理实务/中国建设教育协会组织编写.
北京：中国建筑工业出版社，2007
建设行业专业技术管理人员职业资格培训教材
ISBN 978-7-112-09380-9

Ⅰ.质… Ⅱ.中… Ⅲ.建筑工程-工程质量-质量管理-工程技术人员-资格考核-教材 Ⅳ.TU712

中国版本图书馆 CIP 数据核字（2007）第 086129 号

建设行业专业技术管理人员职业资格培训教材
质量员专业管理实务
中国建设教育协会组织编写
危道军　主编
吴月华　主审

*

中国建筑工业出版社出版、发行（北京西郊百万庄）
各地新华书店、建筑书店经销
霸洲市顺浩图文科技发展有限公司制版
北京市安泰印刷厂印刷

*

开本：787×1092 毫米　1/16　印张：16½　字数：399 千字
2007 年 8 月第一版　2015 年 2 月第十六次印刷
定价：**28.00** 元
ISBN 978-7-112-09380-9
（16044）

版权所有　翻印必究
如有印装质量问题，可寄本社退换
（邮政编码 100037）

本书根据《建设行业专业技术人员职业资格考试标准及考试大纲》编写，与《质量员专业基础知识》一书配套使用。

本书主要内容包括：质量检查员岗位职责及职业道德、建筑施工技术、建筑工程施工质量控制、建筑工程施工质量检查和验收、建筑工程施工相关法律法规。重点介绍施工质量控制和工程质量验收方法。文字通顺、深入浅出、通俗易懂、便于自学。

本书可作为质量员职业资格考试培训教材，也可供相关行业工人自学参考。

* * *

责任编辑：朱首明　李　明　吉万旺
责任设计：董建平
责任校对：安　东　王金珠

建设行业专业技术管理人员职业资格培训教材编审委员会

主 任 委 员：许溶烈
副主任委员：李竹成　吴月华　高小旺　高本礼　沈元勤
委　　　员：（按姓氏笔画排序）
　　　　　　邓明胜　艾永祥　危道军　汤振华　许溶烈　孙沛平
　　　　　　杜国城　李　志　李竹成　时　炜　吴之昕　吴培庆
　　　　　　吴月华　沈元勤　张义琢　张友昌　张瑞生　陈永堂
　　　　　　范文昭　周和荣　胡兴福　郭泽林　耿品惠　聂鹤松
　　　　　　高小旺　高本礼　黄家益　章凌云　韩立群　颜晓荣

出 版 说 明

由中国建设教育协会牵头、各省市建设教育协会共同参与的建设行业专业技术管理人员职业资格培训工作，经全国地方建设教育协会第六次联席会议商定，从今年下半年起，在条件成熟的省市陆续展开，为此，我们组织编写了《建设行业专业技术管理人员职业资格培训教材》。

开展建设行业专业技术管理人员职业资格培训工作，一方面是为了满足建设行业企事业单位的需要，另一方面也是为建立行业新的职业资格培训考核制度积累经验。

该套教材根据新制订的职业资格培训考试标准和考试大纲的要求，一改过去以理论知识为主的编写模式，以岗位所需的知识和能力为主线，精编成《专业基础知识》和《专业管理实务》两本，以供培训配套使用。该套教材既保证教材内容的系统性和完整性，又注重理论联系实际、解决实际问题能力的培养；既注重内容的先进性、实用性和适度的超前性，又便于实施案例教学和实践教学，具有可操作性。学员通过培训可以掌握从事专业岗位工作所必需的专业基础知识和专业实务能力。

由于时间紧，教材编写模式的创新又缺少可以借鉴的经验，难度较大，不足之处在所难免。请各省市有关培训单位在使用中将发现的问题及时反馈给我们，以作进一步的修订，使其日臻完善。

中国建设教育协会
2007 年 7 月

序

由中国建设教育协会组织编写的《建设行业专业技术管理人员职业资格培训教材》与读者见面了。这套教材对于满足广大建设职工学习和培训的需求，全面提高基层专业技术管理人员的素质，对于统一全国建设行业专业技术管理人员的职业资格培训和考试标准，推进行业职业资格制度建设的步伐，是一件很有意义的事情。

建设行业原有的企事业单位关键岗位持证上岗制度作为行政审批项目被取消后，对基层专业技术管理人员的教育培训尚缺乏有效的制度措施，而当前，科学技术迅猛发展，信息技术日益渗透到工程建设的各个环节，现在结构复杂、难度高、体量大的工程越来越多，新技术、新材料、新工艺、新规范的更新换代越来越快，迫切要求提高从业人员的素质。只有先进的技术和设备，没有高素质的操作人员，再先进的技术和设备也发挥不了应有的作用，很难转化为现实生产力。我们现在的施工技术、施工设备对生产一线的专业技术人员、管理人员、操作人员都提出了很高的要求。另一方面，随着市场经济体制的不断完善，我国加入WTO过渡期的结束，我国建筑市场的竞争将更加激烈，按照我国加入WTO时的承诺，我国的建筑工程市场将对外开放，其竞争规则、技术标准、经营方式、服务模式将进一步与国际接轨，建筑企业将在更大范围、更广领域和更高层次上参与国际竞争。国外知名企业凭借技术力量雄厚、管理水平高、融资能力强等优势进入我国市场。目前已有39个国家和地区的投资者在中国内地设立建筑设计和建筑施工企业1400多家，全球最大的225家国际承包商中，很多企业已经在中国开展了业务。这将使我国企业面临与国际跨国公司在国际、国内两个市场上同台竞争的严峻挑战。同国际上大型工程公司相比，我国的建筑业企业在组织机构、人力资源、经营管理、程序与标准、服务功能、科技创新能力、资本运营能力、信息化管理等多方面存在较大差距，所有这些差距都集中地反映在企业员工的全面素质上。最近，温家宝总理对建筑企业作了四点重要指示，其中强调要"加强领导班子建设和干部职工培训，提高建筑队伍整体素质。"贯彻落实总理指示，加强企业领导班子建设是关键，提高建筑企业职工队伍素质是基础。由此，我非常支持中国建设教育协会牵头把建设行业基层专业技术管理人员职业资格培训工作开展起来。这也是贯彻落实温总理指示的重要举措。

我希望中国建设教育协会和各地方的同行们齐心协力，规范有序地把这项工作做好，确保工作的质量，满足建设行业企事业单位对专业技术管理人员培训的需要，为行业新的职业资格培训考核制度的建立积累经验，为造就全球范围内的高素质建筑大军做出更大贡献。

姚兵
24/7/07.

前 言

施工项目的质量是工程建设的核心,是决定工程建设成败的关键。抓住质量工程施工就能顺利进行,就能获得良好的社会效益、经济效益和环境效益;丢掉质量,将陷于失控状态,必然对工程建设造成损失。

本书是按照中国建设教育协会组织论证的"建设行业专业技术管理人员《质量员专业管理实务》职业资格培训考试大纲"的要求编写的。在编写过程中,取材上力图反映我国工程建设施工的实际,内容上尽量符合实践需要,以达到学以致用、学有创造的目的。本书参照了我国最新颁布的新标准、新规范,文字上深入浅出、通俗易懂、便于自学,以适应建筑施工企业管理的特点。

本书力求源于实践、高于实践,重点介绍了施工质量的控制与工程质量验收方法,坚持质量第一、预防为主的方针,阐明施工工艺原理、技术标准和保证质量措施,利用数理统计分析方法分析质量问题,坚持质量标准、操作规范,严格检查、验收,一切用数据说话。

本书为质量员职业岗位资格考试培训教材,与《质量员专业基础知识》一书配套使用。

本书在湖北省建设教育协会、湖北城市技术职业技术学院具体组织、指导下由危道军教授主编。具体编写分工为:一由危道军、赵丽娟编写,二由危道军、程红艳、王延该编写,三由盛一芳编写,四由危道军、詹亚明编写,五由危道军、华均编写。全书由危道军统稿,由吴月华审稿。

本书编写过程中得到了中国建设第三工程局、武汉建工集团等的大力支持,在此表示衷心感谢!

本书在编写过程中,参考了大量杂志和书籍,在此,特表示衷心的谢意!并对为本书付出辛勤劳动的编辑同志表示衷心感谢!

由于我们水平有限,加之时间仓促,错误之处在所难免,我们恳切希望广大读者批评指正。

目　录

一、质量检查员岗位职责及职业道德 ················ 1
二、建筑施工技术 ························ 6
　（一）土方工程 ······················ 6
　（二）基础工程 ······················ 21
　（三）砌筑工程 ······················ 32
　（四）钢筋混凝土工程 ··················· 42
　（五）预应力混凝土工程 ·················· 59
　（六）结构安装工程 ···················· 69
　（七）防水工程 ······················ 80
　（八）装饰工程 ······················ 93
　（九）钢结构工程 ····················· 112
　（十）季节性施工 ····················· 119
三、工程施工质量控制 ····················· 129
　（一）工程建设程序 ···················· 129
　（二）施工质量控制的概念和原理 ·············· 138
　（三）工程施工质量控制 ·················· 147
　（四）工程施工质量控制的统计分析 ············· 167
　（五）质量管理体系标准 ·················· 176
四、建筑工程施工质量检查与验收 ················ 186
　（一）建筑工程施工质量验收标准与体系 ··········· 186
　（二）建筑工程施工质量验收的层次划分、程序和组织 ····· 188
　（三）建筑工程施工质量验收规定与记录 ··········· 197
　（四）工程质量缺陷和质量事故处理 ············· 217
五、工程建设施工相关法律法规 ················· 233
　（一）《建设工程质量管理条例》的主要内容 ·········· 233
　（二）工程建设技术标准 ·················· 236
　（三）《建筑法》的主要内容 ················ 239
　（四）建设工程安全生产的相关内容 ············· 248

参考文献 ··························· 254

一、质量检查员岗位职责及职业道德

1. 质量检查员岗位职责

（1）认真学习和贯彻执行国家及建设行政管理部门颁布的有关工程质量控制和保证的各种规范、规程条例。

（2）参与施工组织设计（或施工方案）的制定，了解与掌握施工顺序、施工方法和保证工程质量的技术措施；同时，做好开工前的各种质量保证工作。

（3）参与图纸会审，督促并检查是否严格按图施工，对任意改变图纸设计的行为应立即制止。

（4）对原材料是否按质量要求进行订货、采购、运输、保管等进行监督和检查，对质量低劣或不符合标准者应及时指出。

（5）严格执行技术规程和操作规程，坚持对每一道施工工序都按规范、规程施工和验收，发现质量有问题的应提出，不留隐患。

（6）分析质量问题产生的各种因素，找出影响质量的主要原因，提出针对性的预防（或控制）措施。

（7）坚持"预防为主"的方针，经常组织定期的质量检验活动，将"事先预防"、"事中检查"和"事后把关"结合起来，参与工程竣工的质量检验，并主动提供各种资料。

（8）认真积累和整理各种质量控制、质量保证、质量事故等的资料与报表。

（9）协助施工队长（项目经理）帮助班组兼职质检员加强质量管理，提高操作质量。

（10）协助公司其他部门做好工程交工后的回访和保修工作。

2. 质量检查员职业道德

质量检查员是施工现场重要的技术人员，其自身素质对工程项目的质量、成本、进度有很大影响。因此，要求质量检查员应具有良好的职业道德：

（1）热爱质量检查员本职工作，爱岗敬业，工作认真，一丝不苟，团结合作。

（2）遵纪守法，模范地遵守建设职业道德规范。

（3）维护国家的荣誉和利益。

（4）执行有关工程建设的法律、法规、标准、规程和制度。

（5）努力学习专业技术知识，不断提高业务能力和水平。

（6）认真负责地履行自己的义务和职责，保证工程质量。

3. 质量检查员工作内容及工作程序

（1）参加图纸会审

1）对图纸的质量问题提出意见；

2）对施工中可能出现的技术质量难点提出保证质量的技术措施；

3）对质量"通病"提出预防措施。

（2）提出质量控制计划

1）将质量控制计划向班组进行交底；

2）组织实施控制计划。

(3) 对材料进行检验

建筑材料质量的优劣，在很大程度上影响建筑产品质量的好坏。正确合理地使用材料，也是确保建筑安装工程质量的关键。

为了做好这项工作，施工企业要根据实际需要建立和健全材料试验机构，配备人员和仪器。试验机构在企业总工程师及技术部门的领导下，严格遵守国家有关的技术标准、规范和设计要求，并按照有关的试验操作规程进行操作，提出准确可靠的数据，确保试验工作质量。

凡用于施工的建筑材料，必须由供应部门提出合格证明，对那些没有合格证明的或虽有证明，但技术领导或质量管理部门认为有必要复验的材料，在使用前必须进行抽查、复验，证明合格后才能使用。为杜绝假冒伪劣产品用于工程中，防止建筑施工中出现质量事故，施工中所用的钢材、水泥必须在使用前作两次检验。

凡在现场配制的各种材料，如混凝土、砂浆等，均需按照有资质的试验机构确定的配合比和操作方法进行配制和施工，施工班组不得擅自改变。初次采用的新材料或特殊材料、代用材料必须经过试验、试制和鉴定，制定出质量标准和操作规程后，才能在工程上使用。

(4) 对构件与配件进行检验

由生产提供的构件与配件不参加分部工程质量评定，但构件与配件必须符合合格标准，检查出厂合格证。

构件与配件检验一般分为门窗制作质量和钢筋混凝土预制构件质量检验。门窗制作质量检查数量，按不同规格的框、扇件数各抽查5%，但均不少于3件。

(5) 技术复核

在施工过程中，对重要的或影响全工程的技术工作，必须在分项工程正式施工前进行复核，以免发生重大差错，影响工程的质量和使用。

技术复核的项目及内容：

1）建筑物的项目及高程：包括四角定位轴线桩的坐标位置，各轴线桩的位置及其间距，龙门板上轴线钉的位置，轴线引桩的位置，水平桩上所示室内地面的绝对标高。

2）地基与基础工程：包括基坑（槽）底的土质，基础中心线的位置，基础的底标高，基础各部分尺寸。

3）钢筋混凝土工程：包括模板的位置、标高及各部分尺寸，预埋件及预留孔的位置和牢固程度，模板内部的清理及湿润情况，混凝土组成材料的质量情况，现浇混凝土的配合比，预制构件的安装位置及标高、接头情况、起吊时预测强度以及预埋件的情况。

4）砖石工程：包括墙身中心线位置，皮数杆上砖皮划分及其竖立的标高，砂浆配合比。

5）屋面工程：指沥青玛琋脂的配合比。

6）管道工程：包括暖气、热力、给水、排水、燃气管道的标高及坡度，化粪池检查井的底标高及各部分的尺寸。

7）电气工程：包括变电、配电的位置，高低压进出口方向，电缆沟的位置及标高，送电方向。

8）其他：包括工业设备、仪器仪表的完好程度、数量和规格，以及根据工程需要指定的复核项目。

（6）隐蔽工程验收

隐蔽工程是指那些在施工过程中，上一道工序的工作结果将被下一道工序所掩盖，是否符合质量要求已无法再进行复查的工程部位。例如：钢筋混凝土工程的钢筋，地基与基础工程中的地基土质、基础尺寸及标高，打桩的数量和位置等。为此，这些工程在下一工序施工以前，应由项目质量总监邀请建设单位、监理单位、设计单位共同进行隐蔽工程检查和验收，并认真办好隐蔽工程验收签证手续。隐蔽工程验收资料是今后各项建筑安装工程的合理使用、维护、改造、扩建的一项重要技术资料，必须归入工程技术档案。

注意，隐蔽工程验收应结合技术复核、质量检查工作进行，重要部位改变时还应摄影，以备查考。

隐蔽工程验收项目与检查内容如下：

1）土方工程：包括基坑（槽）或管沟开挖竣工图，排水盲沟设置情况，填方土料、冻土块含量及填土压实试验记录。

2）地基与基础工程：包括基坑（槽）底土质情况，基底标高及宽度，对不良基土采取的处理情况，地基夯实施工记录、打桩施工记录及桩位竣工图。

3）砖石工程：包括基础砌体，沉降缝、伸缩缝和防震缝，砌体中配筋情况。

4）钢筋混凝土工程：包括钢筋的品种、规格、形状、尺寸、数量及位置，钢筋接头情况，钢筋除锈情况，预埋件数量及其位置，材料代用情况。

5）屋面工程：包括保温隔热层、找平层、防水层的施工记录。

6）地下防水工程：包括卷材防水层及沥青胶结材料防水层的基层；防水层被地面、砌体等掩盖的部位，管道设备穿过防水层的固封处等。

7）地面工程：包括地面下的地基土、各种防护层及经过防腐处理的结构或连接件。

8）装饰工程：指各类装饰工程的基础情况。

9）管道工程：包括各种给水、排水、暖、卫、暗管道的位置、标高、坡度、试压、通风试验、焊接、防腐与防锈保温，以及预埋件等情况。

10）电气工程：包括各种暗配电气线路的位置、规格、标高、弯度、防腐、接头等情况，电缆耐压绝缘试验记录，避雷针接地电阻试验。

11）包括完工后无法进行检查的工程、重要结构部位和有特殊要求的隐蔽工程。

（7）竣工验收

工程竣工验收是对建筑企业生产、技术活动成果进行的一次综合性检查验收。因此，在工程正式交工验收前，应由施工安装单位进行自检与自验，发现问题及时解决。

建设单位收到工程验收报告后，应由建设单位（项目）负责人组织施工（含分包单位）设计、监理等单位（项目）负责人进行单位（子单位）工程验收。所有工程项目都要严格按照建筑工程施工质量检验统一标准和验收规范办理验收手续，填写竣工验收记录。竣工验收文件要归入工程技术档案。在竣工验收时，施工单位应提供竣工资料。

（8）质量检查评定

建筑安装工程质量检验评定应按分项工程、分部工程及单位工程三个阶段进行。

1）分项工程质量检查评定程序

① 确定分项工程名称：根据实际情况参照建筑工程分部分项工程名称表、建筑设备安装工程分部分项工程名称表确定该工程的分项工程名称。

② 主控项目检查：按照规定的检查数量，对主控项目各项进行质量情况检查。

③ 一般项目检查：按照规定的检查数量，对一般项目各项逐点进行质量情况检查。对允许偏差各测点逐点进行实测。

④ 填写分项工程质量检验评定表：将主控项目的质量情况、一般项目的质量情况及允许偏差的实测值逐项填入分项工程质量检验评定表内，并评出主控项目各项的质量。统计允许偏差项目的合格点数，计算其合格率；综合质量结果，对应分项工程质量标准来评定该分项工程的质量。工程负责人、工长（施工员）及班组长签名，专职质量检查员签署核定意见。

2) 分部工程质量检验评定程序

① 汇总分项工程：将该分部工程所属的分项工程汇总在一起。

② 填写分部工程质量评定表：把各分项工程名称、项数、合格项数逐项填入表内，并统计合格率，对应分部工程质量标准评定其质量。最后，由有关技术人员签名。

3) 单位工程质量检验详定程序

① 观感质量评分：按照单位工程观感质量评分表上所列项目，对应质量检验评定标准进行观感检查。

各项评定等级填入表内，统计应得分及实得分，计算其得分率。检查人员签名。

② 填写单位工程质量综合评定表：将分部工程评定汇总、质量保证资料及质量观感评定情况一起填入单位工程质量综合评定表内，根据这3项评定情况对照单位工程质量检验评定标准，评定单位工程质量。单位工程质量综合评定表填好后，在表下盖企业公章，并由企业经理或企业技术负责人签名。业主代表、监理单位、设计单位在该单位工程的负责人或技术负责人栏签名，盖上公章，报政府质监部门备案。

（9）工程技术档案

1) 工程技术档案的内容

工程技术档案一般由两部分组成。

① 第一部分是有关建筑物合理使用、维护、改建、扩建的参考文件。在工程交工时，随同其他交工资料一并提交建设单位保存。其主要内容包括：施工执照复印件，地质勘探资料，永久水准点的坐标位置，建筑物测量记录，工程技术复核记录，材料试验记录（含出厂证明），构件、配件出厂证明及检验记录，设备的调整和试运转记录，图纸会审记录及技术核定单，竣工工程项目一览表及其预决算书，隐蔽工程验收记录，工程质量事故的发生和处理记录，建筑物的沉降和变形观测记录，由施工和设计单位提出的建筑物及其设备使用注意事项文件，分项分部及单位工程质量检验评定表，其他有关该工程的技术决定。

② 第二部分是系统积累的施工经济技术资料。其主要内容包括：施工组织设计、施工方案和施工经验；新结构、新技术、新材料的试验研究资料，以及施工方法、施工操作专题经验；重大质量和安全事故情况、原因分析及其补救措施的记录；技术革新建议、试验、采用、改进记录，有关技术管理的经验及重大技术决定；施工日记。

2) 工程技术档案管理

工程技术档案的建立、汇集和整理工作应当从施工准备开始，直到工程交工为止，贯穿于施工的全过程。

凡是列入工程技术的文件和资料，都必须经各级技术负责人正式审定。所有的文件和资料都必须如实反映情况，不得擅改、伪造或事后补做。

工程技术档案必须严加管理，不得遗失或损坏。人员调动必须办理交接手续。由施工单位保存的工程技术档案，根据工程的性质，确定其保存期限。由建设单位保存的工程技术档案应永久保存，直到该工程拆毁。

二、建筑施工技术

（一）土方工程

土方工程包括土（或石）的开挖、运输、填筑、平整和压实等主要施工过程，以及排水、降水和土壁支撑等准备工作和辅助工作。

1. 土的工程分类与鉴别

（1）土的工程分类

在土方工程施工中，根据土开挖的难易程度（坚硬程度），将土分为松软土、普通土、坚土、砂砾坚土、软石、次坚石、坚石、特坚石共八类土。前四类属一般土，后四类属岩石，其分类方法如表2-1。

土的工程分类　　　　　　　　　　　　　　　表2-1

土的分类	土的名称	坚实系数 f	密度 (t/m³)	开挖方法及工具
一类土（松软土）	砂土、粉土、冲积砂土层、疏松的种植土、淤泥（泥炭）	0.5~0.6	0.6~1.5	用锹、锄头挖掘，少许用脚蹬
二类土（普通土）	粉质黏土；潮湿的黄土；夹有碎石、卵石的砂；粉土混卵（碎）石；种植土、填土	0.6~0.8	1.1~1.6	用锹、锄头挖掘，少许用镐翻松
三类土（坚土）	软及中等密实黏土；重粉质黏土、砾石土；干黄土；含有碎石卵石的黄土、粉质黏土；压实的填土	0.8~1.0	1.75~1.9	主要用镐，少许用锹、锄头挖掘，部分用撬棍
四类土（砂砾坚土）	坚硬密实的黏性土或黄土；含碎石卵石的中等密实的黏性土或黄土；粗卵石；天然级配砂石；软泥灰岩	1.0~1.5	1.9	整个先用镐、撬棍，后用锹挖掘，部分用楔子及大锤
五类土（软石）	硬质黏土；中密的页岩、泥灰岩、自主土；胶结不紧的砾岩；软石灰及贝壳石灰岩	1.5~4.0	1.1~2.7	用镐或撬棍、大锤挖掘，部分使用爆破方法
六类土（次坚石）	泥岩、砂岩、砾岩；坚实的页岩、泥灰岩、密实的石灰岩；风化花岗岩、片麻岩及正长岩	4.0~10.0	2.2~2.9	用爆破方法开挖，部分用风镐
七类土（坚石）	大理石、辉绿岩；玢岩、粗、中粒花岗岩；坚实的白云岩、砂岩、砾岩、片麻岩、石灰岩；微风化安山岩；玄武岩	10.0~18.0	2.5~3.1	用爆破方法开挖
八类土（特坚石）	安山岩；玄武岩；花岗片麻岩；坚实的细粒花岗岩、闪长岩、石英岩、辉长岩、辉绿岩、玢岩、角闪岩	18.0~25.0以上	2.7~3.3	用爆破方法开挖

注：坚实系数 f 为相当于普氏岩石强度系数。

（2）土的现场鉴别

1）碎石土现场鉴别方法

① 卵（碎）石：一半以上的颗粒超过20mm，干燥时颗粒完全分散，湿润时用手拍击表面无变化，无粘着感觉。

② 圆（角）砾：一半以上的颗粒超过2mm（小高粱粒大小），干燥时颗粒完全分散，湿润时用手拍击表面无变化，无粘着感觉。

2）砂土现场鉴别方法

① 砾砂：约有 1/4 以上的颗粒超过 2mm（小高粱粒大小），干燥时颗粒完全分散，湿润时用手拍击表面无变化，无粘着感觉。

② 粗砂：约有一半的颗粒超过 0.5mm（细小米粒大小），干燥时颗粒完全分散，但有个别胶结在一起，湿润时用手拍击表面无变化，无粘着感觉。

③ 中砂：约有一半的颗粒超过 0.25mm，干燥时颗粒基本分散，局部胶结但一碰就散，湿润时用手拍击表面偶有水印，无粘着感觉。

④ 细砂：大部分颗粒与粗粒米粉近似，干燥时颗粒大部分分散，少量胶结，部分稍加碰撞即散，湿润时用手拍击表面有水印，偶有轻微粘着感觉。

⑤ 粉砂：大部分颗粒与细米粉近似，干燥时颗粒大部分分散，大部分胶结，稍有压力可分散，湿润时用手拍击表面有显著翻浆现象，有轻微粘着感觉。

在观察颗粒粗细进行分类时，应将鉴别的土样从表中颗粒最粗类别逐级查对，当首先符合某一类的条件时，即按该类土定名。

3）黏性土的现场鉴别

① 黏土：湿润时用刀切切面光滑，有粘刀阻力。湿土用手捻摸时有滑腻感，感觉不到有砂粒，水分较大，很粘手。干土土块坚硬，用锤才能打碎；湿土易粘着物体，干燥后不易剥去。湿土捻条塑性大，能搓成直径小于 0.5mm 的长条（长度不短于手掌），手持一端不易断裂。

② 粉质黏土：湿润时用刀切切面平整、稍有光滑。湿土用手捻摸时稍有滑腻感，感觉到有少量砂粒，有粘滞感。干土土块用力可压碎；湿土易粘着物体，干燥后易剥去。湿土捻条有塑性，能搓成直径为 2～3mm 的土条。

4）粉土的现场鉴别

湿润时用刀切切面稍粗糙、不光滑。湿土用手捻摸时有轻微粘滞感，感觉到砂粒较多。干土土块用手捏或抛扔时易碎；湿土不易粘着物体，干燥后一碰即掉。湿土捻条塑性小，能搓成直径为 2～3mm 的短条。

5）人工填土的现场鉴别

无固定颜色，夹杂有砖瓦碎块、垃圾、炉灰等，夹杂物显露于外，构造无规律；浸入水中大部变为稀软淤泥，其余部分为砖瓦、炉灰，在水中单独出现；湿土搓条一般能搓成 3mm 土条，但易断，遇有杂质甚多时，就不能搓条，干燥后部分杂质脱落，故无定形，稍微施加压力即行破碎。

6）淤泥的现场鉴别

灰黑色有臭味，夹杂有草根等动植物遗体，夹杂物经仔细观察可以发觉，构造常呈层状；浸入水中外观无显著变化，在水中出现气泡；湿土搓条一般能搓成 3mm 土条（至少长 30mm），容易断裂，干燥后体积显著收缩，强度不大，锤击时呈粉末状，用手指能捻碎。

7）黄土的现场鉴别

黄褐两色的混合色，有白色粉末出现在纹理之中，夹杂物常清晰可见，构造有肉眼可见的垂直大孔；浸入水中即行崩散而分成散的颗粒，在水面上出现很多白色液体；湿土搓条与正常粉质黏土类似，干燥后强度很高，用手指不易捻碎。

8）泥炭的现场鉴别

深灰或黑色，夹杂有半腐朽的动植物遗体，其含量超过60%，夹杂物有时可见，构造无规律；浸入水中极易崩碎变为稀软淤泥，其余部分为植物根、动物残体渣滓悬浮于水中；湿土搓条一般能搓成1～3mm土条，干燥后大量收缩，部分杂质脱落，故有时无定形。

2. 常见土方边坡与深基坑支护方法

开挖土方时，边坡土体的下滑力产生剪应力，此剪应力主要由土体的内摩阻力和内聚力平衡，一旦土体失去平衡，边坡就会塌方。为了防止塌方，保证施工安全，在基坑（槽）开挖深度超过一定限度时，土壁应放坡开挖，或者加以临时支撑或支护以保证土壁的稳定。

（1）土方边坡及其稳定

1）边坡坡度

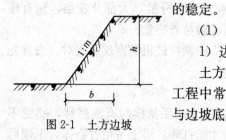

图2-1 土方边坡

土方边坡用边坡坡度和边坡系数表示，两者互为倒数，工程中常以1:m表示放坡。边坡坡度是以土方挖土深度h与边坡底宽b之比表示（如图2-1），即：

$$土方边坡坡度 = \frac{h}{b} = 1:m \quad (2-1)$$

边坡系数是以土方边坡底宽b与挖土深度h之比表示，用m表示，即：

$$土方边坡系数 \ m = \frac{b}{h} \quad (2-2)$$

土方边坡的大小应根据土质条件、开挖深度、地下水位、施工方法、附近堆土、机械荷载、相邻建筑物的情况等因素确定。

开挖基坑（槽）时，当土质为天然湿度、构造均匀、水文地质条件良好（即不会发生坍滑、移动、松散或不均匀下沉），且无地下水时，开挖基坑也可不必放坡，采取直立开挖不加支护，但挖方深度应按表2-2的规定。

基坑（槽）和管沟不放坡也不加支撑时的容许深度　　表2-2

项次	土 的 种 类	容许深度(m)
1	密实、中密的砂子和碎石类土（充填物为砂土）	1.0
2	硬塑、可塑的粉质黏土及粉土	1.25
3	硬塑、可塑的黏土和碎石类土（充填物为黏性土）	1.5
4	坚硬的黏土	2.0

对使用时间较长的临时性挖方边坡坡度，应根据工程地质和边坡高度，结合当地实践经验确定。在山坡整体稳定的情况下，如地质条件良好，土质较均匀，高度在5m内不加支撑的边坡最陡坡度可按表2-3确定。

2）浅基坑（槽）支撑

对宽度不大，深5m以内的浅沟、槽（坑），一般宜设置简单的横撑式支撑，其形式根据开挖深度、土质条件、地下水位、施工时间长短、施工季节和当地气象条件、施工方法与相邻建（构）筑物情况进行选择。

横撑式支撑根据挡土板的不同，分为水平挡土板和垂直挡土板两类，水平挡土板的布置又分间断式、断续式和连续式三种；垂直挡土板的布置分断续式和连续式两种（图2-2）。

深度在 5m 内的基坑（槽）、管沟边坡的最陡坡度（不加支撑） 表 2-3

土 的 类 别	边坡坡度（高：宽）		
	坡顶无荷载	坡顶有静载	坡顶有动载
中密的砂土	1：1.00	1：1.25	1：1.50
中密的碎石类土（充填物为砂土）	1：0.75	1：1.00	1：1.25
硬塑的粉土	1：0.67	1：0.75	1：1.00
中密的碎石类土（充填物为黏性土）	1：0.50	1：0.67	1：0.75
硬塑的粉质黏土、黏土	1：0.33	1：0.50	1：0.67
老黄土	1：0.10	1：0.25	1：0.33
软土（经井点降水后）	1：1.00	—	—

注：1. 静载指堆土或材料等，动载指机械挖土或汽车运输作业等。静载或动载距挖方边缘的距离应保证边坡和直立壁的稳定，堆土或材料应距挖方边缘 0.8m 以外，高度不超过 1.5m。
2. 当有成熟施工经验时，可不受本表限制。

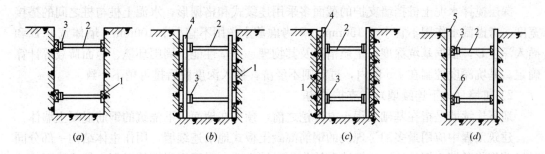

图 2-2 浅基坑支撑
(a) 间断式水平支撑；(b) 断续式水平支撑；(c) 连续式水平支撑；(d) 连续式垂直支撑
1—水平挡土板；2—横撑木；3—木楔；4—竖楞木；5—垂直挡土板；6—横楞木

间断式水平支撑适于能保持立壁的干土或天然湿度的黏土类土，地下水很少，深度在 2m 以内。

断续式水平支撑适于能保持直立壁的干土或天然湿度的黏土类土，地下水很少，深度在 3m 以内。

连续式水平支撑适于较松散的干土或天然湿度的黏土类土，地下水很少，深度为 3~5m。

连续式或间断式垂直支撑适于土质较松散或湿度很高的土，地下水较少，深度不限。

采用横撑式支撑时，应随挖随撑，支撑要牢固。施工中应经常检查，如有松动、变形等现象时，应及时加固或更换。支撑的拆除应按回填顺序依次进行，多层支撑应自下而上逐层拆除，随拆随填。

（2）深基坑支护结构

深基坑支护方案的选择应根据基坑周边环境、土层结构、工程地质、水文情况、基坑形状、开挖深度、工程拟采用的挖方和排水方法、施工作业设备条件、安全等级和工期要求以及技术经济效果等因素综合全面地考虑而定。深基坑支护虽为一种施工临时性辅助结构物，但对保证工程顺利进行和临近地基的已有建（构）筑物的安全影响极大。

1) 重力式支护结构

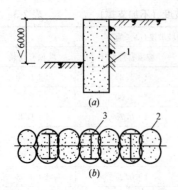

图 2-3 深层搅拌水泥土桩挡墙支护
(a) 水泥土墙；(b) 劲性水泥土搅拌桩
1—水泥土墙；2—水泥土搅拌桩；3—H型钢

深基坑的各种支护可分为两类，即重力式支护结构和非重力式支护结构（也称柔性支护结构）。常用的重力式支护结构是深层搅拌水泥土桩挡墙。

深层搅拌水泥土桩挡墙是以深层搅拌机就地将边坡土和压入的水泥浆强力搅拌形式连续搭接的水泥土柱桩挡墙（图 2-3a），水泥土与其包围的天然土形成重力式挡墙支挡周围土体，使边坡保持稳定，这种桩墙是依靠自重和刚度进行挡土和保护坑壁，一般不设支撑，或特殊情况下局部加设支撑，具有良好的抗渗透性能（渗透系数 $\leqslant 10^{-7}$ cm/s），能止水防渗，起到挡土防渗双重作用。水泥搅拌桩重力式支护结构常应用于软黏土地区开挖深度约在 6m 左右的基坑工程。

深层搅拌水泥土桩挡墙支护的截面多采用连续式和格栅形，水泥土桩与桩之间的搭接宽度，考虑截水作用不宜小于 150mm，不考虑截水作用不宜小于 100mm。墙体宽度 B 和插入深度 D，根据基坑深度、土质情况及其物理、力学性能、周围环境、地面荷载等计算确定。基坑深度控制在 7m 以内，过深则不经济，插入深度前后排可稍不一致。

2) 桩墙（地下连续墙）式支护结构

地下连续墙是指在基础工程土方开挖之前，预先在地面以下浇筑的钢筋混凝土墙体。

建筑工程中应用最多的是现浇的钢筋混凝土板式地下连续墙，用作主体结构一部分同时又兼作临时挡土墙的地下连续墙和纯为临时挡土墙。对于现浇钢筋混凝土板式地下连续墙，其施工工艺过程通常如图 2-4 所示，其中修筑导墙、泥浆制备与处理、深槽挖掘、钢筋笼制备与吊装以及混凝土浇筑，是地下连续墙施工中主要的工序。

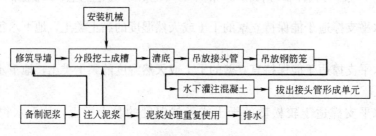

图 2-4 地下连续墙施工工艺过程

① 修筑导墙、制作泥浆

深槽开挖前，必须沿着地下连续墙的轴线位置开挖导沟，浇筑混凝土做导墙。导墙的作用：起挡土墙作用；起基准作用；起重物支承作用；防止泥浆漏失；保持泥浆稳定；防止雨水等地面水流入槽内；起到对相邻结构物的补强作用。

泥浆的主导作用是护壁，有以下功能：携渣、冷却和滑润作用。泥浆通常使用膨润土，还添加掺合物和水。

② 挖深槽

挖槽是地下连续墙施工中的关键工序。地下连续墙挖槽的主要工作：单元槽段划分、挖槽机械的选择与正确使用、制定防止槽壁坍塌的措施和特殊情况的处理等。

③ 清底

在挖槽结束后清除以沉渣为代表的槽底沉淀物的工作称为清底。清除槽底沉渣的方法一般采用吸力泵法、压缩空气法和潜水泥浆泵法。

④ 钢筋笼加工和吊放

钢筋笼根据地下连续墙墙体配筋图和单元槽段的划分来制作。钢筋笼最好按单元槽段做成一个整体。如果地下连续墙很深或受起重设备能力的限制,需要分段制作。

钢筋笼的起吊、运输和吊放应周密的制定施工方案,不允许在此过程中产生不能恢复的变形。钢筋笼起吊应用横吊梁式吊架,吊点布置和起吊方式要防止起吊时引起钢筋笼变形。

⑤ 混凝土浇筑

地下连续墙混凝土用导管法进行浇筑。在混凝土浇筑过程中,导管下口总是埋在混凝土内1.5m以上。混凝土浇筑高度应保证凿除浮浆后,墙顶标高符合设计要求,其他要求与一般施工方法相同。

3）土层锚杆支护结构

土层锚杆（又称土锚杆）一端插入土层中,另一端与挡土结构拉结,借助锚杆与土层的摩擦阻力产生的水平抗力来抵抗土的侧压力来维护挡土结构的稳定。土层锚杆的施工是在深基坑侧壁的土层钻孔至要求深度,或再扩大孔的端部形成柱状或球状扩大头,在孔内放入钢筋、钢管或钢丝束、钢绞线,灌入水泥浆或化学浆液,使与土层结合成为抗拉（拔）力强的锚杆。在锚杆的端部通过横撑（钢横梁）借螺母联结或再张拉施加预应力将挡土结构受到的侧压力,通过拉杆传给稳定土层,以达到控制基坑支护的变形,保持基坑土体和坑外建筑物稳定的目的。

① 土层锚杆的分类

土层锚杆的种类形式较多,有一般灌浆锚杆、扩孔灌浆锚杆、压力灌浆锚杆、预应力锚杆、重复灌浆锚杆、二次高压灌浆锚杆等多种,最常用的是前四种。土层锚杆根据支护深度和土质条件可设置一层或多层。当土质较好时,可采用单层锚杆；当基坑深度较大、土质较差时,单层锚杆不能完全保证挡土结构的稳定,需要设置多层锚杆。土层锚杆通常会和排桩支护结合起来使用（图2-5）。

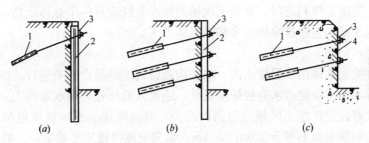

图2-5 土层锚杆支护形式

(a) 单锚支护；(b) 多锚支护；(c) 破碎岩土支护

1—土层锚杆；2—挡土灌注桩或地下连续墙；3—钢横梁(撑)；4—破碎岩土层

② 土层锚杆的构造与布置

土层锚杆的构造。土层锚杆的构造为:由锚头、支护结构、拉杆、锚固体等部分组成。土层锚杆根据主动滑动面,分为自由段 L_{fa}（非锚固段）和锚固段 L_c（图2-6）。土层

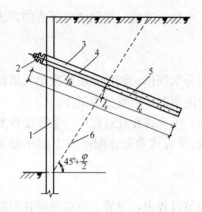

图 2-6 土层锚杆长度的划分
1—挡土灌注桩（支护）；2—锚杆头部；3—锚孔；4—拉杆；5—锚固体；6—主动土压裂面
l_{fa}—非锚固段长度；l_c—锚固段长度；l_s—锚杆长度

锚杆的自由段处于不稳定土层中，要使它与土层尽量脱离，一旦土层有滑动时，它可以伸缩，其作用是将锚头所承受的荷载传递到锚固段去。锚固段处于稳定土层中，要使它与周围土层结合牢固，通过与土层的紧密接触将锚杆所受荷载分布到周围土层中去。锚固段是承载力的主要来源。锚杆锚头的位移主要取决于自由段。

③ 施工工艺方法要点

土层锚杆施工一般先将支护结构施工完成，开挖基坑至土层锚杆标高，随挖随设置一层土层锚杆，逐层向下设置，直至完成。

A. 成孔

成孔方法的选择主要取决于土质和钻孔机械。常用的土层锚杆钻孔方法有：螺旋钻孔干作业法、压水钻进成孔法、潜钻成孔法。

B. 安放拉杆

拉杆应由专人制作，下料长度应为自由段、锚固段及外露长度之和。外露长度须满足锚固及张拉作业要求，钻完后尽快安设，以防塌孔。拉杆使用前，要除锈和除油污。孔口附近拉杆钢筋应先涂一层防锈漆，并用两层沥青玻璃布包扎做好防锈层。

C. 锚杆灌浆

灌浆的作用是：形成锚固段，将锚杆锚固在土层中；防止钢拉杆腐蚀；填充土层中的孔隙和裂缝。锚杆灌浆材料多用水泥浆，采用普通水泥。灌浆方法分一次灌浆法和二次灌浆法两种。

D. 张拉与锚固

土层锚杆灌浆后，待锚固体强度达到80%设计强度以上便可对锚杆进行张拉和锚固。

3. 土方施工排水与降水

为了保证土方施工顺利进行，对施工现场的排水系统应有一个总体规划，做到场地排水通畅。土方施工排水包括排除地面水和降低地下水。

（1）地面排水

地面水的排除通常采用设置排水沟、截水沟或修筑土堤等设施来进行。应尽量利用自然地形来设置排水沟，以便将水直接排至场外，或流入低洼处再用水泵抽走。

主排水沟最好设置在施工区域或道路的两旁，其横断面和纵向坡度根据最大流量确定。一般排水沟的横断面不小于 0.5m×0.5m，纵向坡度根据地形确定，一般不小于 3‰。在山坡地区施工，应在较高一面的坡上，先做好永久性截水沟，或设置临时截水沟，阻止山坡水流入施工现场。在低洼地区施工时，除开挖排水沟外，必要时还需修筑土堤，以防止场外水流入施工场地。出水口应设置在远离建筑物或构筑物的低洼地点，并保证排水通畅。

（2）集水井降水

为了防止边坡塌方和地基承载能力的下降，必须做好基坑降水工作。降低地下水位的方法有集水井降水法和井点降水法两种。集水井降水法一般宜用于降水深度较小且地层为粗粒土层或黏性土时；井点降水法一般宜用于降水深度较大，或土层为细砂和粉砂，或是软土地区时。

1) 集水井设置

采用集水井降水法施工，是在基坑（槽）开挖时，沿坑底周围或中央开挖排水沟，在沟底设置集水井（图2-7），使坑（槽）内的水经排水沟流向集水井，然后用水泵抽走。抽出的水应引开，以防倒流。

排水沟和集水井应设置在基础范围以外，一般排水沟的横断面不小于0.5m×0.5m，纵向坡度宜为1‰～2‰；集水井每隔20～40m设置一个，其直径或宽度一般为0.6～0.8m，其深度随着挖土的加深而加深，要始终低于挖土面0.7～1.0m。井壁可用竹、木等简易加固。当基坑挖至设计标高后，集水井底应低于坑底1～2m，并铺

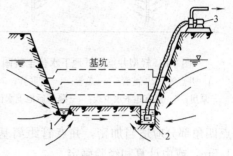

图2-7 集水井降水
1—排水沟；2—集水坑；3—水泵

设0.3m左右的碎石滤水层，以免抽水时将泥沙抽走，并防止集水井底的土被扰动。

2) 流砂产生及防治

当基坑（槽）挖土至地下水水位以下时，土质又是细砂或粉砂，若采用集水井法降水，坑底的土就受到动水压力的作用。如果动水压力等于或大于土的浮重度时，土粒失去自重处于悬浮状态，能随着渗流的水一起流动，带入基坑边发生流砂现象。流砂防治的具体措施有抢挖法、打板桩法、水下挖土法、人工降低地下水位、地下连续墙法等。

(3) 井点降水

井点降水法也称为人工降低地下水位法，就是在基坑开挖前，预先在基坑四周埋设一定数量的滤水管（井），利用抽水设备从中抽水，使地下水位降落在坑底以下，直至施工结束为止。井点降水法有：轻型井点、喷射井点、电渗井点、管井井点及深井泵等。各种方法的选用，可根据土的渗透系数、降低水位的深度、工程特点、设备及经济技术比较等具体条件参照表2-4选用。其中以轻型井点采用较广，下面作重点介绍。

各类井点的使用范围　　　表2-4

项　次	井点类别	土层渗透系数(m/d)	降低水位深度(m)
1	单层轻型井点	0.1～50	2～6
2	多层轻型井点	0.1～50	6～12（由井点层数而定）
3	喷射井点	0.1～2	8～20
4	电渗井点	<0.1	根据选用的井点确定
5	管井井点	20～200	3～5
6	深井井点	10～250	>10

① 轻型井点设备：轻型井点设备主要包括井点管、滤管、集水总管、弯联管、抽水设备等（图2-8）。

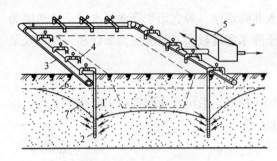

图 2-8 轻型井点降低地下水位全貌图
1—井点管；2—滤管；3—总管；4—弯联管；5—水泵房；6—原有地下水位线；7—降低后地下水位线

② 轻型井点的布置：井点系统的布置，应根据基坑平面形状与大小、土质、地下水位高低与流向、降水深度要求等确定。

平面布置：当基坑或沟槽宽度小于 6m，水位降低值不大于 5m 时，可用单排线状井点，布置在地下水流的上游一侧，两端延伸长一般不小于沟槽宽度（图 2-9）。如沟槽宽度大于 6m 或土质不良，宜用双排井点（图 2-10）。面积较大的基坑宜用环状井点（图 2-11）。有时也可布置为 U 形，以利挖土机械和运输车辆出入基坑。环状井点四角部分应适当加密，井点管距离基坑一般为 0.7～1.0m，井点管间距一般用 0.8～1.5m，或由计算和经验确定。

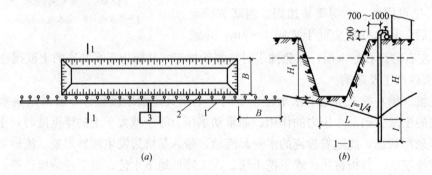

图 2-9 单排线状井点的布置
(a) 平面布置；(b) 高程布置
1—总管；2—井点管；3—抽水设备

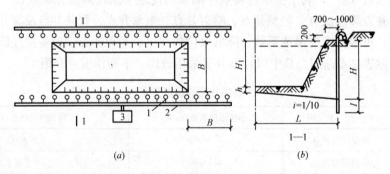

图 2-10 双排线状井点布置
(a) 平面布置；(b) 高程布置
1—井点管；2—总管；3—抽水设备

高程布置：轻型井点的降水深度在考虑设备水头损失后，不超过 6m。井点管的埋设深度 H（不包括滤管长见图 2-9、图 2-10、图 2-11），按下式计算：

$$H \geqslant H_1 + h + IL \tag{2-3}$$

式中 H_1——井管埋设面至基坑底的距离（m）；

L——井点管至基坑中心(单排线状井为至基坑这边)的水平距离(m);
h——基坑中心处基坑底面至降低后地下水位的距离,一般为 0.5~1.0m;
I——地下水降落坡度,环状井点 1/10,单排线状井点为 1/45。

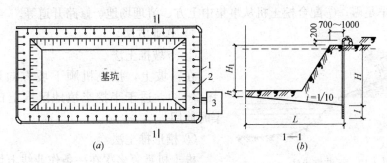

图 2-11 环形井点布置
(a)平面布置;(b)高程布置
1—总管;2—井点管;3—抽水设备

如果计算出的 H 值大于井点管长度,则应降低井点管的埋置面(但以不低于地下水位为准)以适应降水深度的要求。在任何情况下,滤管必须埋在透水层内。总管应具有 0.25%~0.5%坡度(坡向泵房)。各段总管与滤管最好分别设在同一水平面,不宜高低悬殊。

当一级井点系统达不到降水深度要求,可视其具体情况采用其他方法降水。如上层土的土质较好时,先用集水井排水法挖去一层土再布置井点系统;也可采用二级井点,即先挖去第一级井点所疏干的土,然后再在其底部装设第二级井点(图 2-12)。

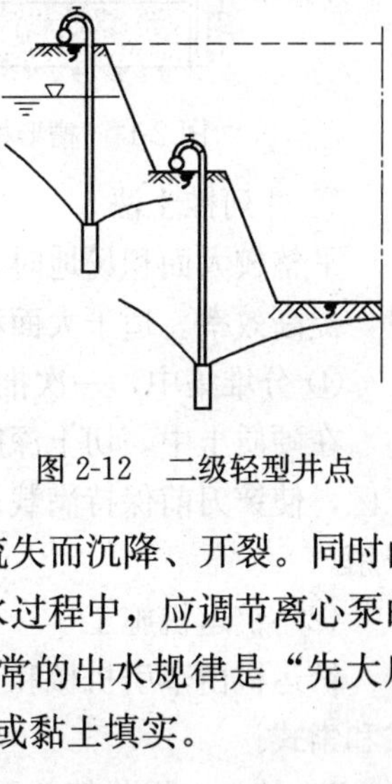

③ 轻型井点的使用

轻型井点使用时,一般应连续(特别是开始阶段)。时抽

图 2-12 二级轻型井点

时停滤管网容易堵塞,出水浑浊并引起附近建筑物由于土颗粒流失而沉降、开裂。同时由于中途停抽,使地下水回升,也可能引起边坡塌方等事故,抽水过程中,应调节离心泵的出水阀以控制水量,使抽吸排水保持均匀,做到细水长流。正常的出水规律是"先大后小,先浑后清"。井点降水工作结束后所留的井孔,必须用砂砾或黏土填实。

4. 常用土方施工机械的性能、特点与选用

常用的施工机械有:推土机、铲运机、单斗挖土机、装载机等,施工时应正确选用施工机械,加快施工进度。

(1)推土机施工

推土机是土方工程施工的主要机械之一,是在拖拉机上安装推土板等工作装置而成的机械。

1)特点:操作灵活、运转方便、需工作面小,可挖土、运土,易于转移,行驶速度快,应用广泛。

2)性能:①推平;②运距 100m 内的堆土(效率最高为 60m);③开挖浅基坑;④推送松散的硬土、岩石;⑤回填、压实;⑥配合铲运机助铲;⑦牵引;⑧下坡坡度最大

35°，横坡最大为10°，几台同时作业，前后距离应大于8m。

3) 适用范围：①一～四类土；②找平表面，场地平整；③短距离移挖作业，回填基坑（槽）、管沟并压实；④开挖深不大于1.5m的基坑（槽）；⑤堆筑高1.5m内的路基、堤坝；⑥拖羊足碾；⑦配合挖土机从事集中土方、清理场地、修路开道等。

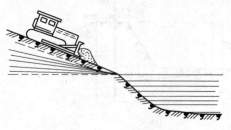

4) 作业方法

① 下坡推土法

在斜坡上，推土机顺下坡方向切土与堆运（图2-13），适于半挖半填地区推土丘，回填沟、渠时使用。

② 槽形推土法

推土机重复多次在一条作业线上切土和推土，使地面逐渐形成一条浅槽（图2-14），再反复在沟槽中进行推土。当推土层较厚，运距较远较厚时使用。

图2-13 下坡推土法

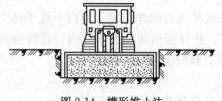

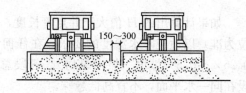

图2-14 槽形推土法   图2-15 并列推土法

③ 并列推土法

平整较大面积场地时，可采用2～3台推土机并列作业（图2-15），以减少土体漏失量，提高效率。适于大面积场地平整及运送土用。

④ 分堆集中，一次推送法

在硬质土中，切土深度不大，将土先积聚在一个或数个中间点，然后再整批推送到卸土区，使铲刀前保持满载。适于运送距离较远，而土质又比较坚硬，或长距离分段送土时采用。

(2) 铲运机施工

铲运机由牵引机械和土斗组成，按行走方式分拖式和自行式两种，其操纵机构分油压式和索式。

1) 特点：操作简单灵活，不受地形限制，不特设道路，准备工作简单，能独立工作，不需其他机械配合，完成铲土、运土、卸土、填筑、压实工序，行驶速度快，易于转移；需用劳力少，生产效率高。

2) 性能：①大面积整平；②开挖大型基坑、沟渠；③运距800～1500m内的挖运土（效率最高为200～350m）；④填筑路基、堤坝；⑤回填压实土方；⑥坡度控制在20°以内。

3) 适用范围：①开挖含水率27%以下的一～四类土；②大面积场地平整、压实；③运距800m内的挖运土方；④开挖大型基坑（槽）、管沟，填筑路基等。但不适于砾石层、冻土地带及沼泽地区使用。

4) 开行路线（图2-16）

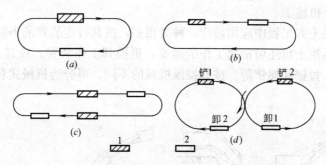

图 2-16 铲运机开行路线

(a)、(b) 环形路线；(c) 大环形路线；(d) 8 字形路线

1—铲土；2—卸土

① 小环形开行路线：这是一种简单又常用的路线。从挖方到填方按环形路线回转，每次循环只完成一次铲土和卸土。

② 大环行开行路线：从挖方到填方均按封闭的大环行路线回转，当挖土和填土交替，而刚好填土区在挖土区内两端时，则可采用大环形路线。其优点是一个循环能完成多次铲土和卸土，减少铲运机的转弯次数，提高生产效率。

③ "8" 字形开行路线：一个循环完成两次挖土和卸土作业。装土和卸土沿直线开行时进行，转弯时刚好把土装完或倾卸完毕，但两条路线间的夹角 α 应小于 60°。适于开挖管沟、沟边卸土或土坑较长（300～500m）的侧向取土、填筑路基以及场地平整等工程采用。

5) 作业方法

① 下坡铲土法

铲运机利用地形顺地势（坡度一般 3°～9°）下坡铲土（图 2-17），适于斜坡地形大面积场地平整或推土回填沟渠用。

② 跨铲法

在较坚硬的地段挖土时，取留土埂间隔铲土（图 2-18）。适用于较坚硬的土铲土回填或场地平整。

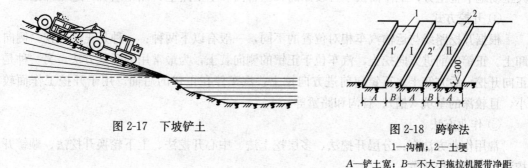

图 2-17 下坡铲土

图 2-18 跨铲法

1—沟槽；2—土埂

A—铲土宽；B—不大于拖拉机履带净距

③ 助铲法

在地势平坦，土质较坚硬时，可使用自行铲运机，另配一台推土机在铲运机的后拖杆上进行顶推，协助铲土，可缩短每次铲土时间，装满铲斗，可提高生产率。适于地势平坦，土质坚硬，宽度大、长度长的大型场地平整工程采用。

(3) 单斗挖土机施工

单斗挖土机在土方工程中应用较广，种类很多，按其行走装置的不同，分为履带式和轮胎式两类。单斗挖土机还可根据工作的需要，更换其工作装置。按其工作装置的不同，分为正铲、反铲、拉铲和抓铲等。按其操纵机械的不同，可分为机械式和液压式两类，如图2-19所示。

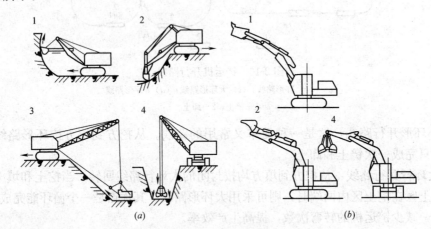

图 2-19 单斗挖土机
(a) 机械式；(b) 液压式
1—正铲；2—反铲；3—拉铲；4—抓铲

1) 正铲挖土机

① 特点：正铲挖土机装车轻便灵活，回转速度快，移位方便；能挖掘坚硬土层，易控制开挖尺寸，工作效率高。挖土特点是："前进向上，强制切土"。

② 性能：开挖停机面以上土方；工作面应在1.5m以上；开挖高度超过挖土机挖掘高度时，可采取分层开挖；装车外运；它与运土汽车配合能完成整个挖运任务。可用于开挖大型干燥基坑以及土丘等。

③ 适用范围：开挖含水量不大于27%的一～四类土和经爆破后的岩石与冻土碎块；大型场地平整土方；工作面狭小且较深的大型管沟和基槽路堑；独立基坑；边坡开挖。

④ 开挖方式

根据开挖路线与运输汽车相对位置的不同，一般有以下两种：一种是正向开挖，侧向卸土。正铲向前进方向挖土，汽车位于正铲的侧向装土，为最常用的开挖方法。另一种是正向开挖，后方卸土。正铲向前进方向挖土，汽车停在正铲的后面。用于开挖工作面较小，且较深的基坑（槽）、管沟和路堑等。

⑤ 作业方法

常用作业方法有：分层开挖法、多层挖土法、中心开挖法、上下轮换开挖法、顺铲开挖法、间隔开挖法等。

2) 反铲挖土机

① 反铲挖土机的挖土特点是："后退向下，强制切土"。其挖掘力比正铲小，能开挖停机面以下的一～三类土（索式反铲只宜挖一～二类土），适用于挖基坑、基槽和管沟、有地下水的土或泥泞土。一次开挖深度取决于最大挖掘深度的技术参数。

② 作业方法

根据挖掘机的开挖路线与运输汽车的相对位置不同，一般有以下几种：沟端开挖法、沟侧开挖法等。沟端开挖法反铲停于沟端，后退挖土，同时往沟一侧弃土或装汽车运走。适于一次成沟后退挖土，挖出土方随即运走时采用，或就地取土填筑路基或修筑堤坝等。沟侧开挖法反铲停于沟侧沿沟边开挖，汽车停在机旁装土或往沟一侧卸土。本法稳定性较差，用于横挖土体和需将土方甩到离沟边较远的距离时使用。

3) 拉铲挖土机

① 特点：拉铲挖土机挖土半径和挖土深度较大，但不如反铲灵活，开挖精确性差。适用于挖停机面以下的一～二类土。可用于开挖大而深的基坑或水下挖土。拉铲挖掘机的挖土特点是："后退向下，自重切土"。拉铲挖土时，吊杆倾斜角度应在45°以上，先挖两侧然后中间，分层进行，保持边坡整齐；距边坡的安全距离应不小于2m。

② 开挖方式

沟端开挖法：拉铲停在沟端，倒退着沿沟纵向开挖。开挖宽度可以达到机械挖土半径的两倍，能两面出土，汽车停放在一侧或两侧，装车角度小，坡度较易控制，并能开挖较陡的坡。适于就地取土填筑路基及修筑堤坝。

沟侧开挖法：拉铲停在沟侧沿沟横向开挖，沿沟边与沟平行移动，如沟槽较宽，可在沟槽的两侧开挖。本法开挖宽度和深度均较小，一次开挖宽度约等于挖土半径，且开挖边坡不易控制。适用于开挖土方就地堆放的基坑、基槽以及填筑路堤等工程。

4) 抓铲挖土机

抓铲挖土机一般由正、反铲液压挖土机更换工作装置（去掉土斗换上抓斗）而成，或由履带式起重机改装。抓铲挖土机挖掘力较小，适用于开挖停机面以下的一～二类土，如挖窄而深的基坑、疏通旧有渠道以及挖取水中淤泥等，或用于装卸碎石、矿渣等松散材料。在软土地基的地区，常用于开挖基坑等。抓铲挖掘机的挖土特点是："直上直下，自重切土"。抓铲能抓在回转半径范围内开挖基坑上任何位置的土方，并可在任何高度上卸土（装车或弃土）。

5. 土方填筑与压实

(1) 填筑要求

1) 土料要求：填方土料应符合设计要求，保证填方的强度和稳定性。

2) 应分层回填。

3) 土方回填时，透水性大的土应在透水性小的土层之下。

(2) 填土压实方法

填土压实可采用人工压实，也可采用机械压实，当压实量较大，或工期要求比较紧时一般采用机械压实。常用的机械压实方法有碾压法、夯实法和振动压实法等。

碾压法是利用机械滚轮的压力压实土层，使之达到所需的密实度，此法多用于大面积填土工程。

夯实法是利用夯锤自由下落的冲击力来夯实土层，主要用于小面积回填。

振动压实法是将振动压实机放在土层表面，借助振动机械使压实机械振动，土颗粒在振动力的作用下发生相对位移而达到紧密状态。这种方法用于振实非黏性土效果较好。

对密实要求不高的大面积填方，在缺乏碾压机械时，可采用推土机、拖拉机或铲运机结合行驶、推（运）土、平土来压实。对已回填松散的特厚土层，可根据回填厚度和设计对密实度的要求采用重锤夯实或强夯等机具方法来夯实。

6. 土方工程施工质量标准

(1) 柱基、基坑、基槽和管沟基底的土质，必须符合设计要求，并严禁扰动。

(2) 填方的基底处理，必须符合设计要求或施工规范规定。

(3) 填方柱基、坑基、基槽、管沟回填的土料必须符合设计要求和施工规范。

(4) 填土施工过程中应检查排水措施、每层填筑厚度、含水量控制和压实程度。

(5) 填方和柱基、基坑、基槽、管沟的回填等对有密实度要求的填方，在夯实或压实之后，必须按规定分层夯压密实。取样测定压实后土的干密度，90%以上符合设计要求，其余10%的最低值与设计值的差不应大于 0.08g/cm³，且不应集中。

土的实际干密度可用环刀法（或灌砂法）测定，或用小轻便触探仪直接通过锤击数来检验干密度和密实度，符合设计要求后，才能填筑上层。其取样组数：柱基回填取样不少于柱基总数的10%，且不少于5个；基槽、管沟回填每层按长度20~50m取样一组；基坑和室内填土每层按100~500m² 取样一组；场地平整填土每层按400~900m² 取样一组，取样部位应在每层压实后的下半部。用灌砂法取样应为每层压实后的全部深度。

(6) 土方工程外形尺寸的允许偏差和检验方法，应符合表2-5的规定。

(7) 填方施工结束后，应检查标高、边坡坡度、压实程度等，检验标准应符合表2-6的规定。

土方开挖工程质量检验标准　　　　表 2-5

项序		项目	允许偏差或允许值(mm)					检验方法
			柱基基坑基槽	挖方场地平整		管沟	地(路)面基层	
				人工	机械			
主控项目	1	标高	-50	±30	±50	-50	-50	水准仪
	2	长度、宽度（由设计中心线向两边量）	+200 -50	+300 -100	+500 -150	+100	—	经纬仪，用钢尺检查
	3	边坡	按设计要求					观察或用坡度尺检查
一般项目	1	表面平整度	20	20	50	20	20	用2m靠尺和塞尺检查
	2	基底土性	按设计要求					观察或土样分析

填土工程质量检验标准　　　　表 2-6

项序		项目	允许偏差或允许值(mm)					检验方法
			柱基基坑基槽	挖方场地平整		管沟	地(路)面基层	
				人工	机械			
主控项目	1	标高	-50	±30	±50	-50	-50	水准仪
	2	分层压实系数	按设计要求					按规定方法
一般项目	1	回填土料	按设计要求					取样检查或直观鉴别
	2	分层厚度及含水量	按设计要求					水准仪及抽样检查
	3	表面平整度	20	20	30	20	20	用靠尺或水准仪

(二) 基础工程

软弱的地基必须经过技术处理加固，才能满足工程建设的要求。对于土质良好的地基，当其难以承受建筑物全部荷载时，也同样需要对地基进行加固处理。经处理达到设计要求的地基称为人工地基，反之则称为天然地基。

1. 常用地基加固方法

(1) 换土垫层法

换土垫层法就是挖除地表浅层软弱土层或不均匀土层，回填坚硬、较大粒径的材料，并夯压密实形成垫层，作为人工填筑的持力层的地基处理方法。

1) 灰土地基

灰土地基就是用石灰与黏性土拌和均匀，分层夯实而形成垫层。其承载能力可达300kPa，适用于一般黏性土地基加固，施工简单，费用较低。

① 材料要求

土料：采用就地挖出的黏性土及塑性指数大于4的粉土；

石灰：应用Ⅲ级以上新鲜的块灰，使用前1~2d消解并过筛。

② 施工要点

A. 铺设前应先检查基槽，待合格后方可施工。

B. 灰土的体积比配合应满足一般规定，一般说来，体积比为3：7或2：8。

C. 灰土施工时，应适当控制其含水量，以手握成团，两指轻捏能碎为宜，如土料水分过多或不足时，可以晾干或洒水润湿。灰土应拌和均匀，颜色一致，拌好应及时铺设夯实。

D. 在地下水位以下的基槽、基坑内施工时，应先采取排水措施，在无水情况下施工。应注意在夯实后的灰土三天内不得受水浸泡。

E. 灰土分段施工时，不得在墙角、柱墩及承重窗间墙下接缝，上下相邻两层灰土的接缝间距不得小于500mm，接缝处的灰土应充分夯实。

F. 灰土夯打完后，应及时进行基础施工，并随时准备回填土。

2) 砂和砂石地基

砂和砂石地基就是用夯（压）实的砂或砂石垫层替换基础下部一定软土层，从而起到提高基础下地基承载力、减少地基沉降、加速软土层的排水固结作用。

① 材料要求

砂：使用颗粒级配良好、质地坚硬的中砂或粗砂；

砂石：用自然级配的砂石混合物，粒级应在50mm以下，其含量应在50%以内。

② 施工要点

A. 铺设前应先验槽，清除基底表面浮土，淤泥杂物。

B. 砂石级配应根据设计要求或现场实验确定后铺夯填实。

C. 由于垫层标高不尽相同，施工时应分段施工，接头处应挖成斜坡或阶梯搭接，并按先深后浅的顺序施工，搭接处，每层应错开0.5~1.0m，并注意充分捣实。

D. 砂石地基应分层铺垫、分层夯实，每铺好一层垫层经检验合格后方可进行上一层施工。

E. 当地下水位较高或在饱和软土地基上铺设砂和砂石时,应加强基坑内侧及外侧的排水工作。

F. 垫层铺设完毕,应立即进行下道工序的施工,严禁人员及车辆在砂石层面上行走。

(2) 夯实地基法

1) 重锤夯实法

重锤夯实就是利用起重机械将夯锤提升到一定高度(2.5～4.5m),然后自由落下,重复夯击基土表面(一般需夯6～10遍),使地基表面形成一层比较密实的硬壳层,从而使地基得到加固。本法适于地下水位为0.8m以上、稍湿的黏性土、砂土、饱和度$Sr \leqslant 60$的湿陷性黄土,杂填土以及分层填土地基的加固处理。重锤表面夯实的加固深度一般为1.2～2.0m。

地基重锤夯实前,应在现场进行试夯。试夯及地基夯实时,必须使土处在最佳含水量范围。基槽(坑)的夯实范围应大于基础底面,每边应比设计宽度加宽0.3m以上。夯实前,基槽(坑)底面应高出设计标高,预留土层的厚度可为试夯时的总下沉量再加50～100mm。重锤夯实后应检查施工记录,除应符合试夯最后下沉量的规定外,还应检查基槽(坑)表面的总下沉量,以不小于试夯总下沉量的90%为合格。

2) 强夯法

强夯法是用起重机械吊起重8～40t的夯锤,从6～30m高处自由落下,给地基土以强大的冲击能量的夯击,使土中出现冲击波和很大的冲击应力,使土粒重新排列,经时效压密达到固结,从而提高地基承载力降低其压缩性的一种有效的地基加固方法。其影响深度在10m以上,国外加固影响深度已达40m。适用于加固碎石土、砂土、黏性土、湿陷性黄土、高填土及杂填土等地基,也可用于防止粉土及粉砂的液化;对于淤泥与饱和软黏土如采取一定措施也可采用。如强夯所产生的震动对周围建筑物或设备有一定的影响时,应有防震措施。

(3) 挤密桩施工法

挤密桩施工法常采用振冲法,即在振冲器水平振动和高压水的共同作用下,使松砂土层振密,或在软弱土层中成孔,然后回填碎石等粗粒料形成桩柱,并和原地基土组成复合地基的地基处理方法。下面重要介绍振冲法:

1) 材料要求

填料可用粗砂、中砂、砾砂、碎石、卵石、角砾、圆砾等,粒径为5～50mm。粗骨料粒径以20～50mm较合适,最大粒径不宜大于80mm,含泥量不宜大于5%,不得选用风化或半风化的石料。

2) 施工工艺

振冲地基按加固机理和效果的不同,可分为振冲挤密法和振冲置换法两类。振冲挤密法一般在中、粗砂地基中使用,可不另外加料,而利用振冲器的振动力,使原地基的松散砂振挤密实。施工操作时,其关键是水量的大小和留振时间的长短,适用于处理不排水、抗剪强度小于20kPa的黏性土、粉土、饱和黄土及人工填土等地基。振冲置换法施工是指碎石桩施工,其施工操作步骤可分成孔、清孔、填料、振密。振冲置换法适用于处理砂土和粉土等地基,不加填料的振冲密实法仅适用于处理黏土粒含量小于10%的粗砂、中砂地基。

(4) 深层密实法

深层密实法常采用深层搅拌法，即使用水泥浆作为固化剂的水泥土搅拌法，简称湿法。适用于加固饱和软黏土地基，还可用于构建重力式支护结构。

1) 深层搅拌法的基本原理

深层搅拌法是利用水泥浆作为固化剂，通过特制的深层搅拌机械，在地基深处就地将软土和固化剂（浆液）强制搅拌，利用固化剂和软土之间所产生的一系列物理、化学反应，使软土硬结成具有整体性、稳定性和一定强度的地基。

2) 施工工艺

深层搅拌法施工工艺流程包括定位、预搅下沉、制备水泥浆、喷浆搅拌提升、重复上下搅拌和清洗、移位等施工过程。

2. 浅基础工程施工方法及检验要求

(1) 刚性基础

刚性基础又称无筋扩展基础，一般由砖、石、素混凝土、灰土和三合土等材料建造的墙下条型基础或柱下独立基础。其特点是抗压强度高，而抗拉、抗弯、抗剪性能差，适用于六层和六层以下的民用建筑和轻型工业厂房。刚性基础的截面尺寸有矩形、阶梯形和锥形等，如图2-20、图2-21所示。

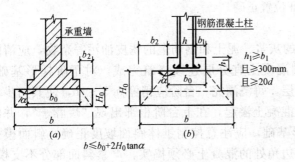

图 2-20 砖、素混凝土基础
（a）墙下基础；（b）柱下基础

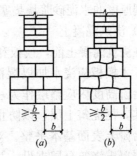

图 2-21 石材基础
（a）料石基础；（b）毛石基础

1) 砖基础

① 基础弹线。基础开挖与垫层施工完毕后，应根据基础平面图尺寸，用钢尺量出各墙的轴线位置及基础的外边沿线，并用墨斗弹出。

② 基础砌筑。砖基础砌筑方法、质量要求详见砌体工程。

2) 料石、毛石基础

① 料石基础的第一皮料石应坐浆丁砌，以上各层料石可按一顺一丁进行砌筑。阶梯形料石基础，上级阶梯的料石至少应压砌下级阶梯料石的1/3。

② 毛石基础的第一皮石块应坐浆，并将石块大面朝下，转角处、交接处应用较大的平毛石砌筑。毛石基础的扩大部分上级阶梯的石块应至少压砌下级阶梯石块的1/2，相邻阶梯的毛石应相互错缝搭砌。毛石基础必须设置拉结石，且应均匀分布，同皮内每隔2m左右设置一块拉结石。

③ 料石、毛石砌体砌筑均应采用铺浆法砌筑。

3) 混凝土基础

① 混凝土浇筑前应进行验槽，轴线、基坑（槽）尺寸和土质等均应符合设计要求。

② 基坑（槽）内浮土、积水、淤泥、杂物等均应清除干净。基底局部软弱土层应挖去，用灰土或砂砾回填夯实至基底相平。混凝土浇筑方法可参见本书混凝土工程。

③ 质量检查。混凝土的质量检查，主要包括施工过程中的质量检查和养护后的质量检查。施工过程中的质量检查，即在制备和浇筑过程中对原材料的质量、配合比、坍落度等的检查。养护后的质量检查，即混凝土的强度、外观质量、构件的轴线、标高、断面尺寸等的检查。

(2) 扩展基础

扩展基础是指柱下钢筋混凝土独立基础和墙下钢筋混凝土条形基础。柱下独立基础，常为阶梯形或锥形，基础底板常为方形和矩形，见图2-22。建筑结构承重墙下多为混凝土条形基础，根据受力条件，可分为板式和梁板结合式两种，见图2-23。

1) 基坑验槽与混凝土垫层

基坑验槽清理同刚性基础。垫层混凝土在验槽后应立即灌筑，以保护地基，混凝土宜用表面振动器进行振捣，要求表面平整，内部密实。

2) 弹线、支模与铺设钢筋网片

混凝土垫层达到一定强度后，在其上弹线、支模、铺放钢筋网片，底部用与混凝土保护层同厚度的水泥砂浆块垫塞，以保证位置正确。

3) 浇筑混凝土

在浇筑混凝土前，模板和钢筋上的灰浆、泥土和钢筋上的锈皮油污等杂物，应清除干净，木模板应浇水加以湿润。基础混凝土宜分层连续浇筑完成，对于阶梯形基础，每一台阶高度内应整层作为一个浇筑层，每浇灌完一台阶应稍停0.5~1h，使其初步获得沉实，再浇筑上层，以防止下台阶混凝土溢起，在上台阶根部出现"烂脖子"，并使每个台阶上表面基本平整。对于锥形基础，应注意控制锥体斜面坡度正确，斜面模板应随混凝土浇筑分层支设，并顶紧。边角处的混凝土必须捣实，严禁斜面部分不支模，只用铁锹拍实。

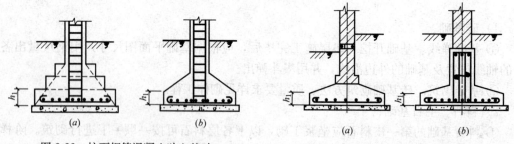

图2-22 柱下钢筋混凝土独立基础
(a) 阶梯形；(b) 锥形

图2-23 墙下钢筋混凝土条形基础
(a) 板式；(b) 梁板结合式

4) 钢筋混凝土条形基础可留设垂直和水平施工缝。但留设位置，处理方法必须符合规范规定。

5) 基础上插筋与养护

基础上有插筋时，其插筋的数量、直径及钢筋种类应与柱内纵向受力钢筋相同，插筋的锚固长度，应符合设计要求。施工时，对插筋要加以固定，以保证插筋位，防止浇捣混凝土时发生移位。混凝土浇灌完毕，外露表面应覆盖浇水养护，养护时间不少于7d。

（3）箱形基础

箱形基础是由钢筋混凝土底板、顶板、侧墙及一定数量的内隔墙构成封闭的箱体。它的整体性和刚度都比较好，有调整不均匀沉降的能力，抗震能力较强，可以消除因地基变形而使建筑物开裂的缺陷。也可以减少基底处原有地基的自重应力，降低总沉降量。箱形基础适用于作为软弱地基上面积较小、平面形状简单、荷载较大或上部结构分布不均的高层建筑物的基础，如图2-24所示。

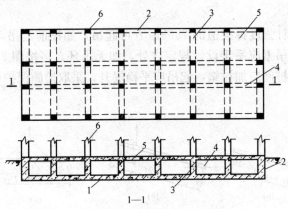

图2-24 箱形基础
1—底板；2—外墙；3—内横隔墙；4—内纵隔墙；5—顶板；6—柱

1）基坑处理

基坑开挖如有地下砂质土有可能产生流砂现象时，宜采用井点降水措施，并应设置水位降低观测孔。注意保持基坑底土的原状结构，采用机械开挖基坑时，应在基坑底面以上保留200～400mm厚的土层采用人工挖除，基坑验槽后应立即进行基础施工。

2）支模和浇筑

箱形基础的底板、内外墙和顶板的支模和灌筑，可采取内外墙作顶板分次支模浇筑方法施工，其施工缝应留设在墙体上，位置应在底板以上100～150mm处，外墙接缝应设成凸缝或设止水带。

基础的底板、内外墙和顶板宜连续浇灌完毕。当基础长度超过40m时，为防止出现温度收缩裂缝，一般应设置贯通后浇带，缝宽不宜小于800mm，在后浇带处钢筋应贯通，顶板浇灌后，相隔14～28d，用比设计强度等级提高一级的微膨胀的细石混凝土浇注后浇带，并加强养护。当有可靠的基础防裂措施时可不设后浇带。对超厚、超长的整体钢筋混凝土结构的施工方法详见大体积混凝土。基础施工完毕，应抓紧基坑四周的回填土工作。

3. 桩基础工程施工方法及检验要求

按桩的制作方式不同，桩可分为预制桩和灌注桩两类。预制桩根据沉入土中的方法，又可分锤击法、水冲法、振动法和静力压桩法等。灌注桩按成孔方法不同，有钻孔灌注桩、套管成孔灌注桩、爆扩成孔灌注桩及人工挖孔灌注桩等。

（1）混凝土预制桩

钢筋混凝土预制桩的施工，主要包括预制、起吊、运输、堆放、沉桩等过程。

1) 桩的制作、起吊、运输和堆放

① 桩的制作

钢筋混凝土预制桩的混凝土强度等级不宜低于C30，桩身配筋与沉桩方法有关。钢筋混凝土预制桩可在工厂或施工现场预制。一般较长的桩在打桩现场或附近场地预制，较短的桩多在预制厂生产。为了节省场地，采用现场预制的桩多用叠浇法施工，其重叠层数一般不宜超过4层。桩与桩间应做隔离层，上层桩或邻桩的浇筑，必须在下层桩或邻桩的混凝土达到设计强度的30%以后方可进行。

② 桩的起吊

桩的强度达到设计强度标准值的75%后方可起吊，如提前起吊，必须采取措施并经验算合格方可进行。吊索应系于设计规定之处，如无吊环，可按图2-25所示的位置设置吊点起吊。在吊索与桩间应加衬垫，起吊应平稳提升，采取措施保护桩身质量，防止撞击和受振动。

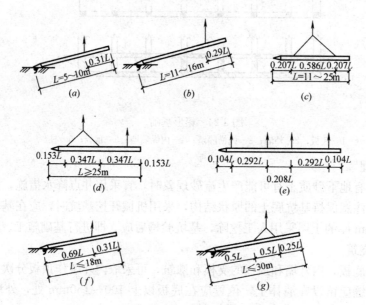

图 2-25 吊点位置

(a)、(b) 一点吊法；(c) 二点吊法；(d) 三点吊法；(e) 四点吊法；
(f) 预应力管桩一点吊法；(g) 预应力管桩二点吊法

③ 桩的运输

混凝土预制桩达到设计强度的100%方可运输。当运距不大时，可用起重机吊运或在桩下垫以滚筒，用卷扬机拖拉。运距较大时，可采用平板拖车或轻轨平板车运输，桩下宜设活动支座，运输时应做到平稳并不得损坏，经过搬运的桩要进行质量检查。

④ 桩的堆放

桩堆放时，地面必须平整、坚实，垫木间距应与吊点位置相同，各层垫木应位于同一垂直线上，最下层垫木应适当加宽。堆放层数不宜超过4层，不同规格的桩应分别堆放。

2) 沉桩机械设备

打桩设备主要包括桩锤、桩架和动力装置三部分。

① 桩锤

桩锤的作用是对桩顶施加冲击力，把桩打入土中。桩锤主要有落锤、汽锤、柴油锤、振动锤等，目前应用较广的是柴油锤。桩锤的类型应根据施工现场情况、机具设备条件及工作方式和工作效率等条件来选择。

② 桩架

桩架的作用是支撑桩身和悬吊桩锤，在打桩过程中引导桩身方向并保证桩锤沿着所要求方向冲击的打桩设备。桩架的类型很多，主要有履带式、滚管式、轨道式、步履式。

③ 动力装置

锤击沉桩的动力装置取决于所选的桩锤。常用的桩锤有落锤、蒸汽锤、柴油锤等。

3) 沉桩工艺

钢筋混凝土预制桩的沉桩方法有锤击法、振动法、水冲沉桩法、钻孔锤击法、静力压桩法等。

① 锤击法沉桩

锤击法沉桩简称锤击法，又称打入法，是利用桩锤的冲击力克服土体对桩体的阻力，使桩沉到预定深度或达到持力层。

A. 确定打桩顺序

由于打桩时桩对基土产生挤密作用，使先打入的桩受到水平推挤而产生偏移或上浮。所以，群桩施打前，应根据桩群的密集程度、桩的规格、长短和桩架移动方便来正确选择打桩顺序。可选用如下的打桩顺序：逐排打设、自中间向两侧对称打设、自中间向四周打设等。

当桩规格、埋深、长度不同时，宜"先大后小、先深后浅、先长后短"施打。当一侧毗邻建筑物时，由毗邻建筑物处向另一方向施打。当桩头高出地面时，桩机宜采用向后退打，否则可采用向前顶打。

B. 沉桩工艺

工艺流程：桩机就位→桩起吊→对位插桩→打桩→接桩→打桩→送桩→检查验收→桩机移位。

打桩宜重锤低击，打入初期应缓慢地间断地试打，在确认桩中心位置及角度无误后再转入正常施打。打桩期间应经常校核检查桩机导杆的垂直度或设计角度。

② 静力压桩法

静力压桩适用于在软土、淤泥质土中沉桩。施工中无噪声、无振动、无冲击力，与普通打桩和振动沉桩相比可减小对周围环境的影响，适合在有防振要求的建筑物附近施工。常用的静力压桩机有机械式和液压式两种。静力压桩施工程序如下：测量定位→桩机就位→吊桩插桩→桩身对中调直→静压沉桩→接桩→再沉桩→终止压桩→切割桩头。

③ 振动法

振动沉桩与锤击沉桩的施工方法基本相同，振动法是借助固定于桩顶的振动器产生的振动力，减小桩与土之间的摩擦阻力，使桩在自重和振动力的作用下沉入土中。振动法在砂土中运用效果较好，对黏土地区效率较差。

(2) 混凝土灌注桩

根据成孔方法不同，灌注桩可分为钻孔灌注桩、套管成孔灌注桩、爆扩成孔灌注桩及人工挖孔灌注桩等。

1) 钻孔灌注桩

钻孔灌注桩是指利用钻孔机械钻出桩孔，并在桩孔中浇灌混凝土（或先在孔中吊放钢筋笼）而成的桩。根据钻孔机械的钻头是否在土的含水层中施工，又分为干作业成孔和泥浆护壁成孔两种方法。

① 干作业成孔灌注桩

干作业成孔灌注桩是用钻机在桩位上成孔，在孔中吊放钢筋笼，再浇筑混凝土的成桩工艺。干作业成孔适用于地下水位以上的各种软硬土层，施工中不需设置护壁而直接钻孔取土形成桩孔。目前常用的钻孔机械是螺旋钻机。

螺旋钻成孔灌注桩施工流程如下：钻机就位→钻孔→检查成孔质量→孔底清理→盖好孔口盖板→移桩机至下一桩位→移走盖口板→复测桩孔深度及垂直度→安放钢筋笼→放混凝土串筒→浇灌混凝土→插桩顶钢筋。

② 泥浆护壁成孔灌注桩

泥浆护壁成孔是利用泥浆保护孔壁，通过循环泥浆裹携悬浮孔内钻挖出的土渣并排出孔外，从而形成桩孔的一种成孔方法。泥浆在成孔过程中所起的作用是护壁、携渣、冷却和润滑，其中最重要的作用还是护壁。

泥浆护壁成孔灌注桩的施工工艺流程如下：测定桩位→埋设护筒→桩机就位→制备泥浆→成孔→清孔→安放钢筋骨架→浇筑水下混凝土。

2) 沉管灌注桩

沉管灌注桩，又称套管成孔灌注桩、打拔管灌注桩，施工时是使用振动式桩锤或锤击式桩锤将一定直径的钢管沉入土中形成桩孔，然后在钢管内吊放钢筋笼，边灌注混凝土边拔管而形成灌注桩桩体的一种成桩工艺。它包括锤击沉管灌注桩、振动沉管灌注桩、夯压成型沉管灌注桩等。

① 振动沉管灌注桩

A. 施工顺序

桩机就位→振动沉管→混凝土浇筑→边拔管边振动→安放钢筋笼或插筋。

B. 施工方法

振动沉管施工法一般有单打法、反插法、复打法等。应根据土质情况和荷载要求分别选用。单打法适用于含水量较小的土层，且宜采用预制桩尖；反插法及复打法适用于软弱饱和土层。

② 锤击沉管灌注桩

锤击沉管施工法，是利用桩锤将桩管和预制桩尖（桩靴）打入土中，边拔管、边振动、边灌注混凝土、边成桩。与振动沉管灌注桩一样，锤击沉管灌注桩也可根据土质情况和荷载要求，分别选用单打法、复打法、反插法。锤击沉管灌注桩施工顺序：桩机就位→锤击沉管→首次浇注混凝土→边拔管边锤击→放钢筋笼浇注成桩。

③ 夯压成型灌注桩

它是利用静压或锤击法将内外钢管沉入土层中，由内夯管夯扩端部混凝土，使桩端形成扩大头，再灌注桩身混凝土，用内夯管和桩锤顶压在管内混凝土面形成桩身混凝土。夯压桩桩身直径一般为400～500mm，扩大头直径一般可达450～700mm，桩长可达20m。适用于中低压缩性黏土、粉土、砂土、碎石土、强风化岩等土层。

3) 爆扩成孔灌注桩

爆扩成孔灌注桩就是先在桩位上钻孔或爆扩成孔，然后在孔底放入炸药，再灌入适量的压爆混凝土，引爆炸药使孔底形成球形扩大头，再放置钢筋骨架，浇灌桩身混凝土而形成的桩。爆扩成孔灌注桩的施工顺序如下：成孔→检查修理桩孔→安放炸药包→注入压爆混凝土→引爆→检查扩大头→安放钢筋笼→浇注桩身混凝土→成桩养护。

(3) 人工挖孔灌注桩的施工方法

人工挖孔灌注桩简称人工挖孔桩，是指采用人工挖掘方法进行成孔，然后安放钢筋笼，浇筑混凝土而形成的桩，如图2-26所示。人工挖孔桩的直径最小不宜小于800mm，一般为1000mm～3000mm，桩底一般都扩底。

人工挖孔桩必须考虑防止土体坍滑的支护措施，以确保施工过程中的安全。常用的护壁方法有现浇混凝土护壁、沉井护壁、钢套管护壁、砖护壁等。

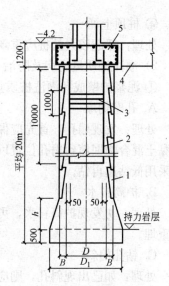

图2-26 人工挖孔桩构造
1—护垫；2—主筋；3—箍筋；
4—地梁；5—桩帽

下面以现浇混凝土护壁为例说明人工挖孔桩的施工过程。

1) 机具准备

挖土工具、出土工具、降水工具、通风工具、通讯工具、护壁模板等。

2) 施工工艺

① 测量放线、定桩位。

② 桩孔内土方开挖。采取分段开挖，每段开挖深度取决于土的直立能力，一般为0.5～1.0m为一施工段，开挖范围为设计桩径加护壁厚度。

③ 支护壁模板。常在井外预拼成4～8块工具式模板。

④ 浇护壁混凝土。护壁起着防止土壁坍塌与防水的双重作用，因此护壁混凝土要捣实，第一节护壁厚宜增加100～150mm，上下节用钢筋拉结。

⑤ 拆模，继续下一节的施工。当护壁混凝土强度达到1MPa（常温下约24h）方可拆模，拆模后开挖下一节的土方，再支模浇护壁混凝土，如此循环，直到挖到设计深度。

⑥ 浇筑桩身混凝土。排除桩底积水后浇筑桩身混凝土至钢筋笼底面设计标高，安放钢筋笼，再继续浇筑混凝土。混凝土浇筑时应用溜槽或串筒，用插入式振动器捣实。

(4) 桩基工程常见的质量事故及处理

1) 预制桩施工常见的质量通病处理

① 桩顶碎裂

处理：桩顶已破碎时，应更换桩垫；如破碎严重，可把桩顶剔平补强，必要时加钢板箍，再重新沉桩。

② 桩倾斜、偏移

处理：若偏移过大，应拔出，移位再打；若偏移不大，可顶正后再慢锤打入。

③ 桩身断裂处理：沉桩过程中，发现桩不垂直，应及时纠正，或拔出重新沉桩；断桩，可采取在一旁补桩的办法处理。

④ 桩顶上涌

处理：浮起较大的桩应重新打入。

2）灌注桩质量通病及防治

① 泥浆护壁成孔灌注桩质量通病及防治

A. 孔壁坍塌

处理：发现塌孔，首先应保持孔内水位，如为轻度坍孔，应首先探明坍塌位置，将砂和黏土混合物回填到坍孔位置以上1～2m，如塌孔严重，应全部回填，待回填物沉淀密实后采用低钻速再钻。

B. 护筒冒水

处理：初发现护筒冒水，可用黏土在四周填实加固，如护筒严重下沉或位移，则应返工重埋。

C. 钻孔偏斜

处理：如已出现斜孔，则应在桩孔偏斜处吊住钻头，上下反复扫孔，使孔校直；或在桩孔偏斜处回填砂黏土，待沉积密实后再钻。

D. 钻孔漏浆

处理：加稠泥浆或倒入黏土，慢速转动，或在回填土内掺片石、卵石，反复冲击，增强护壁。

E. 流砂

处理：保证孔内水位高于孔外水位0.5m以上，并适当增加泥浆密度；当流砂严重时，可抛入砖、石、黏土，用锤冲入流砂层，做成泥浆结块，使其形成坚厚孔壁，阻止流砂涌入。

F. 钢筋笼偏位、变形、上浮

处理：在施工中，如已经发生钢筋笼上浮或下沉，对于混凝土质量较好者，可不予处理，但对承受水平荷载的桩，则应校对核实弯矩是否超标，并采取补强措施。

G. 断桩

处理：如已发生断桩，不严重者核算其实际承载力，如比较严重，则应进行补桩。

② 沉管灌注桩质量通病及防治

A. 缩颈

处理：对于施工中已经出现的轻度缩颈，可采用反插法，每次拔管高度以1m为宜；局部缩颈可采用半复打法，桩身多段缩颈宜采用复打法施工，或采用下部带喇叭口的套管。

B. 断桩

处理：如已发生断桩，不严重者核算其实际承载力，如比较严重，则应进行补桩。

C. 吊脚桩

处理：沉入桩管时应用吊砣检查桩尖是否有缩入桩管的现象，如果有，应及时拔出纠正或将桩孔回填后重新沉入桩管。

D. 桩尖进水、进泥沙

处理：对于少量进水（小于200mm），可不作处理，只在灌第一槽混凝土时酌量减少用水量即可；如涌进泥沙及水较多，应将桩管拔出，清除管内泥沙，用砂回填桩孔后重新沉入桩管。如桩尖损坏或不密合，可将桩管拔出，修复改正后将孔回填，重新沉管。

③ 干作业法成孔灌注桩质量通病及防治

A. 塌孔

处理：如已发生塌孔，应先钻至塌孔以 1～2m 再用豆石混凝土或低强度混凝土（C5、C10）填至塌孔位置以上 1.0m，待混凝土初凝后，再钻孔至设计标高。

B. 桩孔偏斜

处理：如发现倾斜，可用素土回填夯实，重新成孔。

C. 孔底虚土过厚

处理：重新清理孔底。

④ 人工挖孔桩质量通病及防治

A. 桩孔坍塌

处理：对塌方严重的孔壁，应用砂石填塞，并在护壁的相应部位设泄水孔，用以排除孔洞内。

B. 井涌

处理：当遇有局部或厚度大于 1.5m 的流动性淤泥和各种可能出现涌土、涌砂土层时，应将每节护壁高度降低为 300～500mm，还可以采用有效降水措施以减小动水压力，同时还可将水流方向引向下，从而有效预防井涌。

C. 护壁裂缝

处理：对于护壁产生的裂缝，一般可不处理，但应切实加强施工现场监视观测，发生问题，及时解决。

4. 基础工程的质量标准及验收方法

（1）浅基础的质量标准及验收方法见工种工程，如土方工程验收、砌筑工程验收、钢筋混凝土工程的验收等。

（2）桩基的验收

1）桩基的验收规定：

① 当桩顶设计标高与施工场地标高相同时，或桩基施工结束后，有可能对桩位进行检查时，桩基工程的验收应在施工结束后进行。

② 当桩顶设计标高低于施工场地标高，送桩后无法对桩位进行检查时，对打入桩可在每根桩桩顶沉至场地标高时，进行中间验收，待全部桩施工结束，承台或底板开挖到设计标高后，再做最终验收。对灌注桩可对护筒位置做中间验收。

2）桩基验收资料

① 工程地质勘察报告、桩基施工图、图纸会审纪要、设计变更及材料代用通知单等。

② 经审定的施工组织设计、施工方案及执行中的变更情况。

③ 桩位测量放线图，包括工程桩位复核签证单。

④ 制作桩的材料试验记录，成桩质量检查报告。

⑤ 单桩承载力检测报告。

⑥ 桩基竣工平面图及桩顶标高图。

3）桩基允许偏差

① 打（压）入桩（预制混凝土方桩、先张法预应力管桩、钢桩）的桩位偏差，必须

符合表 2-7 的规定。斜桩倾斜度的偏差不得大于倾斜角正切值的 15%（倾斜角系桩的纵向中心线与铅垂线间夹角）。

② 灌注桩的桩位偏差必须符合表 2-8 的规定，桩顶标高至少要比设计标高高出 0.5m，桩底清孔质量按不同的成桩工艺有不同的要求，应按《建筑地基基础工程施工质量验收规范》的要求执行。每浇筑 50m³，必须有 1 组试件，小于 50m³ 的桩，每根桩必须有 1 组试件。

预制桩（钢桩）桩位的允许偏差（mm）　　　　　　　　　　　　　表 2-7

项　序	项　目	允许偏差
1	盖有基础梁的桩： （1）垂直基础梁的中心线 （2）沿基础梁的中心线	$100+0.01H$ $150+0.01H$
2	桩数为 1～3 根桩基中的桩	100
3	桩数为 4～16 根桩基中的桩	1/2 桩径或边长
4	桩数大于 16 根桩基中的桩： （1）最外边的桩 （2）中间桩	1/3 桩径或边长 1/2 桩径或边长

注：H 为施工现场地面标高与桩顶设计标高的距离。

灌注桩的平面位置和垂直度的允许偏差　　　　　　　　　　　　　表 2-8

序号	成孔方法		桩径允许偏差（mm）	垂直度允许偏差（%）	桩位允许偏差(mm)	
					1～3 根、单排桩基垂直于中心线方向和群桩基础的边桩	条形桩基沿中心线方向和群桩基础的中间桩
1	泥浆护壁钻孔桩	$D \leqslant 1000mm$	±50	<1	$D/6$，且不大于 100	$D/4$，且不大于 150
		$D > 1000mm$	±50	<1	$100+0.01H$	$150+0.01H$
2	套管成孔灌注桩	$D \leqslant 500mm$	−20	<1	70	150
		$D > 500mm$			100	150
3	干成孔灌注桩		−20	<1	70	150
4	人工挖孔桩	混凝土护壁	+50	<0.5	50	150
		钢套管护壁	+50	<1	100	200

注：1. 桩径允许偏差的负值是指个别断面。
　　2. 采用复打、反插法施工的桩，其桩径允许偏差不受上表限制。
　　3. H 为施工现场地面标高与桩顶设计标高的距离，D 为设计桩径。

（三）砌筑工程

1. 脚手架及垂直运输设施

砌筑工程中，脚手架的搭设与垂直运输设施的选择是重要的一个环节，它直接影响到施工的质量、安全、进度和工程成本，要予以重视。

（1）脚手架

脚手架是砌筑过程中堆放材料和工人进行操作的临时设施。当砌体砌到一定高度时（即可砌高度或一步架高度，一般为 1.2m），砌筑质量和效率将受到影响，此时就需要搭设脚手架。砌筑用脚手架必须满足以下基本要求：脚手架的宽度应满足工人操作、材料堆放及运输要求，一般为2m左右，且不得小于1.5m；脚手架应有足够的强度、刚度和稳定性，保证在施工期间的各种荷载作用下，脚手架不变形、不摇晃、不倾斜；构造简单，便于装拆、搬运，并能多次周转使用。脚手架按其搭设位置分为外脚手架和里脚手架两大类；按其所用材料分为木脚手架、竹脚手架和钢管脚手架；按其构造形式分为多立柱式、门型、悬挑式及吊脚手架等。

1) 外脚手架

外用脚手架是在建筑物的外侧（沿建筑物周边）搭设的一种脚手架，既可用于外墙砌筑，又可用于外装修施工。外脚手架的形式很多，常用的有多立柱式脚手架和门型脚手架等，多立柱式脚手架可用木、竹和钢管等搭设，目前主要采用钢管脚手架，虽然其一次性投资较大，但可多次周转、摊销费用低、装拆方便、搭设高度大，且能适应建筑物平立面的变化。多立柱钢管脚手架有扣件式和碗扣式两种。

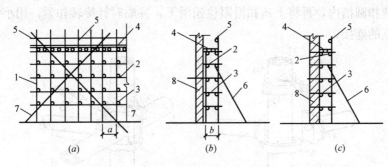

图2-27 钢管扣件式脚手架
(a) 立面；(b) 侧面（双排）；(c) 侧面（单排）
1—立柱；2—大横杆；3—小横杆；4—脚手板；5—栏杆；6—抛撑；7—斜撑；8—墙体

① 钢管扣件式脚手架

钢管扣件式脚手架由钢管、扣件、脚手板和底座等组成，如图2-27所示。钢管一般用$\phi 48$mm、壁厚3.5mm的焊接钢管，主要用于立柱、大横杆、小横杆及支撑杆（包括剪刀撑、横向斜撑、水平斜撑等）。钢管间通过扣件连接，其基本形式有三种，如图2-28所示：直角扣件，用于连接扣紧两根互相垂直相交的钢管；旋转扣件，用于连接扣紧两根呈任意角度相交的钢管；对接扣件，用于钢

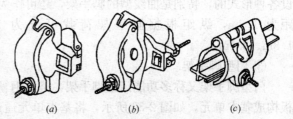

图2-28 扣件形式图
(a) 直角扣件；(b) 旋转扣件；(c) 对接扣件

管的对接接长。立柱底端立于钢管扣件式脚手架底座上。脚手板铺在脚手架的小横杆上，可采用竹脚手板、木脚手板、钢木脚手板和冲压钢脚手板等，直接承受施工荷载。

钢管扣件式脚手架可按单排或双排搭设。单排脚手架仅在脚手架外侧设一排立柱，其小横杆的一端与大横杆连接，另一端则支承在墙上。单排脚手架节约材料，但稳定性较差，且在墙上需留设脚手眼，其搭设高度和使用范围也受一定的限制；双排脚手架在脚手架的里外侧均设有立柱，稳定性较好，但较单排脚手架费工费料。

为了保证脚手架的整体稳定性必须按规定设置支撑系统，支撑系统由剪刀撑、横向斜撑和抛撑组成。为了防止脚手架内外倾覆，还必须设置能承受压力和拉力的连墙杆，使脚手架与建筑物之间可靠连接。

脚手架搭设范围的地基应平整坚实，设置底座和垫板，并有可靠的排水措施，防止积水浸泡地基。杆件应按设计方案搭设，并注意搭设顺序，扣件拧紧程度要适度。应随时校正杆件的垂直和水平偏差。禁止使用规格和质量不合格的杆配件。

② 碗扣式钢管脚手架

碗扣式钢管脚手架又称为多功能碗扣型脚手架。其杆件接头处采用碗扣连接，由于碗扣是固定在钢管上的，因此连接可靠，组成的脚手架整体性好，也不存在扣件丢失问题。碗扣式接头由上、下碗扣及横杆接头、限位销等组成，如图2-29所示。上、下碗扣和限位销按600mm间距设置在钢管立杆上，其中下碗扣和限位销直接焊接在立杆上，搭设时将上碗扣的缺口对准限位销后，即可将上碗扣向上拉起（沿立杆向上滑动），然后将横杆接头插入下碗扣圆槽内，再将上碗扣沿限位销滑下，并顺时针旋转扣紧，用小锤轻击几下即可完成接点的连接。

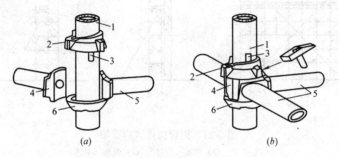

图2-29 碗扣接头
1—立杆；2—上碗扣；3—限位销；4—横杆接头；5—横杆；6—下碗扣

碗扣式接头可以同时连接四根横杆，横杆可相互垂直或偏转一定的角度，因而可以搭设各种形式的，特别是曲线型的脚手架，还可作为模板的支撑。碗扣式钢管脚手架立杆横距为1.2m，纵距根据脚手架荷载可分为1.2m、1.5m、1.8m、2.4m，步距为1.8m、2.4m。

③ 门型脚手架

门型脚手架又称多功能门型脚手架，是由钢管制成的门架、剪刀撑、水平梁架或脚手板构成基本单元，如图2-30所示，将基本单元通过连接棒、锁臂等连接起来即构成整片脚手架。门型脚手架是目前国际上应用最普遍的脚手架之一，其搭设高度一般限制在45m以内，该脚手架的特点是装拆方便，构件规格统一，其宽度有1.2m、1.5m、1.6m，高度有1.3m、1.7m、1.8m、2.0m等规格，可根据不同要求进行组合。

搭设门型脚手架时，基底必须严格夯实抄平，并铺可调底座，以免发生塌陷和不均匀沉降。首层门型脚手架垂直度（门架竖管轴线的偏移）偏差不大于2mm；水平度（门架平面方向和水平方向）偏差不大于5mm。门架的顶部和底部用纵向水平杆和扫地杆固定。门架之间必需设置剪刀撑和水平梁架（或脚手板），其间连接应可靠，以确保脚手架的整体刚度。整片脚手架必须适量放置水平加固杆（纵向水平杆），底下三层要每层设置，三层以上则每隔三层设一道。在脚手架的外侧面设置长剪刀撑，使用连墙管或连墙器将脚手

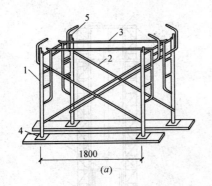
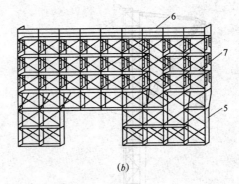

图 2-30 门型脚手架
（a）基本单元；（b）整片门型脚手架
1—门架；2—剪刀撑；3—水平梁架；4—螺旋基脚；5—梯子；6—栏杆；7—脚手板

架与建筑结构紧密连接，连墙点的最大间距，在垂直方向为 6m，在水平方向为 8m。高层脚手架应增加连墙点的布设密度。脚手架在转角处必须做好连接和与墙拉结，并利用钢管和回转扣件把处于相交方向的门架连接起来。

2）里脚手架

里脚手架是搭设于建筑物的内部，用于楼层砌筑和室内装修等。由于在使用过程中不断转移，装拆频繁，故其结构形式和尺寸应轻便灵活、装拆方便。里脚手架的类型很多，通常将其做成工具式的，按其构造形式有折叠式、支柱式和门架式等。

① （钢管、钢筋）折叠式里脚手架

角钢（钢管）折叠式里脚手架，其架设间距：砌墙时宜为 1.0～2.0m，粉刷时宜为 2.2～2.5m。可以搭设二步脚手，第一步高约 1.0m，第二步高约 1.6m 左右。

② 支柱式里脚手架

支柱式里脚手架支柱和横杆组成，上铺脚手板，其架设间距为：砌墙时不超过 2.0m；粉刷时不超过 2.5。

③ 木、竹、钢制马凳式里脚手架

木、竹、钢制马凳式里脚手架，马凳间距不大于 1.5m，上铺脚手板。

（2）垂直运输设施

垂直运输设施指担负垂直运送材料和施工人员上下的机械设备和设施。砌筑工程采用的垂直运输设施有塔式起重机、井架、龙门架和建筑施工电梯等。

1）井架

井架是砌筑工程垂直运输的常用设备之一。井架可为单孔、两孔和多孔，常用单孔，井架内设吊盘。井架上可根据需要设置拔杆，供吊运长度较大的构件，其起重量为 0.5～1.5t，工作高度可达 10m。井架除用型钢或钢管加工的定型井架外，也可用脚手架材料搭设而成，搭设高度可达 50m 以上。图 2-31 是用角钢搭设的单孔四柱井架，主要由立柱、平撑和斜撑等杆件组成。

2）龙门架

龙门架是由两根立柱及天轮梁（横梁）组成的门式架，如图 2-32 所示。龙门架上装设滑轮、导轨、吊盘、缆风绳等，进行材料、机具、小型预制构件的垂直运输。龙门架构

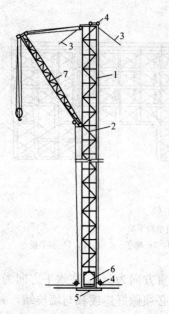
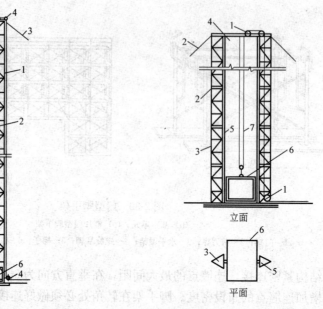

图 2-31 钢井架
1—井架；2—钢丝绳；3—缆风绳；4—滑轮；
5—垫梁；6—吊盘；7—辅助吊臂

图 2-32 龙门架
1—滑轮；2—缆风绳；3—立柱；4—横梁；
5—导轨；6—吊盘；7—钢丝绳

造简单，制作容易，用材少，装拆方便，起升高度为 15～30m，起重量为 0.6t，适用于中小型工程。

3）塔式起重机

塔式起重机具有提升、回转、垂直和水平运输等功能，不仅是重要的吊装设备，也是重要的垂直运输设备，尤其是在吊运长、大、中的物料时有明显的优势，故在可能条件下宜优先采用。塔式起重机一般分为轨道（行走）式、爬升式、附着式、固定式等几种，如图 2-33 所示。

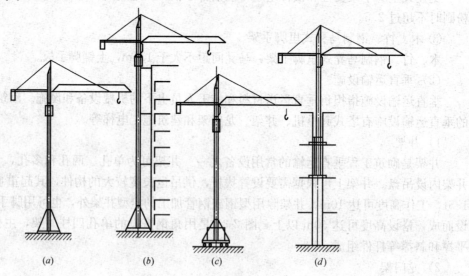

图 2-33 各种类型的塔式起重机
(a) 固定式；(b) 附着式；(c) 行走式；(d) 内爬式

4）施工电梯

多数施工电梯为人货两用，少数为供货用。电梯按其驱动方式可分为齿条驱动和绳轮驱动。齿条驱动电梯装有可靠的限速装置，适用于20层以上建筑工程使用；绳轮驱动电梯无限速装置，适用于20层以下建筑工程使用。

2. 砌筑砂浆的技术要求

（1）流动性

砂浆稠度用砂浆稠度仪测定，并以试锥下沉深度作为砂浆的稠度值（通常用沉入度来表示）。沉入度越大，表明砂浆的流动性越大。不同的工程环境，选择不同的砂浆流动性。砂浆流动性的选择，应根据施工方法及砌体材料吸水程度和施工环境的温度、湿度等条件来选择（见表2-9）。

建筑砂浆的流动性（稠度，cm） 表2-9

砌体种类	干燥环境或多孔砌块	寒冷环境或密实砌块	抹灰工程	机械施工	手工操作
砖砌体	8～10	6～8	准备层	8～9	11～12
普通毛石砌体	6～7	4～5	底层	7～8	7～8
振捣毛石砌体	2～3	1～2	面层	7～8	9～10
炉渣混凝土砌体	7～9	5～7	含石膏的面层	—	9～12

（2）保水性

砂浆的保水性用分层度表示（以cm计）。测定时将拌好的砂浆装入内径为15cm、高30cm的圆桶内，测定其沉入量；静止30min以后，去掉上面20cm厚的砂，再测定剩余10cm砂的沉入量，前后测得的沉入量之差，即为砂的分层度值（cm）。分层度大，表明砂的保水性不好；但分层度小（如分层度为零），虽然砂浆的保水性好，但往往是因为胶凝材料用量过多，或者砂过细，既不经济还易造成砂浆干裂。普通砂浆的分层度宜为1～2cm。

（3）强度

砂浆的强度等级是以边长70.7mm的立方体试件，在标准条件下，用标准试验方法测得28d龄期的抗压强度来确定，并划分为M0.4、M1.0、M2.5、M5.0、M7.5、M10、M15、M20共8个等级。一般抹灰砂浆常用M2.5以下的强度等级，砌筑砂浆常用M2.5以上的强度等级。

（4）粘结力

砂浆的粘结力是指为保证砌体具有一定的强度、耐久性以及与建筑物的整体稳定性，要求砂浆与基层材料间应有一定的粘结能力。

3. 砌筑施工的技术要求和方法

砌筑前，必须按施工组织设计要求组织垂直和水平运输机械、砂浆搅拌机械进场，并进行安装和调试等工作。同时，还要准备脚手架、砌筑工具（如皮树杆、托线板）等。砖砌体的施工必须遵守施工及验收规范的有关规定进行。

（1）砖砌体的施工方法

1）砖基础砌筑

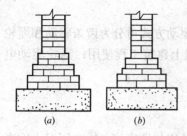

图 2-34 基础大放脚形式
(a) 等高式；(b) 间隔式

砖基础由垫层、大放脚和基础墙构成。基础墙是墙身向地下的延伸，大放脚是为了增大基础的承压面积，所以要砌成台阶形状，大放脚有等高式和间隔式两种砌法，如图 2-34 所示，等高式的大放脚是每两皮一收，每边各收进 1/4 砖长；间隔式大放脚是两皮一收与一皮一收相间隔，每边各收进 1/4 砖长，这种砌法在保证刚性角的前提下，可以减少用砖量。

砖基础的砌筑高度，是用基础皮数杆来控制的。首先根据施工图标高，在基础皮数杆上划出每皮砖及灰缝的尺寸，然后把基础皮数杆固定，即可逐皮砌筑大放脚。当发现垫层表面的水平标高相差较大时，要先用细石混凝土或用砂浆找平后再开始砌筑。砌大放脚时，先砌转角端头，以两端为标准，拉好准线，然后按此准线进行砌筑。大放脚一般采用一顺一丁的砌法，竖缝至少错开 1/4 砖长，十字及丁字接头处要隔皮砌通。大放脚的最下一皮及每个台阶的上面一皮应以丁砌为主。

基础中的洞口、管道等，应在砌筑时正确留出或预埋。通过基础的管道的上部，应预留沉降缝隙。砌完基础墙后，应在两侧同时填土，并应分层夯实。当基础两侧填土的高度不等或仅能在基础的一侧填土时，填土的时间、施工方法和施工顺序应保证不致破坏或变形。

2) 砖墙体的砌筑

① 砖砌体的组砌形式

砖砌体的组砌要求：上下错缝，内外搭接，以保证砌体的整体性；同时组砌要有规律，少砍砖，以提高砌筑效率，节约材料。实心砖墙常用的厚度有半砖、一砖、一砖半、两砖等。依其组砌形式不同，最常见的有以下几种：一顺一丁、三顺一丁、梅花丁、全丁式（图 2-35）等。

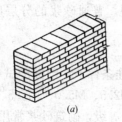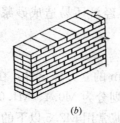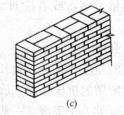

图 2-35 砖墙的组砌形式
(a) 一顺一丁；(b) 三顺一丁；(c) 梅花丁

一顺一丁的砌法是一皮中全部顺砖与一皮中全部丁砖间隔砌成。上下皮间的竖缝相互错开 1/4 砖，砌体中无任何通缝。多用于一砖厚墙体的砌筑。但当砖的规格参差不齐时，砖的竖缝就难以整齐。

三顺一丁的砌法是三皮中全部顺砖与一皮中全部丁砖间隔砌成。上下皮顺砖间的竖缝错开 1/2 砖长；上下皮顺砖与丁砖间竖缝错开 1/4 砖长。宜用于一砖半以上的墙体的砌筑或挡土墙的砌筑。

梅花丁有称沙包式、十字式。梅花丁的砌法是每皮中丁砖与顺砖相隔，上皮丁砖中坐于下皮顺砖，上下皮间相互错开 1/4 砖长。这种砌法内外竖缝每皮都能错开，故整体性好，灰缝整齐，而且墙面比较美观，但砌筑效率较低。砌筑清水墙或当砖的规格不一致时，采用这种砌法较好。

全丁砌筑法就是全部用丁砖砌筑，上下皮竖缝相互错开 1/4 砖长，此法仅用于圆弧形砌体，如水池、烟囱、水塔等。

为了使砖墙的转角处各皮间竖缝相互错开，必须在外角处砌七分头砖（3/4 砖长）。当采用一顺一丁组砌时，七分头的顺面方向依次砌顺砖，丁面方向依次砌丁砖（图 2-36a）。砖墙的丁字接头处，应分皮相互砌通，内角相交处竖缝应错开 1/4 砖长，并在横墙端头处加砌七分头砖（图 2-36b）。砖墙的十字接头处，应分皮相互砌通，交角处的竖缝应错开 1/4 砖长（图 2-36c）。

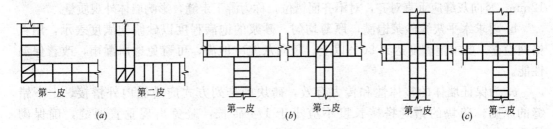

图 2-36　砖墙交接处组砌
(a)—砖墙转角；(b)—砖墙丁字交接处；(c)—砖墙十字交接处

② 砖砌体的施工工艺及技术要求

A. 砖砌体的施工工艺

砖砌体的施工过程有：抄平、放线、摆砖、立皮数杆、盘角、挂线、砌筑、勾缝、清理等工序。

a. 抄平放线

砌筑前，在基础防潮层或楼面上先用水泥砂浆找平，然后以龙门板上定位钉为标志弹出墙身的轴线、边线，定出门窗洞口的位置。

b. 摆砖

摆砖是指在放线的基面上按选定的组砌方式用干砖试摆。一般在房屋外纵墙方向摆顺砖，在山墙方向摆丁砖，摆砖由一个大角摆到另一个大角，砖与砖留 10mm 缝隙。摆砖的目的是为了校对所放出的墨线在门窗洞口、附墙垛等处是否符合砖的模数。

c. 立皮数杆

皮数杆是指在其上划有每皮砖和砖缝厚度，以及门窗洞口、过梁、梁底、预埋件等标高位置的一种木制标杆。它是砌筑时控制砌体竖向尺寸的标志，同时还可以保证砌体的垂直度。皮数杆一般立于房屋的四大角、内外墙交接处、楼梯间以及洞口多的地方，大约每隔 10~15m 立一根。

d. 盘角、挂线

砌筑时，应根据皮数杆先在墙角砌 4~5 皮砖，称为盘角，然后根据皮数杆和已砌的墙角挂线，作为砌筑中间墙体的依据，以保证墙面平整。一砖厚的墙单面挂线，外墙挂外边，内墙挂任何一边；一砖半及以上厚的墙都要双面挂线。

e. 砌筑

砌砖的操作方法较多，但通常采用"三一砌砖法"，即一铲灰、一块砖、一挤揉，并随手将挤出的砂浆刮去的砌筑方法。此法的特点是：灰缝容易饱满、粘结力好、墙面整洁。竖缝宜采用挤浆或加浆的方法，使其砂浆饱满。勾缝完毕，应清扫墙面。

f. 勾缝

勾缝是砌清水墙的最后一道工序，具有保护墙面并增加墙面美观的作用。墙较薄时，可用砌筑砂浆随砌随勾缝，称为原浆勾缝；墙较厚时，待墙体砌筑完毕后，用1∶1勾缝，称为加浆勾缝。勾缝形式有平缝、斜缝、凹缝等。

B. 技术要求

a. 砌体的水平灰缝应平直，灰缝厚度一般为10mm，不宜小于8mm，也不宜大于12mm。竖向灰缝应垂直对齐，对不齐而错位，称为游丁走缝，影响墙体外观质量。

b. 要求水平灰缝砂浆饱满，厚薄均匀。砂浆的饱满程度以砂浆饱满度表示，用百格网检查，要求饱满度达到80%以上。竖向灰缝应饱满，可避免透风漏雨，改善保温性能。

c. 为保证墙体的整体性和传力有效，砖块的排列方式应遵循内外搭接、上下错缝的原则。砖块的错缝搭接长度不应小于1/4砖长，避免出现垂直通缝，确保砌筑质量。

d. 整个房屋的纵横墙应相互连接牢固，以增加房屋的强度和稳定性。但内外墙往往不能同时砌筑，这时就需要留槎。接槎的方式有两种：斜槎和直槎，如图2-37所示。斜槎长度不应小于高度的2/3，操作斜槎简便，砂浆饱满度易于保证。当留斜槎确有困难时，除转角外，也可留直槎，但必须做成阳槎，并设拉结筋。拉结筋沿墙高每500mm设一道，每120mm墙厚留一根直径为6mm的钢筋，但每道不得少于2根，其末端应有90°的弯钩。砖砌体接槎时，必须将接槎处的表面清理干净，浇水润湿，并应填实砂浆，保持灰缝平直，使接槎处的前后砌体粘结牢固。

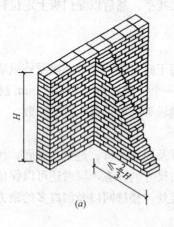
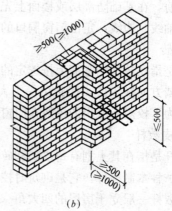

图2-37 接槎
(a)斜槎砌筑；(b)直槎砌筑

(2) 石砌体的施工方法

石砌体现在采用较少，现简单介绍如下：

1) 石砌体的第一皮料石应坐浆丁砌，以上各层料石可按一顺一丁进行砌筑，毛石砌体的第一皮石块应坐浆，并将石块大面朝下，转角处、交接处应用较大的平毛石砌筑。上下皮毛石应相互错缝搭砌。

2) 料石、毛石砌体砌筑均应采用铺浆法砌筑。砂浆必须饱满，叠砌面的粘灰面积应大于80%。

(3) 砌块砌体的施工方法

用砌块代替普通黏土砖作为墙体材料是墙体改革的重要途径。目前工程中多采用中小型砌块。中型砌块施工，是采用各种吊装机械及夹具将砌块安装在设计位置，一般要按建筑物的平面尺寸及预先设计的砌块排列图逐块按次序吊装、就位、固定。小型砌块施工，与传统的砖砌体砌筑工艺相似，也是手工砌筑，但在形状、构造上有一定的差异。

1) 砌块安装前的准备工作

① 编制砌块排列图

砌块砌筑前，应根据施工图纸的平面、立面尺寸，先绘出砌块排列图。在立面图上按比例绘出纵横墙，标出楼板、大梁、过梁、楼梯、孔洞等位置，在纵横墙上绘出水平灰缝线，然后以主规格为主、其他型号为辅，按墙体错缝搭砌的原则和竖缝大小进行排列。小型砌块施工时，也可不绘制砌块排列图，但必须根据砌块尺寸和灰缝厚度计算皮数和排数，以保证砌体尺寸符合设计要求。

② 砌块的堆放。砌块的堆放位置应在施工总平面图上周密安排，应尽量减少二次搬运，使场内运输路线最短，以便于砌筑时起吊。堆放场地应平整夯实，使砌块堆放平稳，并做好排水工作。砌块的规格、数量必须配套，不同类型分别堆放。

2) 砌块施工工艺

砌块施工时需弹墙身线和立皮数杆，并按事先划分的施工段和砌块排列图逐皮安装。其安装顺序是先外后内、先远后进、先下后上。如相邻砌体不能同时砌筑时，应留阶梯型斜槎，不允许留直槎。

砌块施工的主要工序：铺灰、吊砌块就位、校正、灌缝和镶砖等。

① 铺灰。采用稠度良好（50~70mm）的水泥砂浆，铺3~5m长的水平缝。夏季及寒冷季节应适当缩短，铺灰应均匀平整。

② 砌块安装就位。采用摩擦式夹具，按砌块排列图将所需砌块吊装就位。砌块就位应对准位置徐徐下落，使夹具中心尽可能与墙中心线在同一垂直面上，砌块光面在同一侧，垂直落于砂浆层上，待砌块安放稳妥后，才可松开夹具。

③ 校正。用线锤和托线板检查垂直度，用拉准线的方法检查水平度。用撬棍、楔块调整偏差。

④ 灌缝。采用砂浆灌竖缝，两侧用夹板夹住砌块，超过30mm宽的竖缝采用不低于C20的细石混凝土灌缝，收水后进行嵌缝，即原浆勾缝。以后，一般不应再撬动砌块，以防破坏砂浆的粘结力。

⑤ 镶砖。当砌块间出现较大竖缝或过梁找平时，应镶砖。采用MU10级以上的红砖，最后一皮用丁砖镶砌。镶砖工作必须在砌砖校正后即刻进行，镶砖时应注意使砖的竖缝灌密实。

4. 砌筑工程施工的质量标准

砌体的质量包括砌块、砂浆和砌筑质量。砌筑质量的基本要求是："横平竖直、砂浆饱满和厚薄均匀、上下错缝、内外搭砌、接槎牢固"，为了保证砌体的质量，在砌筑过程中应对砌体的各项指标进行检查，将砌体的尺寸和位置的允许偏差控制在规范要求的范围内。

砖砌体的位置及垂直度允许偏差见表2-10、表2-11。

砖砌体的位置及垂直度允许偏差 表2-10

项次	项 目		允许偏差(mm)	检 验 方 法
1	轴线位置偏移		10	用经纬仪和尺检验或其他测量仪器检查
2	垂直度	每层	5	用2m托线板检查
		全高 ≤10m	10	用经纬仪、吊线和尺检查，或用其他测量仪器检查

砖砌体一般尺寸允许偏差 表2-11

项次	项 目		允许偏差(mm)	检验方法	抽检数量
1	基础顶面和楼面标高		±15	用水平仪和尺检查	不应少于5处
2	表面平整度	清水墙、柱	5	用靠尺和楔形塞尺检查	有代表性的自然间，但不应少于3间，每间不应少于2处
		混水墙、柱	8		
3	门窗洞口高、宽(后塞口)		±5	用尺检查	检验批洞口的10%，且不应少于5处
4	外墙上下窗口偏移		20	以底层窗口为准，用经纬仪或吊线检查	检验批的10%，且不应少于5处
5	水平灰缝平直度	清水墙	7	拉线和尺检查	有代表性的自然间，但不应少于3间，每间不应少于2处
		混水墙	10		
6	清水墙游丁走缝		20	吊线和尺检查，以每层第一皮砖为准	有代表性的自然间10%，但不应少于3间，每间不应少于2处

（四）钢筋混凝土工程

1. 模板工程

（1）模板的种类、作用和技术要求

按材料分为木模板、钢木模板、胶合板模板、钢竹模板、钢模板、塑料模板、玻璃钢模板、铝合金模板等；按结构的类型分为基础模板、柱模板、楼板模板、楼梯模板、墙模板、壳模板和烟囱模板等多种；按施工方法分为现场装拆式模板、固定式模板和移动式模板等。

模板系统包括模板、支架和紧固件三个部分。它是保证混凝土在浇筑过程中保持正确的形状和尺寸，是混凝土在硬化过程中进行防护和养护的工具。为此，模板和支架必须符合下列要求：保证工程结构和构件各部位形状尺寸和相互位置的正确；具有足够的承载能力、刚度和稳定性，能可靠地承受新浇混凝土的自重和侧压力以及施工荷载；构造简单、装拆方便，便于钢筋的绑扎、安装和混凝土的浇筑、养护；模板的接缝严密，不得漏浆；能多次周转使用。

（2）模板的构造与安装

1）木模板

木模板及其支架系统一般在加工厂或现场木工棚制成基本元件（拼板），然后再在现场拼装。拼板的长短、宽窄可以根据混凝土构件的尺寸，设计出几种标准规格，以便组合使用。

① 柱模板：柱子的断面尺寸不大但比较高。因此，柱子模板的构造和安装主要考虑保证垂直度及抵抗新浇混凝土的侧压力，与此同时，也要便于浇筑混凝土、清理垃圾与钢筋绑扎等。柱模板由两块相对的内拼板夹在两块外拼板之间组成。亦可用短横板（门子板）代替外拼板钉在内拼板上。有些短横板可先不钉上，作为混凝土的浇筑孔，待混凝土浇至其下口时再钉上。

安装柱模前，应先绑扎好钢筋，测出标高并标在钢筋上，同时在已浇筑的基础顶面或楼面上固定好柱模板底部的木框，在内外拼板上弹出中心线，根据柱边线及木框位置竖立内外拼板，并用斜撑临时固定，然后由顶部用锤球校正，使其垂直。检查无误后，即用斜撑钉牢固定。同在一条轴线上的柱，应先校正两端的柱模板，再从柱模板上口中心线拉一钢丝来校正中间的柱模。柱模之间还要用水平撑及剪刀撑相互拉结。

② 梁模板：梁的跨度较大而宽度不大。混凝土对梁侧模板有水平侧压力，对梁底模板有垂直压力，因此，梁模板及其支架必须能承受这些荷载而不致发生超过规范允许的过大变形。

梁模板主要由底模、侧模、夹木及其支架系统组成，底模板承受垂直荷载，一般较厚，下面每隔一定间距（800～1200mm）有顶撑支撑。多层建筑施工中，应使上、下层的顶撑在同一条竖向直线上。侧模板承受混凝土侧压力，应包在底模板的外侧，底部用夹木固定，上部由斜撑和水平拉条固定。

③ 楼板模板：楼板的面积大而厚度比较薄，侧压力小。楼板模板及其支架系统，主要承受钢筋混凝土的自重及其施工荷载，保证模板不变形。如图2-38所示，楼板模板的底模用木板条或用定型模板或用胶合板拼成，铺设在楞木上。楞木搁置在梁模板外侧托木上，若楞木面不平，可以加木楔调平。当楞木的跨度较大时，中间应加设立柱。立柱上钉通长的杠木。

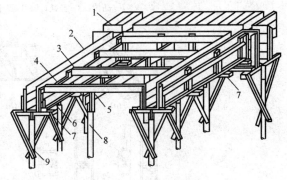

图2-38 有梁楼板模板
1—楼板模板；2—梁侧模板；3—楞木；4—托木；5—杠木；6—夹木；7—短撑木；8—立柱；9—顶撑

2）组合钢模板

组合钢模板通过各种连接件和支承件可组合成多种尺寸和几何形状，以适应各种类型建筑物捣制钢筋混凝土梁、柱、板、墙、基础等施工所需要的模板，也可用其拼成大模板、滑模、筒模和台模等。

① 组合钢模板的组成：组合钢模板是由模板、连接件和支承件组成。模板包括平面模板（P）、阴角模板（E）、阳角模板（Y）、连接角模（J），此外还有一些异形模板，如图2-39所示。钢模板的宽度有100、150、200、250、300mm五种规格，其长度有450、600、750、900、1200、1500mm六种规格，可适应横竖拼装。

组合钢模板的连接件包括：U形卡、L形插销、钩头螺栓、对拉螺栓、紧固螺栓和扣件等，如图2-40所示。

组合钢模板的支承件包括：柱箍、钢楞、支架、斜撑、钢桁架等。

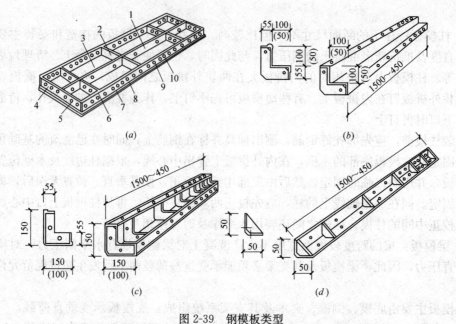

图 2-39 钢模板类型

(a) 平面模板；(b) 阳角模板；(c) 阴角模板；(d) 连接角模

1—中纵肋；2—中横肋；3—面板；4—横肋；5—插销孔；6—纵肋；
7—凸棱；8—凸鼓；9—U 形卡孔；10—钉子孔

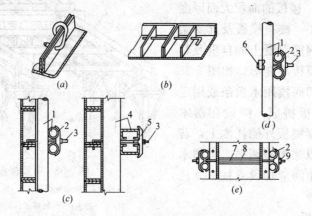

图 2-40 钢模板连接件

(a) U 形卡连接；(b) L 形插销连接；(c) 钩头螺栓连接；
(d) 紧固螺栓连接；(e) 对立螺栓连接

1—圆钢管楞；2—"3"形扣件；3—螺栓；4—内卷边槽钢钢楞；
5—蝶形扣件；6—紧固螺栓；7—对拉螺栓；8—塑料套管；9—螺母

② 钢模配板：合理的配板方案应满足以下原则：木材拼镶补量最少；支承件布置简单，受力合理；合理使用转角模板；尽量采用横排或竖排，尽量不用横竖兼排的方式。

3) 胶合板模板

胶合板模板种类很多，这里主要介绍钢框胶合板模板和钢框竹胶板模板。

① 钢框胶合板模板：由钢框和防水胶合板组成，防水胶合板平铺在钢框上，用沉头螺栓与钢框连牢。这种模板在钢边框上可钻有连接孔，用连接件纵横连接，组装成

各种尺寸的模板，它也具备定型组合钢模板的一些优点，而且重量比组合钢模板轻，施工方便。

② 钢框竹胶板模板：由钢框和竹胶板组成，其构造与钢框胶合板模板相同，用于面板的竹胶板是用竹片（或竹帘）涂胶粘剂，纵横向铺放，热压成型。为使竹胶板板面光滑平整，便于脱模和增加周转次数，一般板面采用涂料复面处理或浸胶纸复面处理。钢框竹胶板模板的宽度有 300、600mm 两种，长度有 900、1200、1500、1800、2400mm 等。可作为混凝土结构柱、梁、墙、楼板的模板。

4）大模板

大模板是一种大尺寸的工具式定型模板。一般一块墙面用一至二块大模板，因其重量大，安装时需要起重机配合装拆施工。

大模板由面板、加劲肋竖楞、支撑桁架、稳定机构及附件组成。面板要求表面平整、刚度好，平整度按中级抹灰质量要求确定。加劲肋是大模板的重要构件。其作用是固定面板，阻止其变形并把混凝土传来的侧压力传递到竖楞上。竖楞是与加劲肋相连接的竖直部件。它的作用是加强模板刚度，保证模板的几何形状，并作为穿墙螺栓的固定支点，承受由模板传来的水平力和垂直力。支撑结构主要承受风荷载和偶然的水平力，防止模板倾覆。

大模板的附件有穿墙螺栓、固定卡具、操作平台及其他附属连接件。

5）滑升模板

滑升模板是一种工具式模板，最适于现场浇筑高耸的圆形、矩形、筒壁结构。如筒仓、贮煤塔、竖井等。

滑升模板由模板系统、操作平台系统和提升机具系统等三部分组成。模板系统包括模板、围圈和提升架等，它的作用主要是成型混凝土。操作平台系统包括操作平台、辅助平台和外吊脚手架等，是施工操作的场所。提升机具系统包括支承杆、千斤顶和提升操纵装置等，是滑升的动力。这三部分通过提升架连成整体，构成整套滑升模板装置。

6）爬升模板

爬升模板是依附在建筑结构上，随着结构施工而逐层上升的一种模板，当结构工程混凝土达到拆模强度而脱模后，模板不落地，依靠机械设备和支承物将模板和爬模装置向上爬升一层，定位紧固，反复循环施工，爬模是适用于高层建筑或高耸构造物现浇钢筋混凝土竖直或倾斜结构施工的先进模板工艺。爬升模板有手动爬模、电动爬模、液压爬模、吊爬模等。

(3) 模板的拆除

模板的拆除日期取决于现浇结构的性质、混凝土的强度、模板的用途、混凝土硬化时的气温。

1）模板的拆除规定

① 侧模板的拆除。应在混凝土强度达到能保证其表面及棱角不因拆除模板而受损坏时方可进行。具体时间可参考表 2-12。

② 底模板的拆除。应在与混凝土结构同条件养护的试件达到表 2-13 规定强度标准值时，方可拆除。达到规定强度标准值所需时间可参考表 2-14。

2）拆除模板顺序及注意事项

① 拆模时不要用力过猛，拆下来的模板要及时运走、整理、堆放以便再用。

② 拆模程序一般应是后支的先拆，先拆除非承重部分，后拆除承重部分。

侧模板的拆除时间　　　　表 2-12

水泥品种	混凝土强度等级	混凝土凝固的平均温度(℃)					
		5	10	15	20	25	30
		混凝土强度达到 2.5MPa 所需天数					
普通水泥	C10	5	4	3	2	1.5	1
	C15	4.5	3	2.5	2	1.5	1
	≥C20	3	2.5	2	1.5	1.0	1
矿渣及火山灰质水泥	C10	8	6	4.5	3.5	2.5	2
	C15	6	4.5	3.5	2.5	2	1.5

现浇结构拆模混凝土强度表　　　　表 2-13

结构类型	结构跨度(m)	按设计的混凝土强度标准值的百分率计(%)
板	≤2	50
	>2,≤8	75
	>8	100
梁、拱、壳	≤8	75
	>8	100
悬臂构件	≤2	75
	>2	100

拆除底模所需时间表　　　　表 2-14

水泥的强度等级及品种	混凝土达到设计强度标准值的百分率(%)	硬化时昼夜平均温度					
		5℃	10℃	15℃	20℃	25℃	30℃
32.5MPa 普通水泥	50	12	8	6	4	3	2
	75	26	18	14	9	7	6
	100	55	45	35	28	21	18
42.5MPa 普通水泥	50	10	7	6	5	4	3
	75	20	14	11	8	7	6
	100	50	40	30	28	20	18
32.5MPa 矿渣或火山灰质水泥	50	18	12	9	8	7	6
	75	32	25	17	14	12	10
	100	60	50	34	28	24	20
42.5MPa 矿渣或火山灰质水泥	50	16	11	9	8	7	6
	75	30	20	15	13	12	10
	100	60	50	40	28	24	20

③ 拆除框架结构模板的顺序，首先是柱模板，然后是楼板底板，梁侧模板，最后梁底模板。拆除跨度较大的梁下支柱时，应先从跨中开始，分别拆向两端。

④ 层楼板支柱的拆除，应按下列要求进行：上层楼板正在浇筑混凝土时，下一层楼板的模板支柱不得拆除，再下一层楼板模板的支柱，仅可拆除一部分；跨度4m及4m以上的梁下均应保留支柱，其间距不大于3m。

⑤ 已拆除模板及其支架的结构，应在混凝土强度达到设计的混凝土强度标准值后，才允许承受全部使用荷载。

⑥ 拆模时,应尽量避免混凝土表面或模板受到损坏,注意整块板落下伤人。

2. 钢筋工程

(1) 钢筋的种类、验收和存放

1) 钢筋的种类

混凝土结构和预应力混凝土结构应用的钢筋有普通钢筋、预应力钢绞线、钢丝和热处理钢筋。后三种用作预应力钢筋。

普通钢筋都是热轧钢筋,分 HPB235（Q235）, $d=8\sim20mm$；HRB335（20MnSi）, $d=6\sim50mm$；HRB400（20MnSiV, 20MnSiNb, 20MnTi）, $d=6\sim50mm$ 和 RRB400（K20MnSi）, $d=8\sim40mm$ 四种。使用时宜首先选用 HRB400 级和 HRB335 级钢筋。HPB235 为光圆钢筋,其他为带肋钢筋。

2) 钢筋的验收

钢筋混凝土结构中所用的钢筋,都应有出厂质量证明书或试验报告单,每捆（盘）钢筋均应有标牌。钢筋进场时应按批号及直径分批验收。验收的内容包括查对标牌、外观检查,并按有关标准的规定抽取试样作力学性能试验,合格后方可使用。

① 热轧钢筋验收

外观检查。要求钢筋表面不得有裂缝、结疤和折叠,钢筋表面允许有凸块,但不得超过横肋的最大高度。钢筋的外形尺寸应符合规定。

力学性能检验。以同规格、同炉罐（批）号的不超过 60t 钢筋为一批,每批钢筋中任选两根,每根取两个试样分别进行拉力试验（测定屈服点、抗拉强度和伸长率三项指标）和冷弯试验（以规定弯心直径和弯曲角度检查冷弯性能）。如有一项试验结果不符合规定,则从同一批中另取双倍数量的试样重作各项试验。如仍有一个试样不合格,则该批钢筋为不合格品,应降级使用。

其他说明。在使用过程中,对热轧钢筋的质量有疑问或类别不明时,使用前应作拉力和冷弯试验（抽样数量应根据实际情况确定）,根据试验结果确定钢筋的类别后,才允许使用。热轧钢筋在加工过程中发现脆断、焊接性能不良或力学性能显著不正常等现象时,应进行化学成分分析或其他专项检验。

② 冷拉钢筋与冷拔钢丝验收

冷拉钢筋以不超过 20t 的同级别、同直径的冷拉钢筋为一批,从每批中抽取两根钢筋,每根截取两个试样分别进行拉力和冷弯试验。冷拉钢筋的外观不得有裂纹和局部缩颈。

冷拔钢丝分甲级钢丝和乙级钢丝两种。甲级钢丝逐盘检验,从每盘钢丝上任一端截去不少于 500mm 后再取两个试样,分别做拉力和冷弯试验。乙级钢丝可分批抽样检验,以同一直径的钢丝为一批,从中任取三盘,每盘各截取两个试样,分别做拉力和冷弯试验。钢丝外观不得有裂纹和机械损伤。

③ 冷轧带肋钢筋验收

冷轧带肋钢筋以不大于 50t 的同一级别、同一钢号、同一规格为一批。每批抽取 5%（但不少于 5 盘）进行外形尺寸、表面质量和质（重）量偏差的检查,如其中有一盘不合格,则应对该批钢筋逐盘检查。力学性能应逐盘检验,从每盘任一端截去 500mm 后取两个试样分别作拉力和冷弯试验,如有一项指标不合格,则该盘钢筋判为不合格。

对有抗震要求的框架结构纵向受力钢筋进行检验，所得的实测值应符合下列要求：钢筋的抗拉强度实测值与屈服强度实测值的比值不应小于1.25；钢筋的屈服强度实测值与钢筋强度标准值的比值，当按一级抗震设计时，不应大于1.3，当按二级抗震设计时，不应大于1.4。

3) 钢筋的存放

当钢筋运进施工现场后，必须严格按批分等级、牌号、直径、长度挂牌存放，并注明数量，注明质量检验状态（待检、合格、不合格），不得混淆。钢筋应尽量堆入仓库或料棚内。条件不具备时，应选择地势较高，土质坚实，较为平坦的露天场地存放。在仓库或场地周围挖排水沟，以利泄水。堆放时钢筋下面要加垫木，离地不宜少于200mm，以防钢筋锈蚀和污染。钢筋成品要分工程名称和构件名称，按号码顺序存放。同一项工程与同一构件的钢筋要存放在一起，按号挂牌排列，牌上注明构件名称、部位、钢筋类型、尺寸、钢号、直径、根数，不能将几项工程的钢筋混放在一起。同时不要和产生有害气体的车间靠近，以免污染和腐蚀钢筋。

(2) 钢筋配料、代换与冷加工

1) 钢筋配料

钢筋配料就是根据结构施工图，分别计算构件各钢筋的直线下料长度、根数及质量，编制钢筋配料单，作为备料、加工和结算的依据。钢筋加工前应根据设计图纸和会审记录按不同构件先编制配料单，见表2-15，然后进行备料加工。

钢筋配料单　　　　　　　　　　　　　表2-15

项次	构件名称	钢筋编号	简图	直径(mm)	钢号	下料长度(mm)	单位根数	合计根数	总质量(kg)
1	L_1梁 计5根	(1)	⌐——4190——⌐	10	φ	4315	2	10	26.62
2		(2)	150＼265／494—2960—494＼265／150	20	φ	4658	1	5	57.43
3		(3)	⌐100 4190 100⌐	18	φ	4543	2	10	90.77
4		(4)	⌐162—362—⌐	6	φ	1108	22	110	27.05
合计 φ6:27.05kg；φ10:26.62kg；φ18:90.77kg；φ20:57.43kg

结构施工图中所指钢筋长度是钢筋外边缘至外边缘之间的长度，即外包尺寸。钢筋加工前按直线下料，经弯曲后，外边缘伸长，内边缘缩短，而中心线不变。这样，钢筋弯曲后的外包尺寸和中心线长度之间存在一个差值，称为"量度差值"。在计算下料长度时必须加以扣除。钢筋下料长度为各段外包尺寸之和减去各弯曲处的量度差值，再加上端部弯钩的增加值。

为了加工方便，根据钢筋配料单，每一编号钢筋做一个钢筋加工牌，钢筋加工完毕将加工牌绑在钢筋上以便识别。钢筋加工牌中注明工程名称、构件编号、钢筋规格、总加工根数、下料长度及钢筋简图、外包尺寸等。

2）钢筋代换

当施工中遇有钢筋品种或规格与设计要求不符时，可参照以下原则进行钢筋代换：不同种类的钢筋代换，按钢筋抗拉设计值相等的原则进行代换，即等强度代换；相同种类和级别的钢筋代换，应按钢筋等面积原则进行代换，即等面积代换。

钢筋代换方法是：

等强度代换：如设计图中所用的钢筋设计强度为 f_{y1}，钢筋总面积为 A_{s1}，代换后的钢筋设计强度为 f_{y2}，钢筋总面积为 A_{s2}，则应使

$$A_{s1} \cdot f_{y1} \leqslant A_{s2} \cdot f_{y2} \tag{2-4}$$

$$n_1 \cdot \pi d_1^2/4 \cdot f_{y1} \leqslant n_2 \cdot \pi d_2^2/4 \cdot f_{y2} \tag{2-5}$$

$$n_2 \geqslant n_1 d_1^2 \cdot f_{y1}/d_2^2 \cdot f_{y2} \tag{2-6}$$

式中　n_2——代换钢筋根数；

　　　n_1——原设计钢筋根数；

　　　d_2——代换钢筋直径；

　　　d_1——原设计钢筋直径。

等面积代换：

$$A_{s1} \leqslant A_{s2} \tag{2-7}$$

则

$$n_2 \geqslant n_1 d_1^2/d_2^2 \tag{2-8}$$

式中符号同上。

钢筋代换后，有时由于受力钢筋直径加大或根数增多而需要增加排数，则构件截面的有效高度 h_0 减少，截面强度降低。

3）钢筋的冷加工

钢筋的冷加工，有冷拉、冷拔和冷轧，用以提高钢筋强度设计值，能节约钢材，满足预应力钢筋的需要。

① 钢筋的冷拉：钢筋的冷拉是在常温下对钢筋进行强力拉伸，拉应力超过钢筋的屈服强度，使钢筋产生塑性变形，以达到调直钢筋、提高强度的目的。冷拉 HPB235 钢筋适用于混凝土结构中的受拉钢筋；冷拉 HRB335、HRB400、RRB400 级钢筋适用于预应力混凝土结构中的预应力筋。

② 钢筋冷拔：钢筋冷拔是用强力将直径 6～10mm 的 HPB235 级钢筋在常温下通过特制的钨合金拔丝模，多次强力拉拔成比原钢筋直径小的钢丝，使钢筋产生塑性变形。

（3）钢筋连接方法及安装方法

1）钢筋连接方法

钢筋接头连接方法有：绑扎连接、焊接连接和机械连接。绑扎连接由于需要较长的搭接长度，浪费钢筋，且连接不可靠，故宜限制使用。

① 焊接连接

钢筋焊接方法有：闪光对焊、电弧焊、电渣压力焊和电阻点焊。

钢筋闪光对焊是利用对焊机使两段钢筋接触，通过低电压的强电流，待钢筋被加热到一定温度变软后，进行轴向加压顶锻，形成对焊接头。钢筋闪光对焊工艺常用的有连续闪

光焊、预热闪光焊和闪光－顶热－闪光焊。闪光对焊广泛用于钢筋纵向连接及预应力钢筋与螺丝端杆的焊接。

电弧焊是利用弧焊机使焊条与焊件之间产生高温电弧，使焊条和电弧燃烧范围内的焊件熔化，待其凝固便形成焊缝或接头，电弧焊广泛用于钢筋接头、钢筋骨架焊接、装配式结构接头的焊接、钢筋与钢板的焊接及各种钢结构焊接。

电渣压力焊在建筑施工中多用于现浇钢筋混凝土结构构件内竖向或斜向（倾斜度在 4∶1 的范围内）钢筋的焊接接长。有自动与手工电渣压力焊。与电弧焊比较，它工效高、成本低、可进行竖向连接，在工程中应用较普遍。进行电渣压力焊宜选用合适的变压器。夹具需灵巧、上下钳口同心，保证上下钢筋的轴线应尽量一致，其最大偏移不得超过 $0.1d$，同时也不得大于 2mm。

电阻点焊主要用于小直径钢筋的交叉连接，如用来焊接钢筋网片、钢筋骨架等。它生产效率高、节约材料，应用广泛。常用的点焊机有单点点焊机、多头点焊机（一次可焊数点，用于焊接宽大的钢筋网）、悬挂式点焊机（可焊钢筋骨架或钢筋网）、手提式点焊机（用于施工现场）。

② 钢筋机械连接

钢筋机械连接包括套筒挤压连接和螺纹套管连接。

A. 钢筋套筒挤压连接

钢筋套筒挤压连接是将需连接的变形钢筋插入特制钢套筒内，利用液压驱动的挤压机进行径向或轴向挤压，使钢套筒产生塑性变形，使套筒内壁紧紧咬住变形钢筋实现连接（图 2-41）。它适用于竖向、横向及其他方向的较大直径变形钢筋的连接。

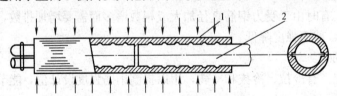

图 2-41 钢筋套筒挤压连接原理图
1—钢套筒；2—被连接的钢筋

钢筋挤压连接的工艺参数，主要是压接顺序、压接力和压接道数。压接顺序应从中间逐道向两端压接。压接力要能保证套筒与钢筋紧密咬合，压接力和压接道数取决于钢筋直径、套筒型号和挤压机型号。

钢筋套筒挤压连接接头，按验收批进行外观质量和单向拉伸试验检验。

B. 钢筋螺纹套筒连接

钢筋螺纹套筒连接分为锥螺纹套筒连接和直螺纹套筒连接两种。

用于这种连接的钢套管内壁，用专用机床加工有锥螺纹，钢筋的对接端头亦在套丝机上加工有与套管匹配的锥螺纹。连接时，经对螺纹检查无油污和损伤后，先用手旋入钢筋，然后用扭矩扳手紧固至规定的扭矩即完成连接。

锥螺纹套筒连接由于钢筋的端头在套丝机上加工有螺纹，截面有所削弱，有时达不到与母材等强度要求。为确保达到与母材等强度，可先把钢筋端部镦粗，然后切削直螺纹，用套筒连接就形成直螺纹套筒连接。或者用冷轧方法在钢筋端部轧制出螺纹，由于冷强作用亦可达到与母材等强。

钢筋在现场安装时，宜特别关注受力钢筋，受力钢筋的品种、级别、规格和数量都必须符合设计要求。钢筋安装位置的允许偏差应参照《混凝土结构工程施工质量验收规范》。

2) 钢筋的安装方法

钢筋安装或现场绑扎应与模板安装相配合。柱钢筋现场绑扎时，一般在模板安装前进行，柱钢筋采用预制安装时，可先安装钢筋骨架，然后安装柱模板，或先安装三面模板，待钢筋骨架安装后，再钉第四面模板。梁的钢筋一般在梁模板安装后，再安装或绑扎；断面高度较大（>600mm），或跨度较大、钢筋较密的大梁，可留一面侧模，待钢筋安装或绑扎完后再钉。楼板钢筋绑扎应在楼板模板安装后进行，并应按设计先划线，然后摆料、绑扎。

钢筋保护层应按设计或规范的要求正确确定。工地常用预制水泥垫块垫在钢筋与模板之间，以控制保护层厚度。垫块应布置成梅花形，其相互间距不大于 1m。上下双层钢筋之间的尺寸，可绑扎短钢筋或设置撑脚来控制。

钢筋工程属于隐蔽工程，在浇筑混凝土前应对钢筋及预埋件进行验收，并按规定记好隐蔽工程记录，以便查验。验收检查下列几方面：根据设计图纸检查钢筋的钢号、直径、根数、间距是否正确，特别是要注意检查负筋的位置；检查钢筋接头的位置及搭接长度是否符合规定；检查混凝土保护层是否符合要求；检查钢筋绑扎是否牢固，有无变形、松脱和开焊；钢筋表面不允许有油渍、漆污和颗粒状（片状）铁锈；钢筋位置允许偏差，应符合相关规定。

3. 混凝土工程

混凝土工程施工包括混凝土制备、运输、浇筑、养护等施工过程。

(1) 混凝土的施工配料

混凝土由水泥、粗骨料、细骨料和水组成，有时掺加外加剂、矿物掺合料。保证原材料的质量是保证混凝土质量的前提。

1) 混凝土施工配制强度确定

混凝土配合比应根据混凝土强度等级、耐久性和工作性能等按国家现行标准《普通混凝土配合比设计规程》，有需要时，还需满足抗渗性、抗冻性、水化热低等要求。

普通混凝土的强度等级按规范规定为 12 个：C7.5、C10、C15、C20、C25、C30、C35、C40、C45、C50、C55、C60。C60～C80 为高强混凝土。

2) 混凝土的施工配料

影响混凝土质量的因素主要有两方面：一是称量不准；二是未按砂、石骨料实际含水率的变化进行施工配合比的换算。

① 施工配合比换算

混凝土实验室配合比是根据完全干燥的砂、石骨料制定的，但实际使用的砂、石骨料一般都含有一些水分，而且含水量又会随气候条件发生变化。所以施工时应及时测定现场砂、石骨料的含水量，并将混凝土的实验室配合比换算成在实际含水量情况下的施工配合比。

设实验室配合比为：水泥：砂子：石子 $=1:x:y$，水灰比为 w/C，并测得砂子的含水量为 w_x，石子的含水量为 w_y，则施工配合比应为：$1:x(1+w_x):y(1+w_y)$。

按实验室配合比 $1m^3$ 混凝土水泥用量为 $C(kg)$，计算时确保混凝土水灰比不变（w 为用水量），则换算后材料用量为：

水泥：$C'=C$

砂子：$G'_砂=Cx(1+w_x)$

石子：$G'_石=Cy(1+w_y)$

水：$w'=w-Cxw_x-Cyw_y$

【例 2-1】 设混凝土实验室配合比为：$1:2.56:5.55$，水灰比为 0.65，每 $1m^3$ 混凝土的水泥用量为 275kg，测得砂子含水量为 3‰，石子含水量为 1‰，则施工配合比为：

$$1:2.56(1+3‰):5.55(1+1‰)=1:2.64:5.60$$

每 $1m^3$ 混凝土材料用量为：

水泥：275kg

砂子：$275 \times 2.64 = 726$kg

石子：$275 \times 5.60 = 1540$kg

水：$275 \times 0.65 - 275 \times 2.56 \times 3‰ - 275 \times 5.55 \times 1‰ = 142.4$kg

② 施工配料

求出每立方米混凝土材料用量后，还必须根据工地现有搅拌机出料容量确定每次需用几整袋水泥，然后按水泥用量来计算砂石的每次拌用量。如采用 JZ250 型搅拌机，出料容量为 $0.25m^3$，则上例每搅拌一次的装料数量为：

水泥：$275 \times 0.25 = 68.75$kg（取用一袋半水泥，即 75kg）

砂子：$726 \times 75/275 = 198$kg

石子：$1540 \times 75/275 = 420$kg

水：$142.4 \times 75/275 = 38.8$kg

为严格控制混凝土的配合比，原材料的数量应采用质量计量，必须准确。其质量偏差不得超过以下规定：水泥、混合材料为 ±2%；细骨料为 ±3%；水、外加剂溶液 ±2%。各种衡量器应定期校验，经常保持准确。骨料含水量应经常测定，雨天施工时，应增加测定次数。

（2）混凝土搅拌

1）混凝土搅拌机

混凝土搅拌机按其搅拌原理分为自落式搅拌机和强制式搅拌机两类。根据其构造的不同，又可分为若干种。

自落式搅拌机搅拌筒内壁装有叶片，搅拌筒旋转，叶片将物料提升一定高度后自由下落，各物料颗粒分散拌和均匀，是重力拌合原理，宜用于搅拌塑性混凝土。

强制式搅拌机分立轴式和卧轴式两类。强制式搅拌机是在轴上装有叶片，通过叶片强制搅拌装在搅拌筒中的物料，使物料沿环向、径向和竖向运动，拌和成均匀的混合物，是剪切拌合原理。强制式搅拌机拌和强烈，多用于搅拌干硬性混凝土、低流动性混凝土和轻骨料混凝土。

混凝土搅拌机以其出料容量（m^3）×1000 标定规格。常用为 150、250、350L 等数种。

2）搅拌制度

搅拌制度包括搅拌时间、投料顺序和进料容量等。

① 混凝土搅拌时间

搅拌时间应是从全部材料投入搅拌筒起，到开始卸料为止所经历的时间。它与搅拌质量密切相关。搅拌时间过短，混凝土不均匀，强度及和易性将下降；搅拌时间过长，不但降低搅拌的生产效率，同时会使不坚硬的粗骨料，在大容量搅拌机中因脱角、破碎等而影响混凝土的质量。对于加气混凝土也会因搅拌时间过长而使所含气泡减少。

② 投料顺序

投料顺序应考虑的因素主要包括：提高搅拌质量，减少叶片、衬板的磨损，减少拌合物与搅拌筒的粘结，减少水泥飞扬，改善工作环境，提高混凝土强度，节约水泥等方面综合考虑。常用一次投料法、二次投料法和水泥裹砂法等。

一次投料法：是将砂、石、水泥和水一起同时加入搅拌筒中进行搅拌。为了减少水泥的飞扬和水泥的粘罐现象，对自落式搅拌机常采用的投料顺序是将水泥夹在砂、石之间，最后加水搅拌。

二次投料法：预拌水泥砂浆法是先将水泥、砂和水加入搅拌筒内进行充分搅拌，成为均匀的水泥砂浆后，再加入石子搅拌成均匀的混凝土；预拌水泥净浆法是先将水泥和水充分搅拌成均匀的水泥净浆后，再加入砂和石搅拌成混凝土。

水泥裹砂法：这种混凝土就是在砂子表面造成一层水泥浆壳。主要采取两项工艺措施：一是对砂子的表面湿度进行处理，使其控制在一定范围内。二是进行两次加水搅拌，第一次先将处理过的砂子、水泥和部分水搅拌，使砂子周围形成粘着性很高的水泥糊包裹层；第二次再加入水及石子，经搅拌，部分水泥浆便均匀地分散在已经被造壳的砂子及石子周围。

③ 进料容量

进料容量是将搅拌前各种材料的体积累积起来的容量，又称干料容量。进料容量约为出料容量的 1.4~1.8 倍（通常取 1.5 倍）。进料容量超过规定容量的 10% 以上，就会使材料在搅拌筒内无充分的空间进行掺合，影响混凝土拌合物的均匀性；反之，如装料过少，则又不能充分发挥搅拌机的效能。

④ 搅拌要求

严格控制混凝土施工配合比；在搅拌混凝土前，搅拌机应加适量的水运转，使拌筒表面润湿，然后将多余水排干；搅拌好的混凝土要卸尽；混凝土搅拌完毕或预计停歇 1h 以上时，应将混凝土全部卸出，倒入石子和清水，搅拌 5~10min，把粘在料筒上的砂浆冲洗干净后全部卸出。

(3) 混凝土的运输

混凝土拌合物运输的基本要求是：不产生离析现象；保证混凝土浇筑时具有设计规定的坍落度；在混凝土初凝之前能有充分时间进行浇筑和捣实；保证混凝土浇筑能连续进行。

1) 混凝土运输的时间

混凝土应以最少的转运次数和最短的时间，从搅拌地点运至浇筑地点，并在初凝之前浇筑完毕。普通混凝土从搅拌机中卸出后到浇筑完毕的延续时间不宜超过表 2-16 的规定。如需进行长距离运输可选用混凝土搅拌运输车。

混凝土从搅拌机中卸出到浇筑完毕的延续时间 (min) 表 2-16

混凝土强度等级	气温(℃)	
	≤25	>25
≤C30	120	90
>C30	90	60

2) 混凝土运输工具

运输混凝土的工具要不吸水、不漏浆,方便快捷。混凝土运输分为地面运输、垂直运输和楼面运输三种情况。

混凝土地面运输工具有双轮手推车、机动翻斗车、混凝土搅拌运输车和自卸汽车。如采用预拌(商品)混凝土运输距离较远时,多用混凝土搅拌运输车和自卸汽车。

混凝土搅拌运输车为长距离运输混凝土的有效工具,它有一搅拌筒斜放在汽车底盘上,在预拌混凝土搅拌站装入混凝土后,在运输过程中搅拌筒可进行慢速转动进行拌合,以防止混凝土离析,运至浇筑地点,搅拌筒反转即可迅速卸出混凝土。

混凝土垂直运输,多用塔式起重机加料斗、混凝土泵、快速提升斗和井架。

混凝土泵是一种有效的混凝土运输和浇筑工具,可以一次完成水平及垂直运输,将混凝土直接输送到浇筑地点。常用的混凝土输送管为钢管,也有橡胶和塑料软管。直径为75～200mm、每段长约3m,还配有45°、90°等弯管和锥形管,弯管、锥形管和软管的流动阻力大,计算输送距离时要换算成水平换算长度。垂直输送时,在立管的底部要增设逆流阀,以防止停泵时立管中的混凝土反压回流。

(4) 混凝土的浇筑与捣实

混凝土的浇筑与捣实工作包括布料摊平、捣实和抹面修整等工序。它对混凝土的密实性和耐久性、结构的整体性和外形正确性等都有重要影响。

1) 混凝土的浇筑

① 混凝土浇筑的一般规定

A. 混凝土浇筑前不应发生初凝和离析现象,如果已经发生,可以进行重新搅拌,使混凝土恢复流动性和黏聚性后再进行浇筑。混凝土在浇筑时的坍落度应满足表 2-17 的要求。

混凝土在浇筑时的坍落度 表 2-17

项 次	结 构 种 类	坍落度(cm)
1	基础或地面等的垫层、无配筋的厚大结构(挡土墙、基础或厚大块体等)或配筋稀疏的结构	1～3
2	板、梁和大型及中型截面的柱子等	3～5
3	配筋密集的结构(薄壁、斗仓、筒仓、细柱等)	5～7
4	配筋特密的结构	7～9

B. 混凝土自高处倾落时的自由倾落高度不宜超过 2m。若混凝土自由下落高度超过 2m(竖向结构 3m),要沿溜槽或串筒下落。当混凝土浇筑深度超过 8m 时,则应采用带节管的振动串筒,即在串筒上每隔 2～3 节管安装一台振动器。

C. 为了使混凝土振捣密实,必须分层浇筑,每层浇筑厚度与捣实方法、结构的配筋情况有关,应符合表 2-18 的规定。

混凝土浇筑层厚度　　　　　　　　　　　　　　　表 2-18

项次	捣实混凝土的方法		浇筑层厚度(mm)
1	插入式振动		振动器作用部分长度的 1.25 倍
2	表面振动		200
3	人工捣固	(1)在基础或无筋混凝土和配筋稀疏的结构中	250
		(2)在梁、墙、板、柱结构中	200
		(3)在配筋密集的结构中	150
4	轻骨料混凝土	插入式振动	300
		表面振动(振动时需加荷)	200

D. 混凝土的浇筑工作应尽可能连续进行，如上下层或前后层混凝土浇筑必须间歇，其间歇时间应尽量缩短，并要在前层（下层）混凝土凝结（终凝）前，将次层混凝土浇筑完毕。间歇的最长时间应按所用水泥品种及混凝土凝结条件确定。即混凝土从搅拌机中卸出，经运输、浇筑及间歇的全部延续时间不得超过表 2-16 的规定，当超过时应按留置施工缝处理。

E. 浇筑竖向结构混凝土前，应先在底部填筑一层 30~50mm 厚、与混凝土内砂浆成分相同的水泥砂浆，然后再浇筑混凝土。

F. 施工缝的留设与处理。施工缝宜留在结构受剪力较小且便于施工的部位。柱应留水平缝，梁、板应留垂直缝。柱子的施工缝宜留在基础与柱子的交接处的水平面上，或梁的下面，或吊车梁牛腿的下面，或吊车梁的上面，或无梁楼盖柱帽的下面。框架结构中，如果梁的负筋向下弯入柱内，施工缝也可设置在这些钢筋的下端，以便于绑扎。高度大于 1m 的混凝土梁的水平施工缝，应留在楼板底面以下 20~30mm 处，当板下有梁托时，留在梁托下部；单向平板的施工缝，可留在平行于短边的任何位置处；对于有主次梁的楼板结构，宜顺着次梁方向浇筑，施工缝应留在次梁跨度的中间 1/3 范围内。

G. 施工缝的处理方法。在施工缝处继续浇筑混凝土时，应除去表面的水泥薄膜、松动的石子和软弱的混凝土层。并加以充分湿润和冲洗干净，不得积水。浇筑时，施工缝处宜先铺水泥浆或与混凝土成分相同的水泥砂浆一层，厚度为 10~15mm，以保证接缝的质量。待已浇筑的混凝土的强度不低于 1.2MPa 时才允许继续浇筑。

② 框架结构混凝土的浇筑

框架结构一般按结构层划分施工层和在各层划分施工段分别浇筑，一个施工段内的每排柱子应从两端同时开始向中间推进，不可从一端开始向另一端推进，预防柱子模板逐渐受推倾斜使误差积累难以纠正。每一施工层的梁、板、柱结构，先浇筑柱和墙，并连续浇筑到顶。停歇一段时间（1~1.5h）后，柱和墙有一定强度再浇筑梁板混凝土。梁板混凝土应同时浇筑，只有梁高 1m 以上时，才可以单独先行浇筑。梁与柱的整体连接应从梁的一端开始浇筑，快到另一端时，反过来先浇另一端，然后两段在凝结前合拢。

③ 大体积混凝土结构浇筑

A. 大体积混凝土结构浇筑方案

为保证结构的整体性，混凝土应连续浇筑，要求每一处的混凝土在初凝前就被后部分混凝土覆盖并捣实成整体，根据结构特点不同，可分为全面分层、分段分层、斜面分层等浇筑方案。

全面分层：当结构平面面积不大时，可将整个结构分为若干层进行浇筑，即第一层全部浇筑完毕后,再浇筑第二层,逐层连续浇筑,直到结束。为保证结构的整体性,要求次层混凝土在前层混凝土初凝前浇筑完毕。

分段分层:当结构平面面积较大时,全面分层已不适应,这时可采用分段分层浇筑方案。即将结构分为若干段落,每段又分为若干层,先浇筑第一段各层,然后浇筑第二段各层,逐段逐层连续浇筑,直至结束。为保证结构的整体性,要求次段混凝土应在前段混凝土初凝前浇筑并与之捣实成整体。

斜面分层:当结构的长度超过厚度的3倍时,可采用斜面分层的浇筑方案。这时,振捣工作应从浇筑层斜面下端开始,逐渐上移,且振动器应与斜面垂直。

B. 温度裂缝的预防

早期温度裂缝的预防方法主要有:优先采用水化热低的水泥(如矿渣硅酸盐水泥);减少水泥用量;掺入适量的粉煤灰或在浇筑时投入适量的毛石;放慢浇筑速度和减少浇筑厚度,采用人工降温措施(拌制时,用低温水,养护时用循环水冷却);浇筑后应及时覆盖,以控制内外温差,减缓降温速度,尤应注意寒潮的不利影响;必要时,取得设计单位同意后,可分块浇筑,块和块间留1m宽后浇带,待各分块混凝土干缩后,再浇筑后浇带。分块长度可根据有关手册计算,当结构厚度在1m以内时,分块长度一般为20~30m。

C. 泌水处理

大体积混凝土另一特点是上、下浇筑层施工间隔的时间较长,各分层之间易产生泌水层,它将使混凝土出现强度降低、酥软、脱皮起砂等不良后果。采用自流方式和抽吸方法排除泌水,会带走一部分水泥浆,影响混凝土的质量。泌水处理措施主要有:同一结构中使用两种不同坍落度的混凝土;在混凝土拌合物中掺减水剂。

2) 混凝土的密实成型

混凝土密实成型的途径有以下三种:一是利用机械外力(如机械振动)来克服拌合物的黏聚力和内摩擦力而使之液化、沉实;二是在拌合物中适当增加用水量以提高其流动性,使之便于成型,然后用离心法、真空作业法等将多余的水分和空气排出;三是在拌合物中掺入高效能减水剂,使其坍落度大大增加,可自流成型。下面仅介绍机械振捣密实成型。

振动机械按其工作方式分为:内部振动器、表面振动器、外部振动器和振动台。

内部振动器:又称插入式振动器,多用于振实梁、柱、墙、厚板和大体积混凝土等厚大结构。用插入式振动器振动混凝土时,应垂直插入,并插入下层混凝土50mm,以促使上下层混凝土结合成整体。每一振点的振捣延续时间,应使混凝土捣实(即表面呈现浮浆和不再沉落为限)。

表面式振动器:又称平板振动器,它适用于楼板、地面等薄型构件。这种振动器在无筋或单层钢筋结构中,每次振实的厚度不大于250mm;在双层钢筋的结构中,每次振实厚度不大于120mm。

外部振动器:又称附着式振动器,它通过螺栓或夹钳等固定在模板外部,是通过模板将振动传给混凝土拌合物,因而模板应有足够的刚度。它宜用于振捣断面小且钢筋密的构件。

(5) 混凝土的养护

混凝土养护方法分自然养护和蒸汽养护。

1) 自然养护

自然养护是指利用平均气温高于5℃的自然条件，用保水材料或草帘等对混凝土加以覆盖后适当浇水，使混凝土在一定的时间内在湿润状态下硬化。

① 开始养护时间。当最高气温低于25℃时，混凝土浇筑完后应在12h以内加以覆盖和浇水；最高气温高于25℃时，应在6h以内开始养护。

② 养护天数。浇水养护时间的长短视水泥品种定，硅酸盐水泥、普通硅酸盐水泥和矿渣硅酸盐水泥拌制的混凝土，不得少于7d；火山灰质硅酸盐水泥和粉煤灰硅酸盐水泥拌制的混凝土或有抗渗性要求的混凝土，不得少于14d。

③ 浇水次数。养护初期，水泥的水化反应较快，需水也较多，在气温高，湿度低时，也应增加洒水的次数。

④ 喷洒塑料薄膜养护。将过氯乙烯树脂塑料溶液用喷枪洒在混凝土表面上，溶液挥发后在混凝土表面形成一层塑料薄膜，使混凝土与空气隔绝，阻止其水分的蒸发以保证水化作用的正常进行。

2) 蒸汽养护

蒸汽养护就是将构件放置在有饱和蒸汽或蒸汽空气混合物的养护室内，在较高的温度和相对湿度的环境中进行养护，以加速混凝土的硬化，使混凝土在较短的时间内达到规定的强度标准值。

4. 混凝土结构质量缺陷与修补

混凝土结构质量问题主要有蜂窝、麻面、露筋、孔洞等。蜂窝是指混凝土表面无水泥浆，露出石子深度大于5mm，但小于保护层厚度的缺陷。露筋是指主筋没有被混凝土包裹而外露的缺陷，但梁端主筋锚固区内不允许有露筋。孔洞是深度超过保护层厚度，但不超过截面面积的1/3的缺陷。混凝土结构质量缺陷的修补方法主要有：

(1) 表面抹浆修补

对于数量不多的小蜂窝、麻面、露筋、露石的混凝土表面，主要是保护钢筋和混凝土不受侵蚀，可用1:2~1:2.5水泥砂浆抹面修整。在抹砂浆前，须用钢丝刷或加压力的水清洗润湿，抹浆初凝后要加强养护工作。

对结构构件承载能力无影响的细小裂缝，可将裂缝处加以冲洗，用水泥浆抹补。如果裂缝开裂较大较深时，应将裂缝附近的混凝土表面凿毛，或沿裂缝方向凿成深为15~20mm、宽为100~200mm的V形凹槽，扫净并洒水湿润，先刷水泥净浆一层，然后用1:2~1:2.5水泥砂浆分2~3层涂抹，总厚度控制在10~20mm，并压实抹光。

(2) 细石混凝土填补

当蜂窝比较严重或露筋较深时，应除掉附近不密实的混凝土和突出的骨料颗粒，用清水洗刷干净并充分润湿后，再用比原强度等级高一级的细石混凝土填补并仔细捣实。对孔洞事故的补强，可在旧混凝土表面采用处理施工缝的方法处理，将孔洞处疏松的混凝土和突出的石子剔凿掉，孔洞顶部要凿成斜面，避免形成死角，然后用水刷洗干净，保持湿润72h后，用比原混凝土强度等级高一级的细石混凝土捣实。混凝土的水灰比宜控制在0.5以内，并掺水泥用量万分之一的铝粉，分层捣实，以免新旧混凝土接触面上出现裂缝。

(3) 水泥灌浆与化学灌浆

对于影响结构承载力，或者防水、防渗性能的裂缝，为恢复结构的整体性和抗渗性，应根据裂缝的宽度、性质和施工条件等，采用水泥灌浆或化学灌浆的方法予以修补。一般对宽度大于 0.5mm 的裂缝，可采用水泥灌浆；宽度小于 0.5mm 的裂缝，宜采用化学灌浆。

5. 混凝土施工质量的检查内容和要求

1) 混凝土质量的检查内容

混凝土质量的检查包括施工过程中的质量检查和养护后的质量检查。施工过程的质量检查，即在制备和浇筑过程中对原材料的质量、配合比、坍落度等的检查，每一工作班至少检查二次，遇有特殊情况还应及时进行检查。混凝土的搅拌时间应随时检查。

混凝土养护后的质量检查，主要包括混凝土的强度（主要指抗压强度）、表面外观质量和结构构件的轴线、标高、截面尺寸和垂直度的偏差。如设计上有特殊要求时，还需对其抗冻性、抗渗性等进行检查。

2) 混凝土质量的检查要求

① 混凝土的抗压强度。混凝土的抗压强度应以边长为 150mm 的立方体试件，在温度为 20±3℃ 和相对湿度为 90% 以上的潮湿环境或水中的标准条件下，经 28d 养护后试验确定。

② 试件取样要求。评定结构或构件混凝土强度质量的试块，应在浇筑处随机抽样制成，不得挑选。试件留置规定为：

A. 拌制 100 盘且不超过 100m³ 的同配合比的混凝土，其取样不得少于一次；

B. 每工作班拌制的同配合比的混凝土不足 100 盘时，其取样不得少于一次；

C. 每一现浇楼层同配合比的混凝土，其取样不得少于一次；

D. 同一单位工程每一验收项目中同配合比的混凝土其取样不得少于一次。每次取样应至少留置一组标准试件，同条件养护试件的留置组数根据实际需要确定。

预拌混凝土除应在预拌混凝土厂内按规定取样外，混凝土运到施工现场后，尚应按上述的规定留置试件。若有其他需要，如为了抽查结构或构件的拆模、出厂、吊装、预应力张拉和放张，以及施工期间临时负荷的需要，还应留置与结构或构件同条件养护的试块，试块组数可按实际需要确定。

③ 确定试件的混凝土强度代表值。每组三个试件应在同盘混凝土中取样制作，并按下列规定确定该组试件的混凝土强度代表值：

A. 取三个试件强度的平均值；

B. 当三个试件强度中的最大值或最小值之一与中间值之差超过中间值的 15% 时，取中间值；

C. 当三个试件强度中的最大值和最小值与中间值之差均超过中间值的 15% 时，该组试件不应作为强度评定的依据。

④ 混凝土结构强度的评定。应按下列要求进行：

混凝土强度应分批进行验收。同一验收批的混凝土应由强度等级相同、生产工艺和配合比基本相同的混凝土组成，对现浇混凝土结构构件，尚应按单位工程的验收项目划分验收批，每个验收项目应按现行国家标准《建筑安装工程质量检验评定统一标准》确定。对同一验收批的混凝土强度，应以同批内标准试件的全部强度代表值来评定。

当对混凝土试件强度的代表性有怀疑时,可采用非破损检验方法或从结构、构件中钻取芯样的方法,按有关标准的规定,对结构构件中的混凝土强度进行推定,作为是否应进行处理的依据。

混凝土表面外观质量要求:不应有蜂窝、麻面、孔洞、露筋、缝隙及夹层、缺棱掉角和裂缝等。现浇混凝土结构的允许偏差应符合规范的规定,当有专门规定时,尚应符合相应规定的要求。

(五) 预应力混凝土工程

1. 预应力混凝土工程的施工工艺

为了充分利用高强度材料,在混凝土构件的受拉区预先施加压力,产生预压应力,造成一种人为的应力状态。这样,当构件在使用荷载下产生拉应力时,首先要抵消混凝土的预压应力,然后随着荷载的增加,混凝土因受拉才出现裂缝,从而延迟了裂缝的出现,减小裂缝的宽度,满足使用要求。这种在构件受荷以前预先对混凝土受拉区施加压应力的结构称为"预应力混凝土结构"。

(1) 先张法施工工艺

1) 先张法的概念

先张法是先张拉钢筋,后浇筑混凝土的施工方法。是在浇筑混凝土前,预先将需张拉预应力钢筋,用夹具临时将其固定在台座或模板上,然后绑扎非预应力钢筋、支模,并根据设计要求张拉预应力钢筋,浇筑混凝土,待混凝土具有一定强度(一般不低于混凝土设计强度标准值的75%)后,在保证预应力筋与混凝土之间有足够的粘结力时,把张拉的钢筋放松(称作放张),这时预应力钢筋产生弹性回缩,而混凝土已与钢筋粘结在一起,阻止钢筋的回缩,于是钢筋对混凝土施加了预应力。如图2-42所示。

2) 先张法施工工艺流程

先张法根据生产方式的不同,分有台座法和机组流水法(模板法)。

当采用台座法施工时,预应力筋的张拉、锚固,混凝土构件的浇筑、养护和预应力筋放张等工序皆在台座上进行,预应力筋的张拉力由台座承受。

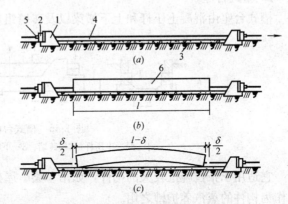

图 2-42 先张法生产示意图
(a) 预应力筋张拉;(b) 混凝土浇筑和养护;(c) 放张预应力筋
1—台座;2—横梁;3—台面;4—预应力筋;5—夹具;6—构件

当用机组流水法生产时,预应力筋的拉力由钢模承受。

先张法一般适用于生产定型的中小型预应力混凝土构件,如空心板、槽形板、T形板、薄板、吊车梁、檩条等。

先张法施工流程为:

检查台座→张拉钢筋→浇筑混凝土→养护、拆模→放张钢筋

① 台座

台座按其构造形式分为墩式台座、槽式台座、桩式台座等。

台座主要用于承受预应力筋的全部拉应力,要求有足够的强度、刚度和稳定性。其抗倾覆系数不得小于1.5;抗滑移系数不得小于1.3。

A. 墩式台座

墩式台座是由混凝土台面、混凝土台墩和钢横梁组成。

简易墩式台座(图2-43)用于生产张拉力不大的空心板、平板等平面布筋的混凝土构件。生产中型构件或多层叠浇构件时可采用如图2-44所示的墩式台座。

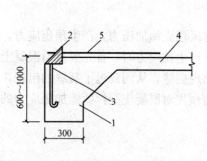
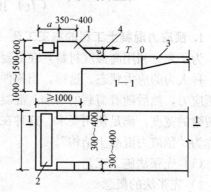

图2-43 简易墩式台座　　　　　　　图2-44 墩式台座
1—卧式台座；2—角钢；3—预埋螺栓；　　1—混凝土台墩；2—钢横梁；
4—混凝土台面；5—预应力钢丝　　　　　3—混凝土台面；4—预应力筋

B. 槽式台座

槽式台座由混凝土压杆和上下横梁以及砖墙组成,如图2-45所示。

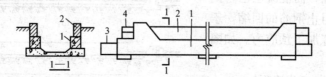

图2-45 槽式台座
1—混凝土压杆；2—砖墙；3—下横梁；4—上横梁

它适用于张拉吨位较大的构件,如吊车梁、屋架等,长度一般为45～76m,其坑槽也可作为构件的蒸汽养护槽之用。

C. 锚桩式台座

锚桩式台座一般由槽钢与工字钢(或钢轨)组成。当地基为坚硬的岩层时,可设置锚桩式台座。

② 预应力筋的张拉

预应力筋张拉时,张拉机具与预应力筋应在一条直线上;同时在台面上每隔一定的距离放一根圆钢筋头,以防止预应力筋因自重而下垂,破坏隔离剂,弄脏预应力筋。施加张拉力时,应以稳定的速度逐渐加大拉力,并使拉力传到台座横梁上,而不使预应力筋或夹具产生次应力(如钢丝在分丝板、横梁或夹具处产生尖锐的转角或弯曲)。锚固时,敲击锥塞或模块应先轻后重;与此同时,倒开张拉机,放松钢丝。操作时彼此间要密切配合,既要减少锚固时钢丝的回缩滑移，又要防止锤击力过大，导致钢丝在锚固夹具与张拉夹具处因受力过大而断裂。

张拉预应力筋时，应按设计要求的张拉力采用正确的张拉方法和张拉程序，并应调整各预应力的初应力，使长短、松紧一致，以保证张拉后各预应力筋的应力一致。张拉时的张拉控制应力 σ_{con} 应按设计规定取值；设计无规定时可参考表2-19的规定。

张拉控制应力限值表　　　　表2-19

钢筋种类	张拉方法	
	先张法	后张法
消除应力钢丝、钢绞线	$0.75f_{ptk}$	$0.75f_{ptk}$
热处理钢筋	$0.70f_{ptk}$	$0.65f_{ptk}$
冷拉钢筋	$0.90f_{pyk}$	$0.85f_{pyk}$

注：f_{ptk}—预应力筋极限抗拉强度标准值；f_{pyk}—预应力筋屈服强度标准值。

实际张拉时的应力尚应考虑各种预应力损失，采用超张拉补足。此时预应力筋的最大超张拉力，对冷拉Ⅱ～Ⅳ级钢筋不得大于屈服点的95%；钢丝、钢绞线和热处理钢筋不得大于标准强度的80%。张拉后的实际预应力值的偏差不得大于或小于规定值的5%。

预应力筋的张拉程序可采用以下两种方法：

0→$1.05\sigma_{con}$→σ_{con}锚固；（其间持荷2min）

0→$1.03\sigma_{con}$锚固

在第一种张拉程序中，超张拉5%并持荷两分钟是为了加速钢筋松弛早期发展，以减少应力松弛引起的预应力损失（约减少50%）；第二种张拉程序超张拉3%是为了弥补应力松弛所引起的应力损失。

预应力筋张拉后，一般应校核其伸长值，其理论伸长值与实际伸长值的误差不应超过+10%、-5%。若超过则应分析其原因，采取措施后再继续施工。

③ 混凝土的浇筑与养护

混凝土构件的立模应在预应力筋张拉锚固和非预应力筋绑扎完毕后进行支设。所立模板应避开台面的伸缩缝及裂缝，如无法避免伸缩缝、裂缝时，可采取在裂缝处先铺设薄钢板或垫油毡或应采取其他相应的措施后，再浇筑混凝土。

预应力混凝土可采用自然养护或湿热养护。应先按设计的温差加热（一般不超过20℃），待混凝土强度达到一定值（粗钢筋7.5MPa，钢丝、钢绞线为10MPa）之后，再按一般升温制度养护。

当采用湿热养护时，应先按设计的温差加热（一般不超过20℃），待混凝土强度达10N/mm² 后，再按"二次升温养护"进行养护。

④ 预应力筋放张

先张法预应力筋的放张工作应有序并缓慢进行，防止冲击。

A. 放张要求

放张预应力筋时，混凝土强度必须符合设计要求。当设计无要求时，不得低于设计的混凝土强度标准值的75%。预应力筋的放张顺序，必须符合设计要求。

当设计无要求时，应符合下列规定：

a. 对承受轴心预压力的构件（如压杆、桩等），所有预应力筋应同时放张。

b. 对承受偏心预压力的构件，应同时放张预压力较小区域的预应力筋，再同时放张预压力较大区域的预应力筋。

c. 当不能按上述规定放张时,应分阶段、对称、相互交错地放张。

d. 放张后预应力筋的切断顺序,宜由放张端开始,逐次切向另一端。

B. 放张的方法

螺杆放松、千斤顶放松、砂箱放松、混凝土缓冲放松、预热熔割,此外,其他还有用剪线钳剪断钢丝的方法等。

(2) 后张法施工工艺

1) 工艺原理

后张法是先浇筑混凝土,后张拉钢筋的方法。即是在构件中配置预应力筋的位置处预先留出相应的孔道,然后绑扎非预应力钢筋、浇筑混凝土,待构件混凝土强度达到设计规定的数值后(一般不低于设计强度的75%),在孔道内穿入预应力筋,用张拉机具进行张拉,并利用锚具把张拉后的预应力筋锚固在构件的端部。预应力筋的张拉力,主要靠构件端部的锚具传给混凝土,使其产生压应力。张拉锚固后,立即在预留孔道内压力灌浆,使预应力筋不受锈蚀,并与构件形成整体。

图 2-46 为预应力混凝土后张法生产示意图。

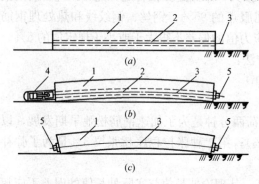

图 2-46 预应力混凝土后张法生产示意图
(a) 制作混凝土构件;(b) 张拉钢筋;(c) 锚固和孔道灌浆
1—混凝土构件;2—预留孔道;3—预应力筋;
4—千斤顶;5—锚具

2) 施工工艺要点

后张法分预制生产和现场施工。后张法施工工艺中,其主要工序为孔道留设、预应力筋张拉和孔道灌浆三部分。

① 预留孔道

预留孔道,是后张法施工的一道关键工序。孔道有直线和曲线之分;成孔方法有钢管抽芯法(无缝钢管抽芯法)、胶管加压抽芯法和预埋管法。孔道成形的基本要求是:孔道的尺寸与位置应正确;孔道应平顺;接头不漏浆;端部预埋钢板应垂直于孔道中心线等。

钢管抽芯法用于留设直线孔道;胶管抽芯法可用于留设直线、曲线及折线孔道;预埋管法可采用薄钢管、镀锌钢管与波纹管(金属波纹管或塑料波纹管)等。

A. 浇筑混凝土

浇筑混凝土时,应注意避免触及、损伤成孔管和造成支撑马凳移位,在钢筋密集区和构件两端,应用小直径的振动棒仔细振捣密实,且勿漏振,以免造成孔洞和混凝土不密实,以至张拉时使端部承压板凹陷或破坏,造成质量事故,影响构件性能。浇筑完混凝土后要对混凝土及时覆盖浇水养护,以防混凝土收缩裂纹。

B. 穿筋(束)

即将预应力筋穿入孔道,分先穿筋(束)和后穿筋(束)两种施工方式。

先穿筋(束)时应注意在浇筑混凝土和在混凝土初凝之前要不断来回拉动预应力筋,以防预应力筋被渗漏的水泥浆粘住而增大张拉时的摩擦阻力。

后穿束法是在浇筑混凝土之后进行,可在混凝土养护期内操作,不占工期。

钢丝束应整束穿;钢绞线优先采用整束穿,也可单根穿。

② 预应力筋的张拉

张拉前应对构件(或块体)的几何尺寸、混凝土浇筑质量、孔道位置及孔道是否畅通、灌浆孔和排气孔是否符合要求、构件端部预埋铁件位置等进行全面检查。构件的混凝土强度应符合设计要求。如设计无要求时,不应低于强度等级的75%。对预制拼装构件的立缝处混凝土或砂浆强度如设计无要求时,不应低于块体混凝土强度等级的40%,且不得低于15N/mm²。

A. 预应力筋的张拉方法

张拉形式可采用两端张拉、一端张拉一端补足、分段张拉、分期张拉等,针对不同结构形式和设计要求而定。

配有多根预应力筋的构件原则上应同时张拉。如果不能同时张拉时,则应分批张拉。在分批张拉中,其张拉顺序应充分考虑到尽量避免混凝土产生超应力、构件的扭转与侧弯,结构的变位等因素。对在同一构件上的预应力筋的张拉一般应对称张拉。

B. 预应力筋的张拉程序

预应力筋的张拉程序,主要根据构件类型、张锚体系、松弛损失取值等因素确定。用超张拉方法减少预应力筋的松弛损失时,预应力筋的张拉程序宜为:$0 \rightarrow 1.05\sigma_{con}\xrightarrow{持续2min}\sigma_{con}$。

如果预应力筋的张拉吨位不大,根数很多,而设计中又要求采取超张拉以减小应力松弛损失,则其张拉程序为:$0 \rightarrow 1.03\sigma_{con}$。

C. 张拉伸长量的校核与预应力检验

为了解预应力值建立的可靠性,需对所张拉的预应力筋的应力及损失进行检验和测定,以便在张拉时补足和调整预应力值。

在张拉过程中,必要时还应测定预应力筋的实际伸长值,用以对预应力值进行校核。若实测伸长值大于预应力筋控制应力所计算伸长值的10%,或小于计算伸长值的5%,应暂停张拉,待查明原因并采取措施调整后,方可重新张拉。

构件张拉完毕后,应检查端部和其他部位是否有裂缝。锚固后的预应力筋的外露长度不宜小于15mm。长期外露的锚具,可涂刷防锈油漆或用混凝土封裹,以防腐蚀。

③ 孔道灌浆

预应力张拉锚固后,利用灰浆泵将水泥浆压灌到预应力孔道中去,这样既可以起到预应力筋的防锈蚀作用,也可使预应力筋与混凝土构件的有效粘结增加,控制超载时的裂缝发展,减轻两端锚具的负荷状况。

灌浆用的灰浆,宜用等级不低于32.5级的普通硅酸盐水泥调制的水泥浆,水泥浆的强度不应低于M20级。配制的水泥浆应有较大的流动性和较小的干缩性、泌水性。水灰比一般为0.4~0.45。

为使孔道灌浆饱满,可在灰浆中掺入占水泥质量为0.05%~0.1%的铝粉或0.25%的木质素磺酸钙。对空隙较大的孔道,水泥浆中可掺入适量的细砂。

用灌浆泵灌浆时,按先下后上顺序缓慢均匀地进行,不得中断,并应通畅排气。待孔道两端冒出浓浆并封闭排气以后，宜再继续加压至 $0.5\sim0.6N/mm^2$，稍后再封闭灌浆孔。灰浆硬化后即可将灌浆孔的木塞拔出，并用水泥砂浆抹平。当灰浆强度达到 15MPa 时，方能移动。

若气温低于 5℃，灌浆后还应按冬期施工要求进行养护，以防由于灰浆冰冻而使构件胀裂。

预应力筋锚固后的外露长度，不宜小于 30mm，并且钢绞线端头混凝土保护层厚度不小于 20mm。外露的锚具，需涂刷防锈油漆，并用混凝土封裹，以防腐蚀。

(3) 无粘结预应力施工工艺

无粘结预应力筋是带有专用防腐油脂涂料层和聚乙烯（聚丙烯）外包层和钢绞线或 $7\phi5$ 钢丝束，预应力筋与混凝土直接不接触，预应力靠锚具传递，施工时，不需要预留孔道、穿筋、灌浆等工序，而是把预先组装好的无粘结筋在浇筑混凝土前，与非预应力筋一起按设计要求铺放在模板内，然后浇筑混凝土，待混凝土达到设计强度的 75% 后，利用无粘结预应力筋在结构内与周围混凝土不粘结，在结构内可作纵向滑动的特性，进行张拉锚固，借助两端锚具，达到对结构产生预应力的效果。

1) 工艺流程

安装梁或楼板模板→放线→下部非预应力钢筋铺放、绑扎→铺放暗管、预埋件→安装无粘结筋张拉端模板（包括打眼、钉焊、预埋承压板、螺旋筋、穴模及各部位马凳筋等）→铺放无粘结筋→检查修补破损的护套→上部非预应力钢筋铺放、绑扎→检查无粘结筋的矢高、位置及端部状况→隐蔽工程检查验收→浇灌混凝土→混凝土养护→松动穴模、拆除侧模→张拉准备→混凝土强度试验→张拉无粘结筋→切除超长的无粘结筋→封锚。

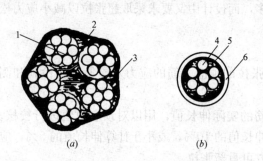

图 2-47 无粘结筋横截面示意图
(a) 无粘结钢绞线束；(b) 无粘结钢丝束或单根钢绞线
1—钢绞线；2—沥青涂料；3—塑料布；
4—钢丝；5—油脂；6—塑料管

2) 施工要点

① 无粘结筋的制作

无粘结预应力筋由预应力钢丝（一般选用 7 根 ϕ^s5 高强度钢丝组成钢丝束，也可选用 $7\phi^s5$ 钢绞线束）、涂料层、外包层（图 2-47）及锚具组成。其性能、防腐润滑涂料、护套材料均应符合规范要求。

② 无粘结筋的铺设

无粘结预应力筋铺设前，应仔细检查筋的规格尺寸和端部配件，对有局部轻微破坏的外包层，可用塑料胶带补好，破坏严重的应予以报废。

无粘结筋的铺设按设计图纸规定进行：

A. 铺设顺序

在单向连续梁板中，无粘结钢筋的铺设顺序与非预应力钢筋的铺设顺序相同。在双向连续平板中，无粘结预应力钢筋需要配制成两个方向的悬垂曲线。

B. 铺设方法

一般是事先编制铺设顺序。将各无粘结钢筋搭接处的标高（从板底至无粘结筋上表面的高度）标出，根据双向钢丝束交点的标高差，绘制出钢丝束的铺设顺序图。波峰低的底层钢丝束先行铺设；然后依次铺设波峰高的上层钢丝束，以避免各钢丝束之间的相互碰撞穿插。

③无粘结筋的张拉

无粘结预应力筋的张拉设备与程序等的要求与有粘结预应力筋要求基本上相同，但应注意如下几点：

A. 成束无粘结筋在正式张拉前，宜先用千斤顶往复抽动一两次，以降低张拉摩擦损失。无粘结筋的张拉摩擦系数，当采用防腐油脂涂料层时一般不大于 0.12；当采用防腐沥青涂料层时，无粘结筋的张拉摩擦系数一般不大于 0.25。

B. 在无粘结筋张拉过程中，当有个别钢丝发生滑脱或断裂时，可相应降低张拉力，以免发生钢丝连续断裂。但滑脱或断裂的数量，不应超过同一构件截面无粘结筋总量的 2%。

C. 无粘结预应力筋的张锚体系应根据设计要求确定或根据结构端部的预埋承压板形式选定。当端部为单筋的布置时预应力体系可采用单根张拉与锚固体系，并用单根夹片式锚具锚固；张拉设备可选用各类轻型千斤顶。当无粘结预应力筋在端部成束布置时，应采用相应张拉力的中、大吨位的千斤顶。张拉顺序应按设计要求进行，如设计无特殊要求时，可依次张拉。

D. 当无粘结筋长度大于 25m 时，宜在两端张拉；长度小于 25m 时，可在一端张拉。当两端张拉时，为了减少预应力损失，宜先在一端张拉锚固，再在另一端补足张拉力进行锚固。

在张拉过程中，应测定其实际伸长值，并与理论伸长值进行比较，误差不应超过理论伸长值的 ±6%。

如发生偏差，则应暂停张拉，查明原因并采取措施予以调整后再继续张拉。

张拉时，无粘结筋的实际伸长值宜在初应力为油压表读数 $10N/mm^2$ 时开始测量。量测得的伸长值，必须加上初应力以下的推算伸长值，并扣除混凝土构件在张拉过程中的弹性压缩值。

2. 预应力混凝土工程的质量标准

预应力混凝土工程质量分为合格和不合格。

合格标准：主控项目全部符合要求，一般项目有 80% 以上检查点符合要求。

（1）原材料检验项目

1）主控项目

① 预应力筋进场时，应按现行国家标准《预应力混凝土用钢绞线》（GB/T 5224）等的规定抽取试作力学性能检验，其质量必须符合有关标准的规定。

检查数量：按进场的批次和产品的抽样检验方案确定。

检验方法：检查产品合格证、出厂检验报告和进场复验报告。

② 无粘结预应力筋的涂包质量应符合无粘结预应力钢绞线标准的规定。

检查数量：每 60t 为一批，每批抽取一组试件。

检验方法：观察，检查产品合格证、出厂检验报告和进场复验报告。

③ 预应力筋用锚具、夹具和连接器应按设计要求采用，其性能应符合现行国家标准

《预应力筋用锚具、夹具和连接器》(GB/T 14370)等的规定。

检查数量：按进场批次和产品的抽样检验方案确定。

检验方法：检查产品合格证、出厂检验报告和进场复验报告。

④ 孔道灌浆用水泥应采用普通硅酸盐水泥，其质量应符合现行国家标准《硅酸盐水泥、普通硅酸盐水泥》(GB 175)的规定。孔道灌浆用外加剂的质量应符合现行国家标准《混凝土外加剂》(GB 8076)的规定。

检查数量：按进场批次和产品的抽样检验方案确定。

检验方法：检查产品合格证、出厂检验报告和进场复验报告。

2) 一般项目

① 预应力筋使用前应进行外观检查，其质量应符合下列要求：

A. 有粘结预应力筋展开后应平顺，不得有弯折，表面不应有裂纹、小刺、机械损伤、氧化铁皮和油污等。

B. 无粘结预应力筋护套应光滑、无裂缝、无明显瘤皱。

检查数量：全数检查。

检验方法：观察。

② 预应力筋用锚具、夹具和连接器使用前应进行外观检查，其表面应无污物、锈蚀、机械损伤和裂缝。

检查数量：全数检查。

检验方法：观察。

③ 预应力混凝土用金属螺旋管的尺寸和性能应符合国家现行标准《预应力混凝土用金属螺旋管》(JG/J 3013)的规定。

检查数量：按进场批次和产品的抽样检验方案确定。

检验方法：检查产品合格证、出厂检验报告和进场复验报告。

④ 预应力混凝土用金属螺旋管在使用前应进行外观检查，其内外表面应清洁，无锈蚀，不应有油污、孔洞和不规则的瘤皱，咬口不应有开裂或脱扣。

检查数量：全数检查。

检验方法：观察。

(2) 制作与安装检验项目

1) 主控项目

① 预应力筋安装时，其品种、级别、规格、数量必须符合设计要求。

检查数量：全数检查。

检验方法：观察，钢尺检查。

② 先张法预应力施工时，应选用非油质类模板隔离剂，并应避免沾污预应力筋。

检查数量：全数检查。

检验方法：观察。

③ 施工过程中应避免电火花损伤预应力筋；受损伤的预应力筋应予以更换。

检查数量：全数检查。

检验方法：观察。

2) 一般项目

① 预应力筋下料应符合下列要求：

A. 预应力筋应采用砂轮锯或切断机切断，不得采用电弧切割；

B. 当钢丝束两端采用镦头锚具时，同一束中各根钢丝长度的极差不应大于钢丝长度的 1/5000，且不应大于 5mm。当成组张拉长度不大于 10m 的钢丝时，同组钢丝长度的极差不得大于 2mm。

检查数量：每工作班抽查预应力筋总数的 3%，且不少于 3 束。

检验方法：观察，钢尺检查。

② 预应力筋端部锚具的制作质量应符合下列要求：

A. 挤压锚具制作时压力表油压应符合操作说明书的规定，挤压后预应力筋外端应露出挤压套筒 1～5mm；

B. 钢绞线压花锚成形时，表面应清洁、无油污、梨形头尺寸和直线段长度应符合设计要求；

C. 钢丝镦头的强度不得低于钢丝强度标准值的 98%。

检查数量：对挤压锚，每工作班抽查 5%，且不应少于 5 件；对压花锚，可工作班抽查 3 件；对钢丝镦头强度，每批钢丝检查 6 个镦头试件。

检验方法：观察，钢尺检查，检查镦头强度试验报告。

③ 后张法有粘结预应力筋预留孔道的规格、数量、位置和形状除应合设计要求外，尚应符合下列规定：

A. 预留孔道的定位应牢固，浇筑混凝土时不应出现移位和变形；

B. 孔道应平顺，端部的预埋垫板应垂直于孔道中心线；

C. 成孔用管道应密封良好，接头应严密且不得漏浆；

D. 灌浆孔的间距：对预埋金属螺旋管不宜大于 30m；对抽芯成形孔道不宜大于 12m；

E. 在曲线孔道的曲线波峰部位应设置排气兼泌水管，必要时可在最低点设置排水孔；

F. 灌浆孔及泌水管的孔径应能保证浆液畅通。

检查数量：全数检查。

检验方法：观察，钢尺检查。

④ 无粘结预应力筋的铺设除符合上述的规定外，尚应符合下列要求：

A. 无粘结预应力筋的定位应牢固，浇筑混凝土时不应出现移位和变形；

B. 端部的预埋锚垫板应垂直于预应力筋；

C. 内埋式固定端垫板不应重叠，锚具与垫板应贴紧；

D. 无粘结预应力筋成束布置时应能保证混凝土密实并能裹住预应力筋；

E. 无粘结预应力筋的护套应完整，局部破损处应采用防水胶带缠绕紧密。

检查数量：全数检查。

检验方法：观察。

⑤ 浇筑混凝土前，穿入孔道的后张法有粘结预应力筋，宜采取防止锈蚀的措施。

检查数量：全数检查。

检验方法：观察。

(3) 张拉和放张检验项目

1) 主控项目

① 预应力筋张拉或放张时，混凝土强度应符合设计要求；当设计无具体要求时，不应低于设计的混凝土立方体抗压强度标准值的75%。

检查数量：全数检查。

检验方法：检查同条件养护试件试验报告。

② 预应力筋的张拉力、张拉或放张顺序及张拉工艺应符合设计及施工技术方案的要求，并符合下列规定：

A. 当施工需要超张拉时，最大张拉应力不应大于国家现行标准《混凝土结构设计规范》（GB 50010）的规定；

B. 张拉工艺应能保证同一束中各根预应力筋的应力均匀一致；

C. 后张法施工中，当预应力筋是逐根或逐束张拉时，应保证各阶段不出现对结构不利的应力状态；同时宜考虑后批张拉预应力筋所产生的结构构件的弹性压缩对先批张拉预应力筋的影响，确定张拉力；

D. 先张法预应力筋放张时，宜缓慢放松锚固装置，使各根预应力筋同时缓慢放松；

E. 当采用应力控制方法张拉时，应校核预应力筋的伸长值。实际伸长值与设计计算理论伸长值的允许偏差为6%。

检查数量：全数检查。

检验方法：检查张拉记录。

③ 预应力张拉锚固后实际建立的预应力值与工程设计规定检验值的相对允许偏差为±5%。

检查数量：对先张法施工，每工作班抽查预应力筋总数的1%，且不少于3根；对后张法施工，在同一检验批内，抽查预应力筋总数的3%，且不少于5束。

检验方法：对先张法施工，检查预应力筋应力检测记录；对后张法施工，检查见证张拉记录。

④ 张拉过程中应避免预应力筋断裂或滑脱；当发生断裂或滑脱时，必须符合下列规定：

A. 对后张法预应力结构构件，断裂或滑脱的数量严禁超过同一截面预应力筋总根数的3%，且每束钢丝不得超过一根，对多跨双向连线板，其同一截面应按每跨计算；

B. 对先张法预应力构件，在浇筑混凝土前发生断裂或滑脱的预应力筋必须予以更换。

检查数量：全数检查。

检验方法：观察，检查张拉记录。

2）一般项目

① 锚固阶段张拉端预应力筋的内缩量应符合设计要求；当设计无具体要求时，应符合表2-20的规定。

张拉端预应力筋的内缩量限值　　　　　　　表2-20

锚具类别		内缩量限值(mm)
支承式锚具	螺帽缝隙	1
	每块后加垫板的缝隙	1
锥塞式锚具		5
夹片式锚具	有顶压	5
	无顶压	6~8

检查数量：每工作班抽查预应力筋总数的3%，且不少于3束。

检验方法：钢尺检查。

② 先张法预应力筋张拉后与设计位置的偏差不得大于5mm，且不得大于构件截面短边边长的4%。

检查数量：每工作班抽查预应力筋总数的3%，且不少于3束。

检验方法：钢尺检查。

(4) 灌浆及封锚

1) 主控项目

① 后张法有粘结预应力筋张拉后应尽早进行孔道灌浆，孔道内水泥浆应饱满、密实。

检查数量：全数检查。

检验方法：观察，检查灌浆记录。

② 锚具的封闭保护应符合设计要求；当设计无具体要求时，应符合下列规定：

A. 应采取防止锚具腐蚀和遭受机械损伤的有效措施；

B. 凸出式锚固端锚具的保护层厚度不应小于50mm；

C. 外露预应力筋的保护层厚度：处于正常环境时，不应小于20mm；处于易腐蚀的环境时，不应小于50mm。

检查数量：在同一检验批内，抽查预应力筋总数的5%，且不少于5处。

检验方法：观察，钢尺检查。

2) 一般项目

① 后张法预应力筋锚固后的外露部分宜采用机械方法切割，其外露长度不宜小于预应力筋直径的1.5倍，且不宜小于30mm。

检查数量：在同一检验批内，抽查预应力筋总数的3%，且不少于5束。

检验方法：观察，钢尺检查。

② 灌浆用水泥浆的水灰比不应大于0.45，搅拌后3h泌水率不宜大于2%，且不应大于3%。泌水应能在24h内全部重新被水泥浆吸收。

检查数量：同一配合比检查一次。

检验方法：检查水泥浆性能试验报告。

③ 灌浆用水泥浆的抗压强度不应小于30MPa。

检查数量：每工作班留置一组边长为70.7mm的立方体试件。

检验方法：检查水泥浆试件强度试验报告。

（六）结构安装工程

结构安装工程是将预先在工厂或施工现场制作的结构构件，按照设计的部位和质量要求，采用机械施工的方法在现场进行安装的施工全过程。

装配式单层工业厂房一般由杯形基础、预制柱子、吊车梁、屋架及屋面板组成。

在施工现场对工厂预制的结构构件或构件组合，用起重机械把它们吊起并安装在设计位置上，这样形成的结构称为装配式结构。

装配式单层工业厂房的施工通常可分为四个阶段，即基础工程阶段、预制工程阶段、结构吊装工程阶段和其他工程阶段（包括砌筑工程、屋面防水工程、地坪及装修工程等）。

1. 钢筋混凝土单层工业厂房结构安装工艺

单层工业厂房结构构件有基础、柱子、吊车梁、连系梁、屋架、天窗架、屋面板等。除了基础是现浇外，其余构件可为预制构件。在现场或预制构件厂预制，然后运输到施工现场进行安装。因此，单层工业厂房的施工关键是制定一个切实可行的构件运输和结构安装方案。

(1) 吊装前的准备工作

准备工作在结构吊装工程中占有重要的地位。它不仅影响施工进度与安装质量，而且与安全生产和文明施工直接相关。

准备工作的内容包括：场地的清理，道路的修筑，基础的准备，构件的检查、清理、运输、排放、堆放，拼装加固，检查清理，弹线放样、编号以及吊装机具的准备等。

(2) 构件吊装工艺

预制构件的吊装过程一般包括绑扎、起吊、对位、临时固定、校正、最后固定等工序。

1) 柱的吊装

① 柱的绑扎

柱的绑扎方法、绑扎位置和绑扎点数，要根据柱的形状、断面、长度、配筋和起重机性能等确定。一般中小型柱按柱起吊后柱身是否垂直，分为直吊法和斜吊法，常用的绑扎方法有：一点绑扎斜吊法、一点绑扎直吊法、两点绑扎法、三面牛腿的绑扎法等多种方法。

② 柱子的吊升

柱子的吊升方法，根据柱子质量、长度、起重机性能和现场施工条件而定。常采用的起吊方法有：

A. 旋转吊法

这种方法是使柱子的绑扎点、柱脚中心和杯口中心三点共弧，该圆弧的圆心为起重机的回转中心，半径为圆心到绑扎点的距离。柱子堆放时，应尽量使柱脚靠近基础，以提高吊装速度，如图2-48所示。

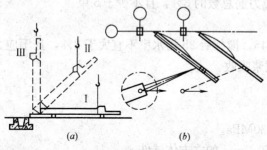

图2-48 用旋转法吊柱
(a) 旋转过程；(b) 平面布置

B. 滑行法

采用此法吊升时，柱子的绑扎点应布置在杯口附近，并与杯口中心位于起重机的同一工作半径的圆上，以便将柱子吊离地面后，稍转动吊杆，即可就位，如图2-49所示。

③ 柱子就位

是指采取"四方八楔块"法将柱子插入杯口就位并加设斜撑及缆风绳临时固定的方法。如图2-50所示。

④ 校正

柱子是厂房建筑的重要构件。柱的校正，有平面位置的校正和垂直度的校正。

工地上校正的方法常采用千斤顶斜顶法（或丝杠千斤顶平顶法）、钢管撑杆斜向调正

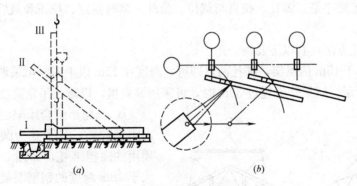

图 2-49 用滑行法吊柱
(a) 滑行过程；(b) 平面布置

法等两种方法。柱子垂直度允许偏差见表 2-21。

在实际施工中，无论采用哪种方法，均须注意以下几点：

A. 应先校正偏差大的，后校正偏差小的。

B. 柱子在两个方向的垂直度都校正好后，应再复查平面位置。

C. 在阳光照射下校正柱子垂直度时，要考虑温差的影响。

⑤ 最后固定

柱子校正后，应立即进行最后固定。最后固定的方法是在柱脚与杯口的空隙中分两次灌注细石混凝土，混凝土的强度等级应比柱的混凝土强度等级提高一级。

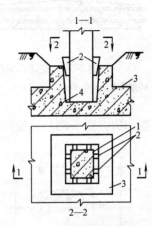

图 2-50 柱子临时固定
1—柱子；2—楔子；3—杯形基础；4—石子

柱子垂直度允许偏差 表 2-21

柱高(m)	允许偏差(mm)	柱高(m)	允许偏差(mm)
≤5	5	10 及大于 10 的多节柱	1/1000 柱高但不大于 20
>5	10		

2）吊车梁的安装

吊车梁的安装，必须在柱子杯口二次浇灌混凝土的强度达到 75% 的设计强度以后进行。

其安装程序为：绑扎、起吊、就位、校正和最后固定。

吊车梁校正的内容，主要是垂直度与平面位置。吊车梁的垂直度和平面位置的校正，应同时进行。吊车梁垂直度的偏差，应在 5mm 以内。垂直度的测量，用靠尺、线锤。

吊车梁平面位置的校正，包括纵轴线（各梁的纵轴线位于同一直线上）和跨距两项。吊车梁校正的方法有拉钢丝法、仪器放线法、边吊边校法等。

吊车梁的最后固定，是在校正完毕后，将梁与柱上的预埋铁件焊牢，并在接头处支模，浇灌细石混凝土。

3）屋架吊装

吊装的施工顺序是：绑扎、扶直与就位、吊升、临时固定、校正和最后固定。

① 绑扎

屋架的绑扎方法，有以下几种：

A. 跨度小于15m的屋架，绑扎两点即可；跨度在15m以上时，可采取四点绑扎，如图2-51（a）所示。屋架跨度超过30m时，可采用铁扁担，以减小吊索高度。

B. 三角形组合屋架由于整体性和侧向刚度较差，且下弦为圆钢或角钢，必须用铁扁担绑扎，如图2-51（b）所示。大于18m跨度的钢筋混凝土屋架，也要采取一定的加固措施，以增加屋架的侧向刚度。

C. 钢屋架的侧向刚度很差，在翻身扶直与安装时，均应绑扎几道杉杆，作为临时加固措施，如图2-51（c）所示。

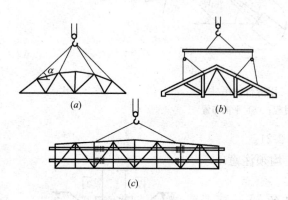

图2-51 屋架的绑扎
(a) 四点绑扎；(b) 铁扁担绑扎；(c) 杉木杆临时加固

② 扶直与就位

扶直屋架时由于起重机与屋架的相对位置不同，有正向扶直（起重机位于屋架下弦一边，图2-52）和反向扶直（起重机位于屋架上弦一边，图2-53）两种方法。

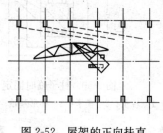

图2-52 屋架的正向扶直

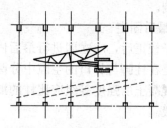

图2-53 屋架的反向扶直

屋架扶直后，应立即进行就位。就位位置与屋架预制位置在起重机开行路线同一侧时，叫做同侧就位；就位位置与屋架预制位置分别在开行路线各一侧时，叫做异侧就位。

③ 吊升、对位与临时固定

屋架吊起后，应基本保持水平。吊至柱顶以上，用两端拉绳旋转屋架，使其基本对准安装轴线，随之缓慢落钩，在屋架刚接触柱顶时，即刹车进行对位，使屋架的端头轴线与柱顶轴线重合；对好线后，即可做临时固定，屋架固定稳妥，起重机才能脱钩。

第一榀屋架的临时固定必须十分可靠，因为它是单片结构，无处依托，侧向稳定很差；同时，它还是第二榀屋架的支撑，所以必须做好临时固定。做法一般是用四根缆风绳从两边把屋架拉牢，如图2-54所示。

第二榀屋架的临时固定，是用工具式支撑撑牢在第一榀屋架上。

④ 校正、最后固定

屋架经对位、临时固定后，主要校正垂直度偏差。规范规定，屋架上弦（跨中）对通过两支座中心垂直面的偏差不得大于$h/250$（h为屋架高度）。检查时可用垂球或经纬仪。

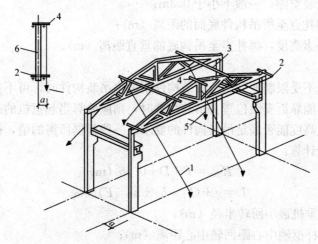

图 2-54 屋架的临时固定
1—缆风绳；2、4—挂线木尺；3—工具式支撑；5—线锤；6—屋架

校正无误后，立即用电焊焊牢，应对角施焊，避免预埋铁板受热变形。

4) 屋面板安装

屋面板一般埋有吊环，用带钩的吊索钩住吊环即可安装。屋面板的安装次序，应自两边檐口左右对称地逐块铺向屋脊，避免屋架承受半边荷载。屋面板对位后，立即进行电焊固定，每块屋面板可焊三点，最后一块只能焊两点。

(3) 结构吊装方案

1) 起重机型号的选择

履带式起重机的型号，应根据所安装构件的尺寸、质量以及安装位置来确定。起重机的性能和起重杆长度，均应满足结构吊装的要求。

① 起重量

起重机的起重量必须大于所安装构件的质量与索具质量之和。

$$Q_{min} = Q + q \quad (2\text{-}9)$$

式中 Q_{min}——起重机的最小起重量（t）；

Q——构件的质量（t）；

q——索具的质量（t）。

② 起重高度

起重机的起重高度必须满足所吊构件吊装高度的要求，如图 2-55 所示。

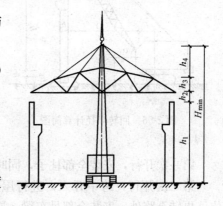

图 2-55 起重机的起重高度示意图

对于吊装单层厂房应满足：

$$H_{min} = h_1 + h_2 + h_3 + h_4 \quad (2\text{-}10)$$

式中 H_{min}——起重机最小起重高度（m）；

h_1——安装支座表面高度，自停机面算起（m）；

h_2——安装空隙,一般不小于0.3m;
h_3——绑扎点至所吊构件底面的距离(m);
h_4——吊索高度,绑扎点至吊钩底的垂直距离(m)。

③ 回转半径

当起重机可以不受限制地开到所安装构件附近去吊装构件时,可不验算起重半径。但当起重机受限制不能靠近安装位置去吊装构件时,则应验算当起重机的起重半径为一定值时的起重量与起重高度能否满足吊装构件的要求。一般根据所需的值,初步选定起重机型号,再按下式进行计算:

$$R_{min}=F+D+0.5b \text{ (m)} \qquad (2-11)$$
$$D=g+(h_1+h_2+h_3'-E)\cot\alpha \qquad (2-12)$$

式中 R_{min}——起重机最小回转半径(m);
　　　F——吊杆枢轴中心距回转中心距离(m);
　　　b——构件的宽度(m);
　　　D——吊杆枢轴中心距所吊构件边缘距离,可用式(2-12)计算;
　　　g——构件上口边缘与起重杆之间的水平空隙,不小于0.5m;
　　　E——吊杆枢轴中心距地面高度(m);
　　　α——起重杆的倾角;
　　　h_1、h_2——含义同前;
　　　h_3'——所吊构件的高度(m)。

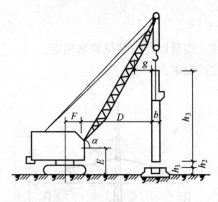

图 2-56　回转半径计算简图

回转半径的计算简图,如图2-56所示。

④ 最小杆长的确定

当起重机的起重杆需跨过屋架去安装屋面板时,为了不碰动屋架,需求出起重机的最小杆长。求最小杆长可用数解法或图解法。

2) 结构安装方法和起重机开行路线

① 结构安装方法

单层厂房的安装方法,有以下两种:

A. 分件安装法。起重机在车间每开行一次,仅安装一种或两种构件,一般厂房仅需开行三次,即可安装好全部构件。三次开行中每次的安装任务是:

第一次开行,安装全部柱子,同时,吊车梁、连系梁也要运输就位;

第二次开行,跨中开入,进行屋架的扶直就位,再转至跨外,安装全部吊车梁、连系梁;

第三次开行,分节间安装屋架、天窗架、屋面板及屋面支撑等。

安装的顺序如图2-57所示。

B. 综合安装法。是指起重机在车间一次开行中,分节间安装各种类型的构件。具体的做法是:

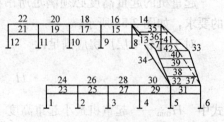

图 2-57　安装顺序示意图

先安装 4～6 根柱子，立即加以校正和最后固定；随后安装吊车梁、连系梁、屋架、屋面板等构件。起重机在每一个停机点上，尽可能安装构件。

这种方法的特点是：停机点少，开行路线短。但由于同时安装各种不同类型的构件，安装速度较慢；使构件供应和平面布置复杂；构件的校正、最后固定时间紧迫；操作面狭窄，易发生安全事故。因此，施工现场中很少采用，只有用桅杆式起重机时，因移动比较困难，才考虑用此法进行安装。

② 起重机的开行路线

起重机的开行路线和起重机的性能，构件的尺寸与质量、平面布置、供应方法、安装方法等有关。

采用分件安装法时，起重机的开行路线如下：

A. 柱子。布置在跨内时，起重机沿跨内靠近开行；布置在跨外时，起重机沿跨外开行。每一停机点一般吊一根柱子。

B. 屋架扶直就位。起重机沿跨中开行。

C. 屋架、屋面板吊装。起重机沿跨中开行。

当厂房面积比较大，或为多跨结构时，为加快安装进度，可将建筑物划分为若干段，用多台起重机同时作业，每台起重机负责一个区段的全部安装任务。也可选用不同性能的起重机，有的专门安装柱子，有的专门安装屋盖，分工合作，互相配合，组织大流水施工。

3) 构件的平面布置与运输堆放

构件的平面布置和起重机的性能、安装方法、构件的制作方法等有关。在选定起重机型号、确定施工方案后，根据施工现场实际情况加以制定。

① 构件的平面布置原则

A. 每跨的构件宜布置在本跨内，如场地狭窄无法排放时，也可布置在跨外便于安装的地方。

B. 构件的布置，应便于支模及浇灌混凝土；当为预应力混凝土构件时，要为抽管、穿钢筋留出必要的场地。构件之间留有一定的空隙，便于构件编号、检查，清除预埋件上的污物等。

C. 构件的布置，要满足安装工艺的要求，尽可能布置在起重机的工作半径内，减少起重机"跑吊"的距离及起伏起重杆的次数。

D. 构件的布置，力求占地最少，保证起重机、运输车辆的道路畅通。起重机回转时，机身不得与构件相碰。

E. 构件的布置，要注意安装时的朝向（特别是屋架），以免在安装时在空中调头，影响安装进度，也不安全。

F. 构件均应在坚实的地基上浇注，新填土要加以夯实，垫上通长的木板，以防下沉。

构件的布置方式也与起重机的性能有关，一般说来，起重机的起重能力大，构件比较轻时，应先考虑便于预制构件的浇注；起重机的起重能力小，构件比较重时，则应优先考虑便于吊装。

② 预制阶段的构件平面布置

A. 柱子的布置

柱子的布置方式与场地大小、安装方法有关，一般有三种：即斜向布置、纵向布置及横向布置。其中以斜向布置应用最多，因其占地较少，起吊也方便。纵向布置是柱身和车间的纵轴线平行，虽然占地面积少，制作方便，但起吊不便，只有当场地受限制时，才采用此种方式。横向布置占地最多，且妨碍交通，只在个别特殊情况下加以采用。

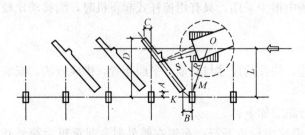

图 2-58 柱子的斜向布置

a. 柱子的斜向布置

柱子如用旋转法起吊，场地空旷，可按三点共弧斜向布置，如图 2-58 所示。

确定预制位置，可采用作图法，作图的步骤是：

(a) 确定起重机开行路线到柱基中线的距离。这段距离 L 与起重机吊装柱子时选择好的回转半径 R 和起重机的最小回转半径 R_{min} 有关，同时开行路线不要通过回填土地段，不要过分靠近构件，防止起重机回转时碰撞构件。

(b) 确定起重机的停机点。安装柱子时，起重机一般位于所吊柱子的横轴线稍后的范围内比较合适；这样，司机可看到柱子的吊装情况，便于安装就位。停机点确定的方法是，以要安装的基础杯口中心为圆心，所选的回转半径 R 为半径，画弧交开行路线于 O 点，O 点即为安装那根柱子的停机点。

(c) 确定柱子的预制位置。以停机点 O 为圆心，OM 为半径画弧，在弧上靠近柱基定一点 K，K 点为柱脚中心。选择 K 点时，最好不要放在回填土上，如不能避免，要采取一定的技术措施。K 点选定后，以 K 为圆心，柱脚到吊点的长度为半径画弧，与 OM 半径所画的弧相交于 S，连 KS 线，得出柱中心线，即可画出柱子的模板位置图。量出柱顶、柱脚中心点到柱列纵横轴线的距离 A、B、C、D，作为支模时的参考，如图 2-59 所示。

布置柱子时，要注意柱子牛腿的朝向，避免安装时在空中调头。当柱子布置在跨内时，牛腿应面向起重机；布置在跨外时，牛腿应背向起重机。

布置柱子时，有时由于场地限制或柱身过长，无法做到三点（杯口、柱脚、吊点）共弧，可根据不同情况，布置成两点共弧。

b. 柱子的纵向布置

对于一些较轻的柱子，起重机能力有富余，考虑到节约场地、方便构件制作，可顺柱列纵向布置，如图 2-60 所示。

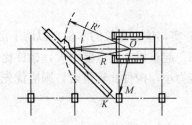

图 2-59 三点共弧布置法

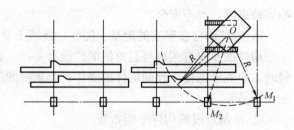

图 2-60 柱子的纵向布置

柱子纵向布置时，起重机的停机点应安排在两柱基的中点，使 $OM_1=OM_2$，这样，每一停机点可吊两根柱子。

为了节约模板，减少用地，也可采取两柱叠浇。预制时，先安装的柱子放在上层，两柱之间要做好隔离措施。上层柱子由于不能绑扎，预制时要埋设吊环。柱子预制位置的确定方法同上，但上层柱子有时需先行就位。

B. 屋架的布置

屋架一般安排在跨内叠层预制，每叠 3~4 榀。布置的方式有正面斜向布置、正反斜向布置、顺轴线正反向布置等，如图 2-61 所示。

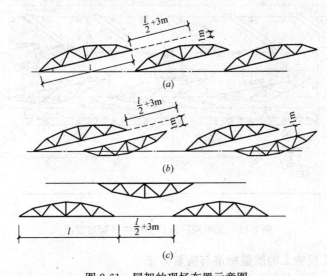

图 2-61 屋架的现场布置示意图
(a) 正面斜向布置；(b) 正、反斜向布置；(c) 顺轴线正反向布置

确定预制位置时，要优先考虑正面斜向布置，因其便于屋架的扶直就位。只有当场地受限制时，才考虑采用其他两种方式。

屋架正面斜向布置时，下弦与厂房纵轴线的夹角 $\alpha=10°\sim20°$。预应力混凝土屋架，预留孔洞采用钢管时，屋架两端应留出 $(l/2+3)$ m 的一段距离（l 为屋架跨度）作为抽管、穿筋的操作场地；如在一端抽管时，应留出 $(l+3)$ m 的一段距离。如用胶皮管预留孔洞时，距离可适当缩短。

每两榀屋架之间，要留 1m 左右的空隙，以便支模及浇混凝土。布置屋架预制位置时，要考虑屋架的扶直就位要求和扶直的先后次序，先扶直的放在上层。屋架的朝向、预埋铁件的位置也要注意安放正确。

C. 吊车梁的布置

吊车梁安排在现场预制时，可靠近柱基顺纵向轴线或略作倾斜布置；也可插在柱子的空当中预制。

③ 安装阶段构件的就位布置及运输堆放

安装阶段的就位布置，是指柱子已安装完毕，其他构件的就位布置。包括屋架的扶直就位，吊车梁、屋面板的运输就位等。

吊车梁、连系梁、屋面板的运输堆放。单层厂房的吊车梁、连系梁、屋面板一般在预制厂集中生产，运至工地安装。构件运至现场后，按平面布置图安排的部位，依编号、安装顺序进行就位和集中堆放。吊车梁、连系梁的就位位置，一般在其安装位置的柱列附近，跨内跨外均可；有时，也可从运输车辆上直接起吊。屋面板的就位位置，可布置在跨内或跨外，根据起重机安装屋面板时所需的回转半径，排放在适当部位。一般情况，屋面板在跨内就位时，后退四五个节间开始堆放；跨外就位时，应后退一两个节间。

图 2-62 所示为某单跨厂房各构件的预制位置及起重机开行路线、停机点位置图。

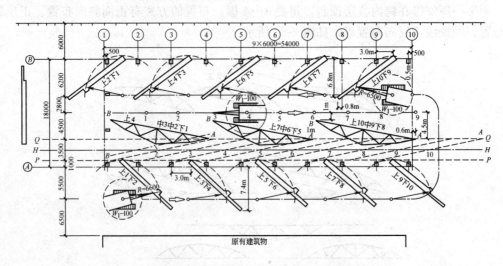

图 2-62　某单跨厂房预制构件平面布置图

2. 结构安装工程施工的质量标准与检验方法

(1) 结构安装工程施工的质量要求

预应力构件安装时，混凝土强度必须要达到设计强度要求的 75% 以上，有的甚至要达到 100% 的强度。预应力预制构件孔道灌浆的强度应该达到 15MPa 以上时，方可进行构件安装。在吊装装配式框架结构时，接头或者接缝的混凝土强度必须达到 10MPa 以上，方可吊装上一层结构的构件。

安装构件，必须要按照绑扎、吊升、就位、柱的临时固定、校正、最后固定、柱接头施工的顺序，保证构件安装的质量。

构件的安装，必须保证具有一定的精度，确保构件的安装在偏差的允许范围内，见表 2-22 所示。

构件安装时的允许偏差　　　　　　　　　　　　　表 2-22

项　目	名　称		允许偏差(mm)
1	杯形基础	中心线对轴线位移	10
		杯底标高	−10
2	柱	中心线对轴线的位移	5
		上下柱连接中心线位移	3
		垂直度　≤5m	5
		垂直度　>5m	10
		垂直度　≥10m 且多节	高度的 1‰
		牛腿顶面和柱顶标高　≤5m	−5
		牛腿顶面和柱顶标高　>5m	−8

续表

项目	名称		允许偏差(mm)
3	梁或吊车梁	中心线对轴线位移	5
		梁顶标高	−5
4	屋架	下弦中心线对轴线位移	5
		垂直度　　桁架	屋架高的 1/250
		薄腹梁	5
5	天窗架	构件中心线对定位轴线位移	5
		垂直度(天窗架高)	1/3000
6	板	相邻两板板底平整　抹灰	5
		不抹灰	3
7	墙板	中心线对轴线位移	3
		垂直度	3
		每层山墙倾斜	2
		整个高度垂直度	10

(2) 结构安装工程施工的检验方法

1) 主控项目

A. 吊装时构件的混凝土强度、预应力混凝土构件孔道灌浆的水泥砂浆强度、下层结构承受内力的接头的混凝土或砂浆的强度，必须符合设计要求和施工规范的规定。

检验方法：检查构件出厂证明及同条件养护试块试验报告。

B. 构件的型号、位置、支点锚固必须符合设计要求，且无变形损坏现象。

检验方法：观察或尺量检查和检查吊装记录。

C. 构件接头的混凝土必须计量准确，浇捣密实，认真养护，其强度必须符合设计要求，或施工规范的规定。

检验方法：观察检查和检查标准养护龄期 28d 试块试验报告及施工记录。

D. 外墙板防水构造的做法必须符合设计要求和有关的专门规定。

检验方法为观察检验。

2) 一般项目

A. 圆孔板堵孔及就位安装质量应符合下列规定：

合格：标高、坐浆、圆孔板堵孔、板缝宽度基本符合设计要求及施工规范的规定。

优良：标高、坐浆、圆孔板堵孔、板缝宽度符合设计要求及施工规范的规定。

检查数量：按圆孔板数量抽查 10%，但不应少于 10 块。

检查方法：观察或尺量检查。

B. 构件接头做法符合设计要求及施工规范的规定：

合格：焊缝长度符合要求，无较大的凹陷、焊瘤。接头处无明裂缝和气孔。咬边深度不大于 0.5mm（低温焊接咬边深度不大于 0.2mm）。

优良：焊缝长度符合要求，表面平整，无凹陷、焊瘤。接头处无裂缝、气孔、夹渣及咬边。

检查数量：按构件数量抽查 10%，但不应少于 10 块。

检查方法：观察或尺量检查。

（七）防水工程

防水工程按其构造作法可分为结构自防水和防水层防水两大类。结构自防水主要是依靠建筑物构件材料自身的密实性及其某些构造措施（如坡度、埋设止水带等），使结构构件起到防水作用；防水层防水是在建筑物构件的迎水面或背水面以及接缝处，使用附加防水材料做成的防水层，以起到防水作用，如卷材防水、涂膜防水、刚性防水等。防水工程又可分为柔性防水（如卷材防水、涂膜防水等）和刚性防水（如细石混凝土、结构自防水等）。

防水工程按其部位又可分为屋面防水、地下防水、卫生间防水等。

1. 屋面防水施工工艺

屋面防水工程按所用材料不同，常用的有卷材防水屋面、涂料防水屋面和刚性防水屋面。

（1）卷材防水屋面

卷材防水屋面是用胶粘剂粘贴卷材形成一整片防水层的屋面。所用的卷材有石油沥青防水卷材、高聚物改性沥青防水卷材、高分子防水卷材等三大系列，其特点是卷材本身具有一定的韧性，可以适应一定程度的涨缩和变形，不易开裂，属于柔性防水。粘贴层的材料取决于选用卷材的种类：石油沥青防水卷材用沥青胶作粘贴层，该做法目前已很少采用；高聚物改性沥青防水卷材则用改性沥青胶；合成橡胶树脂类卷材和合成高分子防水系列卷材则需用与其配套的胶粘剂。

卷材屋面一般由结构层、隔汽层、保温层、找平层、防水层和保护层组成，其构造如图 2-63 所示。隔汽层能阻止室内水蒸气进入保温层，以免影响保温效果；保温层的作用是隔热保温，找平层用以找平保温层或结构层；防水层主要防止雨雪水向屋面渗透；保护层是保护防水层免受外界因素的影响而遭受损坏。

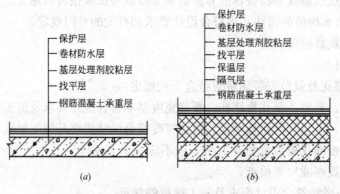

图 2-63 卷材屋面构造层次示意图
(a) 不保温卷材屋面；(b) 保温卷材屋面

1）石油沥青卷材防水屋面

石油沥青卷材防水屋面防水层的施工包括基层的准备、沥青胶的调制、卷材铺贴前的处理及卷材铺贴等工序。

① 基层要求

基层要有足够的结构整体性和刚度,承受荷载时不产生显著变形。找平层的排水应符合设计要求,一般采用水泥砂浆(体积比为水泥:砂=1:2.5~1:3,水泥的强度等级不得低于32.5级)、沥青砂浆(质量比为沥青:砂=1:8)和细石混凝土(强度等级不得低于C20)找平层作基层。找平层的排水坡度应符合设计要求。平屋面采用结构找坡不应小于3%,采用材料找坡宜为2%;天沟、檐沟纵向找坡不应小于1%,沟底水落差不得超过200mm。基层的平整度,应用2m靠尺检查,面层与直尺间最大空隙不应大于5mm。基层表面不得有酥松、起皮起砂、空裂缝等现象。平面与突出物连接处和阴阳角等部位的找平层应抹成圆弧。

② 卷材的铺贴顺序与方向

防水层施工应在屋面上其他工程(如砌筑、烟囱、设备管道等)完工后进行;卷材铺贴应采取先高后低、先远后近的施工顺序;即高低跨屋面,先铺高跨后铺低跨;等高的大面积屋面,先铺离上料地点远的部位,后铺较近部位,由屋面最低标高处向上施工。铺贴卷材的方向应根据屋面坡度或屋面是否受震动而确定。当屋面坡度小于3%时,宜平行于屋脊铺贴;屋面坡度在3%~15%时,卷材可平行于或垂直于屋脊铺贴;当屋面坡度大于15%或屋面受震动时,为防止卷材下滑,应垂直于屋脊铺贴;上下层卷材不得相互垂直铺贴。大面积铺贴卷材前,应先做好节点和屋面排水比较集中的部位(屋面与水落口连接处、檐口、天沟、变形缝、管道根部等)的处理,通常采用附加卷材或防水涂料、密封材料作附加增强处理。

③ 搭接要求

铺贴卷材应采用搭接方法,即上下两层及相邻两卷材的搭接接缝均应错开。各层卷材的搭接宽度:长边不应小于70mm,短边不应小于100mm,上下两层卷材的搭接接缝均应错开1/3或1/2幅宽,相邻两幅卷材的短边搭接缝应错开不小于300mm以上,如图2-64所示。平行于屋脊的搭接缝,应顺水流方向搭接;垂直于屋脊的搭接缝,应顺主导风向搭接。

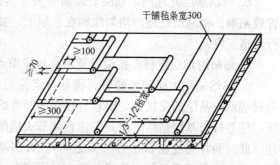

图2-64 卷材水平铺贴搭接要求

④ 卷材的铺贴

在铺贴卷材时,应先在屋面标高的最低处开始弹出第一块卷材的铺贴基准线,然后按照所规定的搭接宽度边铺边弹基准线。卷材铺贴方法常用的有浇油粘贴法和刷油粘贴法。施工时,要严格控制沥青胶的厚度,底层和里层宜为1~1.5mm,面层宜为2~3mm。卷材的搭接缝应粘结牢固,密封严密,不得有皱折、翘边和鼓泡等缺陷;防水层的收头应与基层粘结牢固,缝口封严,不得翘边。

⑤ 保护层施工

保护层应在油毡防水层完工并经验收合格后进行,施工时应做好成品的保护。具体做法是在卷材上层表面浇一层2~4mm厚的沥青胶,趁热撒上一层粒径为3~5mm的小豆石(绿豆砂),并加以压实,使豆石与沥青胶粘结牢固,未粘结的豆石随即清扫干净。

2)高聚物改性沥青卷材防水屋面

所谓"改性",即改善沥青性能,也就是在石油沥青中掺入适量聚合物,特别是橡胶,可以降低沥青的脆点,并提高其耐热性,采用这类聚合物改性的材料,可以延长屋面的使用期限。目前使用较为普遍的是 SBS 改性沥青卷材、APP 改性沥青卷材、PVC 改性沥青卷材和再生胶改性沥青卷材等,其施工工艺流程与普通卷材防水层基本相同。

高聚物改性沥青防水卷材施工,可以采取单层外露或双层外露两种构造作法,有冷粘贴、热熔法及自粘法三种施工方法,目前使用最多的是热熔法。

① 热熔法施工

热熔法施工是指将卷材背面用喷灯或火焰喷枪加热熔化,靠其自身熔化后黏性与基层粘结在一起形成防水层的施工方法。

A. 施工条件

改性沥青防水卷材热熔施工可在-10℃气温下进行,施工不受季节限制,但雨天、风天不得施工;基层必须干燥,局部稍潮可用火焰喷枪烘烤干燥;施工操作易着火,除施工中注意防火外,施工现场不得有其他明火作业。

B. 材料要求

进场的改性沥青防水卷材应有合格证,其外观质量、规格和物理性能经复验均应符合标准、规范的规定要求。采用改性沥青涂料或胶粘剂作为基层处理剂。

C. 施工工艺流程及操作要点

清理基层→涂刷基层处理剂→铺贴卷材附加层→热熔铺贴大面防水卷材→热熔封边→蓄水试验→保护层施工→质量验收。

a. 清理基层。将基层杂物、浮灰等清扫干净。

b. 涂刷基层处理剂。基层处理剂一般为溶剂型橡胶改性沥青防水涂料或橡胶改性沥青胶粘剂。将基层处理剂均匀涂刷在基层上,要求厚薄一致。基层处理剂干燥后,才能进行下道工序。

c. 铺贴附加层卷材。按设计要求在构造节点部位铺贴附加层卷材

d. 热熔铺贴大面防水卷材。将卷材定位后,重新卷好,点燃火焰喷枪(喷灯)烘烤卷材底面与基层的交接处,使卷材底面的沥青熔化,边加热,边向前滚动卷材并用压辊滚压,使卷材与基层粘结牢固。应注意调节火焰的大小和移动速度,以卷材表层刚刚熔化为佳(此时沥青温度在200~230℃之间)。火焰喷枪与卷材的距离约0.5m。若火焰太大或距离太近,会烤透卷材,造成粘连,打不开卷;反之,卷材表面会熔化不够,与基层粘结不牢。

e. 热熔封边。把卷材搭接缝处用抹子挑起,用火焰喷枪烘烤卷材搭接处,火焰方向应与施工人员前进方向相反,随即用抹子将接缝处熔化的沥青抹平。

f. 蓄水实验。屋面防水层完工后,应做蓄水试验或淋水试验。一般有女儿墙的平屋面做蓄水试验,坡屋面做淋水试验。蓄水高度根据工程而定,在不超过屋面允许荷载前提下,尽可能使水没过屋面。蓄水24h以上屋面无渗漏为合格。若进行淋水试验,淋水时间应不少于2h,屋面无渗漏为合格。

g. 保护层施工,上人屋面按设计要求铺方砖。不上人屋面在卷材防水层表面涂改性沥青胶结剂,边撒石片(最好先筛过,将石片中的粉除去),撒布要均匀,用压辊滚压,使其粘结牢固。待干透粘牢后,将未粘牢的石片扫掉。

② 冷粘贴施工

冷粘贴施工是利用毛刷将胶粘剂涂刷在基层或卷材上，然后直接铺贴卷材，使卷材与基层、卷材与卷材粘结，不需要加热施工。

冷粘贴施工要求：胶粘剂涂刷应均匀、不漏底、不堆积；排汽屋面采用空铺法、条粘法、点粘法应按规定位置与面积涂刷；铺贴卷材时，应排除卷材下的空气，并辊压粘贴牢固；根据胶粘剂的性能，应控制胶粘剂与卷材的间隔时间；铺贴卷材时应平整顺直，搭接尺寸准确，不得扭曲、皱折；搭接部位接缝胶应满涂、辊压粘结牢固，溢出的胶粘剂随即刮平封口；也可以热熔法接缝。接缝口应用密封材料封严，宽度不小于10mm。

③ 自粘法施工

自粘法卷材防水施工是指采用带有自粘胶的防水卷材，不用热施工，也不需涂胶结材料而进行粘结的方法。施工时在基层表面均匀涂刷基层处理剂，将卷材背面隔离纸撕净，将卷材粘贴于基层上形成防水层。

高聚物改性沥青防水卷材施工时，其细部做法如檐沟、檐口、泛水、变形缝、伸出屋面管道、水落口等处以及对排水屋面施工要求与沥青防水卷材施工相同。

3）高分子卷材防水屋面

高分子防水卷材有橡胶、塑料和橡塑共混三大系列，这类防水卷材与传统的石油沥青卷材相比，具有单层结构防水、冷施工、使用寿命长等优点。合成高分子卷材主要品种有：三元乙丙橡胶防水卷材，氯化聚乙烯—橡胶共混防水卷材、氯化聚乙烯防水卷材和聚氯乙烯防水卷材等。

合成高分子卷材防水施工方法分为冷粘贴施工、热熔（或热焊接）法施工及自粘法施工三种，使用最多的是冷贴法。

冷粘贴防水施工是指以合成高分子卷材为主体材料，配以与卷材同类型的胶粘剂及其他辅助材料，用胶粘剂贴在基层形成防水层的施工方法。下面以三元乙丙橡胶防水卷材为例介绍冷粘贴法施工。

三元乙丙橡胶防水卷材一般用于高档工程屋面单层外露防水工程。卷材厚度宜选用1.5mm或1.2mm厚。

① 施工条件

三元乙丙橡胶防水卷材冷粘贴施工时，下雨、预期下雨或雨后基层潮湿均不得进行施工；冬季负温时，由于胶结剂中的溶剂挥发较慢不宜施工；施工现场100m以内不得有火源或焊接作业。

② 材料要求

三元乙丙橡胶防水卷材的类型及尺寸要求应符合有关规定，其外观应平直，不应有破损、断裂、砂眼、折皱等缺陷。

③ 施工工艺流程及操作要点

清理基层→涂刷基层处理剂→铺贴附加层卷材→涂刷基层胶粘剂→粘贴防水卷材→卷材接缝的粘接→卷材末端收头的处理→蓄水试验→保护层施工→质量验收。

A. 清理基层

将基层杂物、浮灰等清扫干净。

B. 涂刷基层处理剂

基层处理剂一般用低黏度聚氨酯，其配合比为：甲料：乙料：二甲苯＝1：1.5：1.5。

将各种材料按比例配合并搅拌均匀涂刷于基层上，其目的是为了隔绝基层的潮气，提高卷材与基层的粘结强度。在大面积涂刷前，先用油漆刷在阴阳角、管根部、水落口等部位涂刷一道，然后再用长把滚刷在基层满刷一道，涂刷要厚薄均匀，不得见白露底。一般在涂刷 4h 以后或根据气候条件待处理剂渗入基层且表面干燥后，才能进行下道工序。

C. 铺贴附加层卷材

在檐口、屋面与立面的转角处、水落口周围、管道根部等构造节点部位先铺一层卷材附加层，天沟宜铺二层。

D. 涂刷基层胶粘剂

一般采用氯丁系胶粘剂（如 CX—404 胶），需在基层和防水卷材表面分别涂刷。涂胶前，先在准备铺贴第一幅卷材的位置弹好基准线，用长把滚刷将胶结剂涂刷在铺贴卷材的范围内。同时，将卷材用潮布擦净浮灰，用笔划出长边及短边各 100mm 不涂胶的接缝部位，然后在划线范围内均匀涂刷胶粘剂。涂刷应厚薄均匀，不得有露底、凝胶现象。

E. 粘贴防水卷材

胶结剂涂刷后，需凉置 20min 左右，待基本干燥（手触不粘）后方可进行卷材的粘贴。

F. 卷材接缝的粘接

在卷材接缝 100mm 宽的范围内，把丁基胶粘剂 A 料、B 料按 1：1 的比例配合搅拌均匀，用油漆刷均匀涂刷在卷材接缝处的两个粘接面上，涂胶后 20min 左右（手触不粘手时）即可进行粘贴。粘贴从一端开始，顺卷材长边方向粘贴，并用手持压辊滚压粘牢。

G. 卷材末端收头的处理

为了防止卷材末端收头处剥落，卷材的收头及边缝处应用密封膏（常用聚氯脂密封膏或氯磺化聚乙烯封膏）嵌严。

H. 蓄水试验

同高聚物改性沥青防水卷材施工。

I. 保护层施工

蓄水试验合格后，应立即进行保护层施工，保护卷材免受损伤。不上人屋面涂刷配套的表面着色剂，着色剂呈银色，分水乳型和溶剂型两种。涂刷前要将卷材表面的浮灰清理干净，用长把滚刷依次涂刷均匀，两道成活，干燥前不许上人走动。上人屋面应按设计要求铺方砖，方砖下铺 10～20mm 厚干砂，方砖之间的缝隙用水泥砂浆灌实。要求板面平整，横竖缝整齐。在女儿墙周围及每隔一定距离应留适当宽度的伸缩缝。

（2）涂料防水屋面

涂料防水屋面是采用防水涂料在屋面基层（找平层）上现场喷涂、刮涂或涂刷抹压作业，涂料经过自然固化后形成一层有一定厚度和弹性的无缝涂膜防水层，从而使屋面达到防水的目的。防水涂料应采用高聚物防水涂料或高分子防水涂料，有薄质涂料和厚质涂料两类施工方法。

1) 薄质防水涂料施工

① 对基层的要求

涂料防水屋面的结构层、找平层的施工与卷材防水屋面基本相同。

② 特殊部位的附加增强处理

在排水口、檐口、管道根部、阴阳角等容易渗漏的薄弱部位，应先增涂一布二油附加层，宽度为300～450mm。

③ 涂料防水层施工

基层处理剂干燥后方可进行涂膜的施工。薄质防水涂料屋面一般有三胶、一毡三胶、二毡四胶、一布一毡四胶、二布五胶等做法。防水涂料和胎体增强材料必须符合设计要求（检验方法：检查出厂合格证、质量检验报告和现场抽样复验报告）。涂膜应根据防水涂料的品种分层分遍涂布，不得一次涂成。涂膜的厚度必须达到有关标准、规范规定和设计要求。涂料的涂布顺序为：先高跨后低跨，先远后近，先立面后平面。同一屋面上先涂布排水较集中的水落口、天沟、檐口等节点部位，再进行大面积涂布。涂层应厚薄均匀、表面平整，待先涂的涂层干燥成膜后，方可涂布后一遍涂料。涂层中夹铺增强材料（玻璃棉布或毡片，其主要目的是增强防水层）时，宜边涂边铺胎体，应采用搭接法铺贴，其长边搭接宽度不得小于50mm，短边搭接宽度不得小于70mm。采用二层胎体增强材料时，上下不得相互垂直铺设，搭接缝应错开，其间距不应小于1/3幅宽。涂膜防水层收头应用防水涂料多遍涂刷或用密封材料封严。涂膜防水层与基层应粘结牢固，表面平整，涂刷均匀，无流淌、皱折、鼓泡、露胎体和翘边等缺陷。在涂膜未干前，不得在防水层上进行其他施工作业。

④ 保护层施工

涂膜防水屋面应设置保护层，保护层材料根据设计规定或涂料的使用说明书选定，一般可采用细砂、蛭石、云母、浅色涂料、水泥砂浆或块材等。当采用水泥砂浆或块材时，应在涂膜与保护层之间设隔离层。当用细砂、蛭石、云母时，应在最后一遍涂料涂刷后随即撒上，并随即用胶辊滚压，使之粘牢，隔日将多余部分扫去。涂层刷浅色涂料时，应在涂膜固化后进行。

2) 厚质防水涂料施工

石灰乳化沥青属于厚质的防水涂料，采用抹压法施工，要求基层干燥密实、坚固干净，无松动现象，不得起砂、起皮。石灰乳化沥青应搅拌均匀，其稠度为50～100mm，铺抹前，宜根据不同季节和气温高低决定涂刷不同的冷底子油。当日最高气温≥30℃时，应先用水将屋面基层冲洗干净，然后刷稀释的石灰乳化沥青冷底子油（汽油∶沥青＝7∶3），必要时应通过试抹确定冷底子油的种类和配合比。待冷底子油干燥后，立即铺抹石灰乳化沥青，厚度为5～7mm，待表面收水后，用铁抹子压实抹光，施工气温以5～30℃为宜。

(3) 刚性防水屋面

刚性防水屋面是指用细石混凝土、块体材料或补偿收缩混凝土等刚性材料作为防水层的屋面。它主要是依靠混凝土自身的密实性，并采取一定的构造措施（如增加钢筋、设置隔离层、设置分格缝，油膏嵌缝等）以达到防水目的。刚性防水屋面适用于Ⅰ～Ⅲ级的屋面防水；不适用于设有松散材料保温层以及受较大震动或冲击的和坡度大于15%的建筑屋面。

1) 材料要求

① 水泥：防水层的细石混凝土宜用普通硅酸盐水泥或硅酸盐水泥，用矿渣硅酸盐水

泥时应采取减少泌水性的措施。水泥的强度等级不宜低于32.5级。不得使用火山灰质水泥。水泥贮存时应防止受潮，存放期不得超过三个月，否则必须重新检验，确定其强度等级。

② 骨料与水：在防水层的细石混凝土和砂浆中，粗骨料的最大粒径不宜大于15mm，含泥量不应大于1%，细骨料应采用粗砂或中砂，含泥量不应大于2%；拌和用水应不含有害物质的洁净水。

③ 外加剂：防水层细石混凝土使用的膨胀剂、减水剂、防水剂等外加剂，应根据不同品种的适用范围及技术要求选定。

④ 钢筋：防水层内配置的钢筋宜采用冷拔低碳钢丝。

⑤ 配制：细石混凝土应按防水混凝土的要求设计，每立方米混凝土的水泥用量不得少于330kg；含砂率为35%~40%；灰砂比为1:2~1:2.5；水灰比不应大于0.55；混凝土强度等级不应低于C20。

2) 施工工艺

① 基层要求

刚性防水屋面的结构层宜为整体现浇的钢筋混凝土。刚性防水屋面的坡度宜为2%~3%，并应采用结构找坡。如采用装配式钢筋混凝土时，应用强度等级不小于C20的细石混凝土灌缝，灌缝的细石混凝土宜掺微膨胀剂。当屋面板板缝宽度大于40mm或上窄下宽时，板缝内必须设置构造钢筋，板端缝应进行密封处理。

② 隔离层施工

细石混凝土防水层与结构层宜设隔离层。隔离层可选用干铺卷材、砂垫层、低强度等级砂浆等材料，以起到隔离作用，使结构层和防水层的变形互不受制约，以减少因结构变形对防水层的不利影响。干铺卷材隔离层的做法是在找平层上干铺一层卷材，卷材的接缝均应粘牢；表面涂二道石灰水或掺10%水泥的石灰浆（防止日晒卷材发软），待隔离层干燥有一定强度后进行防水层施工。

③ 现浇细石混凝土防水层施工

A. 分格缝的设置。为了防止大面积的防水层因温差、混凝土收缩等影响而产生裂缝，应按设计要求设置分格缝，分格缝处可采用嵌填密封材料并加贴防水卷材的办法进行处理，以增加防水的可靠性。分格缝的一般做法是在施工刚性防水层前，先在隔离层上定好分格缝的位置，再放分格条，分格条应先浸水并涂刷隔离剂，用砂浆固定在隔离层上。

B. 钢筋网施工。钢筋网铺设应按设计要求，设计无规定时，一般配置$\phi^b 4$，间距为100~200mm双向钢丝网片，网片可采用绑扎或点焊成型，其位置宜居中偏上为宜，保护层不小于15mm。分格缝钢筋必须断开。

C. 浇筑细石混凝土。混凝土厚度不宜小于40mm。混凝土搅拌应采用机械搅拌，其质量应严格保证。应注意防止混凝土在运输过程中漏浆和分层离析，浇筑时应按先远后近，先高后低的原则进行。一个分格缝内的混凝土必须一次浇筑完成，不得留施工缝。从搅拌到浇筑完成应控制在2h以内。

D. 表面处理。用平板振动器振捣至表面泛浆为宜，将表面刮平，用铁抹子压实压光，达到平整并符合排水坡度的要求。抹压时严禁在表面洒水、加水泥浆或撒干水泥。当混凝土初凝后，拆出分格条并修整。混凝土收水后应进行二次表面压光，并在终凝前三次压光成活。

E. 养护。混凝土浇筑 12~24h 后进行养护，养护时间不应少于 14d，养护初期屋面不允许上人。养护方法可采取洒水湿润，也可覆盖塑料薄膜、喷涂养护剂等，但必须保证细石混凝土处于湿润状态。

2. 地下防水施工工艺

（1）防水方案

地下工程的防水方案，大致可分为三类：防水混凝土结构、结构表面附加防水层（水泥砂浆、卷材）、渗排水措施。

1）防水混凝土结构

防水混凝土结构是以调整混凝土配合比或在混凝土中掺入外加剂或使用新品种水泥等方法来提高混凝土本身的憎水性、密实性和抗渗性，使其具有一定防水能力的整体现浇混凝土和钢筋混凝土结构。它将防水、承重和围护合为一体，具有施工简单、工期短、造价低的特点，应用较为广泛。

2）结构表面附加防水层

在地下结构物的表面另加防水层，使地下水与结构隔离，以达到防水的目的。常用的防水层有水泥砂浆、卷材、沥青胶结材料和金属防水层等。可根据不同的工程对象、防水要求及施工条件选用。

3）渗排水防水

利用盲沟、渗排水层等措施来排除附近的水源以达到防水目的。适用于形状复杂、受高温影响、地下水为上层滞水且防水要求较高的地下建筑。

（2）变形缝、后浇缝的处理

防水混凝土的变形缝、施工缝、后浇缝等是防水的薄弱环节，处理不当，极易引起渗漏。

1）变形缝

地下结构物的变形缝应满足密封防水、适应变形、施工方便、检查容易等要求。选用变形缝的构造形式和材料时，应综合考虑工程特点、地基或结构变形情况以及水压、水质影响等因素，以适应防水混凝土结构的伸缩和沉降的需要，并保证防水结构不受破坏。变形缝的宽度宜为 20~30mm，通常采用止水带、遇水膨胀橡胶腻子止水条等高分子防水材料和接缝密封材料。

对压力大于 0.3MPa，变形量为 20~30mm、结构厚度大于和等于 300mm 的变形缝，应采用中埋式橡胶止水带；对环境温度高于 50℃、结构厚度大于和等于 300mm 的变形缝，可采用 2mm 厚的紫铜片或 3mm 厚的不锈钢等中间呈圆弧形的金属止水带；需要增强变形缝的防水能力时，可采用两道埋入式止水带，或采用嵌缝式、粘贴式、附贴式、埋入式等复合使用，如图 2-65 所示。其中埋入式止水带不得设在结构转角处。

2）后浇缝

当地下室为大面积防水混凝土结构时，为防止结构变形、开裂而造成渗漏水时，在设计与施工时需留设后浇缝，缝内的结构钢筋不能断开。混凝土后浇缝是一种刚性接缝，应设在受力和变形较小的部位，宽度以 1m 为宜，其形式有平直缝、阶梯缝和企口缝。后浇缝的混凝土施工，应在其两侧混凝土浇筑完毕并养护 6 周，待混凝土收缩变形基本稳定后

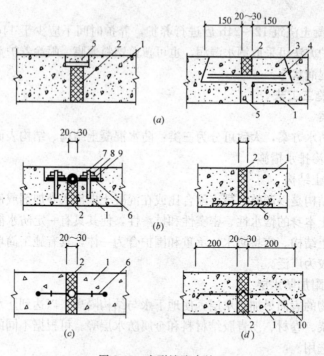

图 2-65 变形缝防水处理
(a) 嵌缝式、粘贴式变形缝；(b) 附贴式止水带变形缝；
(c) 埋入式橡胶止水带变形缝；(d) 埋入式金属止水带变形缝
1—围护结构；2—填缝材料；3—细石混凝土；4—橡胶片；5—嵌缝材料；
6—止水带；7—螺栓；8—螺母；9—压铁；10—金属止水带

再进行，浇筑前应将接缝处混凝土表面凿毛，清洗干净，保持湿润。浇筑后浇缝的混凝土应优先选用补偿收缩的混凝土，其强度等级与两侧混凝土相同。后浇缝混凝土的施工温度应低于两侧混凝土施工时的温度，而且宜选择在气温较低的季节施工，以保证先后浇筑的混凝土相互粘结牢固，不出现缝隙。后浇缝的混凝土浇筑完成后应保持在潮湿条件下养护4周以上。

3）穿墙管

当结构变形或管道伸缩量较小时，穿墙管可采用直接埋入混凝土内的固定式防水法，主管应满焊止水环；当结构变形或管道伸缩量较大或有更换要求时，应采用套管式防水法，套管与止水环满焊；当穿墙管线较多且密时，宜相对集中，采用穿墙盒法。盒的封口钢板应与墙上的预埋角钢焊严，并从钢板的浇筑孔注入密封材料。穿过地下室外墙的水、暖、电的管周应填塞膨胀橡胶泥，并与外墙防水层连接。

(3) 卷材防水层施工

地下室卷材防水是常用的防水处理方法。卷材有沥青防水卷材、高聚物防水卷材和合成高分子防水卷材，利用胶结材料通过冷粘、热熔粘结等方法形成防水层。地下室卷材防水层施工大多采用外防水法（卷材防水层粘贴在地下结构的迎水面）。而外防水中，依保护墙的施工先后及卷材铺贴位置，可分为外防外贴法和为外防内贴法。

1）外防外贴法施工

外防外贴法是在垫层铺贴好底板卷材防水层后，进行地下需防水结构的混凝土底板与墙体的施工，待墙体侧模拆除后，再将卷材防水层直接铺贴在墙面上，如图2-66所示。

外防外贴法的施工程序是：首先浇筑需防水结构的底面混凝土垫层，并在垫层上砌筑部分永久性保护墙，墙下干铺油毡一层，墙高不小于$B+200\sim500mm$（B为底板厚度）。在永久性保护墙上用石灰砂浆砌临时保护墙，墙高为150mm×(油毡层数+1)；在永久性保护墙上和垫层上抹1:3水泥砂浆找平层，临时保护墙用石灰砂浆找平；待找平层基本干燥后，即在其上满涂冷底子油，然后分层铺贴立面和平面卷材防水层，并将顶端临时固定。在铺贴好的卷材表面做好保护层后，再进行需防水结构的底板和墙体施工。需防水结构施工完成后，将临时固定的接槎部位的各层卷材揭开并清理干净，再在此区段的外墙表面上补抹水泥砂浆找平层，找平层上满涂冷底子油，将卷材分层错槎搭接向上铺贴在结构表面上，并及时做好防水层的保护结构。

2) 外防内贴法施工

外防内贴法是在垫层四周先砌筑保护墙，然后将卷材防水层铺贴在垫层和保护墙上，最后再进行地下需防水结构的混凝土底板与墙体的施工，如图2-67所示。

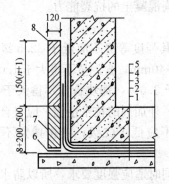

图2-66 外贴法
1—垫层；2—找平层；3—卷材防水层；
4—保护层；5—构筑物；6—油毡；
7—永久保护墙；8—临时性保护墙

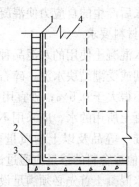

图2-67 内贴法
1—卷材防水层；2—保护层；
3—垫层；4—尚未施工的构筑物

外防内贴法的施工程序是：先铺设底板的垫层，在垫层四周砌筑永久性保护墙，然后在垫层及保护墙上抹1:3水泥砂浆找平层，待其基本干燥并满涂冷底子油，沿保护墙与底层铺贴防水卷材。铺贴完毕后，在立面防水层上涂刷最后一层沥青胶时，趁热粘上干净的热砂或散麻丝，待冷却后，立即抹一层10~20mm后的1:3水泥砂浆找平层；在平面上铺设一层30~50mm厚的水泥砂浆或细石混凝土保护层，最后再进行需防水结构的混凝土底板和墙体的施工。

卷材防水层的施工要求是：铺贴卷材的基层表面必须牢固、平整、清洁和干燥。阴阳角处均应做成圆弧或钝角，在粘贴卷材前，基层表面应用与卷材相容的基层处理剂满涂。铺贴卷材时，胶结材料应涂刷均匀。外贴法铺贴卷材时应先铺平面，后铺立面，平立面交接处应交叉搭接；内贴法宜先铺立面，后铺平面；铺贴立面卷材时，应先铺转角，后铺大面。卷材的搭接长度，要求长边不应小于100mm，短边不应小于150mm。上下两层和相邻两幅卷材的接缝应相互错开1/3幅宽，并不得相互垂直铺贴。在立面和平面的转角处，卷材的接缝应留在平面上距离立面不小于600mm处。所有转角处均应铺贴附加层。卷材与基层和各层卷材间必须粘结紧密。搭接缝要仔细封严。

(4) 防水混凝土结构的施工

1) 防水混凝土的种类

常用的防水混凝土有：普通防水混凝土、外加剂或掺合料防水混凝土和膨胀水泥防水混凝土三类。

① 普通防水混凝土：在普通混凝土骨料级配的基础上，通过调整和控制配合比的方法，提高自身密实度和抗渗性的一种混凝土。

② 掺外加剂的防水混凝土：在混凝土拌合物中加入少量改善混凝土抗渗性的有机物，如减水剂、防水剂、引气剂等外加剂；掺合料防水混凝土是在混凝土拌合物中加入少量硅粉、磨细矿渣粉、粉煤灰等无机粉料，以增加混凝土密实性和抗渗性。防水混凝土中的外加剂和掺合料均可单掺，也可以复合掺用。

③ 膨胀水泥防水混凝土：利用膨胀水泥在水化硬化过程中形成大量体积增大的结晶（如钙矾石），主要是改善混凝土的孔结构，提高混凝土剂制作的防水混凝土抗渗性能。同时，膨胀后产生的自应力使混凝土处于受压状态，提高混凝土的抗裂能力。

2) 材料要求

防水混凝土使用的水泥品种应按设计要求选用，其强度等级不应低于32.5级，不得使用过期或受潮结块水泥；碎石或卵石的粒径宜为5～40mm，含泥量不得大于1.0%，泥块含量不得大于0.5%；砂宜用中砂，含泥量不得大于3.0%，泥块含量不得大于1.0%；拌制混凝土所用的水，应采用不含有害杂质的洁净水；外加剂的技术性能，应符合国家或行业标准一等品及以上的质量要求；粉煤灰的级别不应低于二级；硅粉掺量不应大于3%，其他掺合料的掺量应通过试验确定。

防水混凝土首先必须满足设计的抗渗等级要求，同时适应强度要求，所以防水混凝土的配合比必须由试验室根据实际使用的材料及选用的外加剂（或外掺料）通过试验确定，其抗渗等级应比设计要求提高0.2MPa；水泥用量不得少于300kg/m³，掺有活性掺合料时，水泥用量不得少于280kg/m³；砂率宜为35%～45%，灰砂比宜为1:2～1:2.5，水灰比不得大于0.55；普通防水混凝土坍落度不宜大于50mm，泵送时入泵坍落度宜为100～140mm。

3) 防水混凝土的施工

防水混凝土配料必须按质量配合比准确称量，采用机械搅拌。在运输和浇筑过程中，应防止漏浆和离析，坍落度不损失。浇筑时必须做到分层连续进行，采用机械振捣，严格控制振捣时间，不得欠振漏振，以保证混凝土的密实性和抗渗性。

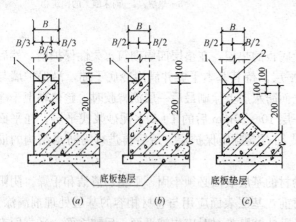

图2-68 施工缝接缝形式

(a)、(b) 企口式（适于壁厚300mm以上的结构）；
(c) 止水片施工缝（适于壁厚300mm以上的结构）
1—施工缝；2—2～4mm金属止水片

施工缝是防水结构容易发生渗漏的薄弱部位，应连续浇筑宜少留施工缝。墙体一般只允许留水平施工缝，其位置应留在高出底板上表面300mm的墙身上，其形式见图2-68所示。在施工缝处继续浇筑混凝土时，应将施工缝处的混凝土表面凿毛，清理浮粒和杂物，用水冲洗干净，保持湿润，再铺一层20～25mm厚的水泥砂浆，捣压实后再继续浇筑混凝土。

防水混凝土的养护对其抗渗性能影响极大，因此，必须加强养护，一般混凝土进入终凝后（浇筑后4～6h）即应覆盖，浇水湿润不少于14d，不宜采用电热养护和蒸汽养护。

防水混凝土养护达到设计强度等级的70%以上，且混凝土表面温度与环境温度之差不大于15℃时，方可拆模，拆摸后应及时回填土，以免温差产生裂缝。

3. 卫生间防水施工工艺

（1）卫生间楼地面聚胺酯防水施工

聚胺酯涂膜防水材料是双组分化学反应固化形成的高弹性防水涂料，多以甲、乙双组分形式使用。主要材料有聚胺酯涂膜防水材料甲组份、聚胺酯涂膜防水材料乙组分和无机铝盐防水剂等。施工用辅助材料应备有二甲苯（清洗工具用）、二月桂酸二丁基锡（凝固过慢时，作促凝剂用）、苯磺酰氯（凝固过快时，作缓凝剂用）等。

1）基层处理

卫生间的防水基层必须用1:3的水泥砂浆找平，要求抹平压光无空鼓，表面要坚实，不应有起砂、掉灰现象。在抹找平层时，凡遇到管子根部周围要使其略高于地面；在地漏的周围应做成略低于地面的洼坑。找平层的坡度以1‰～2‰为宜，凡遇到阴、阳角处，要抹成半径不小于10mm的小圆弧。穿过楼地面或墙壁的管件（如套管、地漏等）及卫生洁具等，必须安装牢固，收头必须圆滑，并按设计要求用密封膏嵌固。基层必须基本干燥，一般在基层表面均匀泛白无明显水印时，才能进行涂膜防水层施工。施工前要把基层表面的尘土杂物彻底清扫干净。

2）施工工艺

① 清理基层

施工前，先将基层表面的突出物、砂浆疙瘩等异物铲除，并进行彻底清扫。如发现有油污、铁锈等，要用钢丝刷、砂布和有机溶剂等彻底清扫干净。

② 涂布底胶

将聚胺酯甲、乙组分和二甲苯按1:1.5:2的比例（质量比）配合搅拌均匀，再用小滚刷均匀涂布在基层表面上。干燥4h以上，才能进行下一道工序。

③ 配制聚胺酯涂膜防水涂料

将聚胺酯甲、乙组分和二甲苯按1:1.5:0.3的比例配合，用电动搅拌器强力搅拌均匀备用。涂料应随配随用，一般在2h内用完。

④ 涂膜防水层施工

用小滚刷或油漆刷将已配好的防水混合材料均匀涂布在底胶已干固的基层表面上。涂布时要求厚薄均匀一致，平刷3～4度为宜。防水涂膜的总厚度不小于1.5mm为合格。涂完第一度涂膜后，一般需固化5h以上，在基本不粘手时，再按上述方法涂布第二、三、四度涂膜，并使后一度与前一度的涂布方向相垂直。对管子根部和地漏周围以及下水管转角墙部位，必须认真涂刷，涂刷厚度不小于2mm。在涂刷最后一度涂膜固化前及时稀撒少许干净的粒径为2～3mm的小豆石,使其与涂膜防水层粘接牢固,作为与水泥砂浆保护层粘结的过渡层。

⑤ 作好保护层

当聚胺酯涂膜防水层完全固化和通过蓄水试验并检验合格后,即可铺设一层厚度为15～25mm的水泥砂浆保护层,然后可根据设计要求铺设饰面层。

3) 质量要求

聚胺酯涂膜防水材料的技术性能应符合设计要求或标准规定,并应附有质量证明文件和现场取样进行检验的试验报告以及其他有关质量的证明文件。涂膜厚度应均匀一致,总厚度不应小于1.5mm。涂膜防水层必须均匀固化,不应有明显的凹坑、气泡和渗漏水的现象。

(2) 卫生间楼地面氯丁胶乳沥青防水涂料施工

氯丁胶乳沥青防水涂料是氯丁橡胶乳液与乳化沥青混合加工而成,它具有橡胶和石油沥青材料的双重优点。该涂料与溶剂型的同类涂料相比,成本较低,基本无毒,不易燃,不污染环境,成膜性好,涂膜的抗裂性较强,适宜于冷施工。

1) 基层处理

与聚胺酯涂膜防水施工要求相同。

2) 施工工艺

① 阴角、管子根部和地漏等部位的施工

这些部位必须先铺一布二油进行附加补强处理。即将涂料用毛刷均匀涂刷在需要进行附加补强处理的部位,再按形状要求把剪好的玻璃纤维布或聚酯纤维无纺布粘贴好,然后涂刷涂料。待干燥后,再按要求进行一布四油施工。

② 一布四油施工

在洁净的基层上均匀涂刷第一遍涂料,待涂料表面干燥后(4h以上),即可铺贴的玻璃纤维布或聚酯纤维无纺布,接着涂刷第二遍涂料。施工时可边铺边涂刷涂料。聚酯纤维无纺布的搭接宽度不应小于70mm。铺布过程中要用毛刷将布铺刷平整,彻底排除气泡,并使涂料浸透布纹,不得有白茬、折皱,垂直面应贴高250mm以上,收头处必须粘贴牢固,封闭严密。然后再涂刷第二遍涂料,待干燥(24h以上)后,再均匀涂刷第三遍涂料,待表面干燥(4h以上)后再涂刷涂料。

③ 蓄水试验

第四遍涂料涂刷干燥(24h以上)后,方可进行蓄水试验,蓄水高度一般为50～100mm,蓄水时间24～48h,当无渗漏现象时,方可进行刚性保护层施工。

3) 质量要求

水泥砂浆找平层做完后,应对其平整度、坡度和干燥程度进行预验收。防水涂料应有产品质量证明书以及现场取样的复检报告。施工完成后的氯丁胶乳沥青防水涂膜不得有起鼓、裂纹、孔洞等缺陷。末端收头部位应粘贴牢固,封闭严密,形成一个整体的防水层。做完防水层的卫生间,经24h以上的蓄水检验,无渗漏现象方为合格。要提供检查验收记录,连同材料质量证明文件等技术资料一并归档备查。

4. 防水工程施工的质量要求

1) 屋面防水工程施工质量

① 屋面防水工程施工质量要求

A. 屋面不得有渗漏和积水现象。

B. 所使用的材料必须符合设计要求和质量标准。

C. 天沟、檐沟、泛水和变形缝等构造，应符合设计要求。

D. 卷材铺贴方法和搭接顺序应符合设计要求，搭接宽度正确，接缝严密，无皱折、鼓泡和翘边等现象。

E. 卷材防水层的基层、搭接宽度、附加层、天沟、檐沟、泛水和变形缝等细部做法，刚性保护层与卷材防水层之间设置的隔离层，密封防水处理部位等，应作隐蔽工程验收，并有记录。

② 施工质量措施

卷材屋面防水工程施工时，应保证基层平整干燥，隔汽层良好，避免在雨、雾、霜、雪天施工、沥青胶结材料涂刷均匀，以免油毡防水层起鼓。应正确选择材料，严格执行施工操作规定，以免基层变形、接头错动、油毡老化和防水层破裂。各层之间应粘结牢固、表面平整，接缝严密，不得有皱折，鼓泡和翘边。松散材料保护层、涂料保护层应覆盖均匀、粘结牢固，块体保护层应铺砌平整，勾缝严密，并留设表面分格缝。

涂膜防水屋面防水层施工应平整均匀，厚度应符合设计要求，不得有裂纹、脱皮、流淌鼓泡、露胎体和皱皮等缺陷。保护层应覆盖严密，不得露底。密封部位应平直、光滑。

刚性防水屋面工程施工，要求表面平整度，每米不得超过 5mm，可用 2m 直尺检查测定。防水层内钢筋位置应处于中部偏上，厚度符合设计要求，分格缝位置正确，平直，用密封材料嵌缝严密，粘结牢固。

屋面不得有渗漏和积水，可采用雨水淋水检查，特种屋面应采用 24h 蓄水检查。

2) 地下防水工程施工质量

地下防水工程防水层施工应满铺不断，接缝严密；各层之间应紧密结合；管道、电缆等穿过防水层处应封严；变形缝的止水带不应折裂、脱焊或脱胶，并用填缝材料严密封填缝隙，对防水材料应严格检测；特殊部位和关键工序应严格把关。

（八）装饰工程

建筑的装饰工程内容包括：建筑物的内外抹灰工程、饰面安装工程、轻质隔墙的墙面和顶棚罩面工程、油漆涂料工程、刷浆工程、裱糊和玻璃工程以及用于装饰工程的新型固结技术等。

1. 抹灰工程施工工艺

抹灰工程按面层不同分为一般抹灰和装饰抹灰。

一般抹灰的面层材料有石灰砂浆、水泥砂浆、混合砂浆、聚合物水泥砂浆、膨胀珍珠岩水泥砂浆、麻刀灰、石膏灰等。装饰抹灰的底层和中层与一般抹灰做法基本相同，区别主要反映在面层。

（1）一般抹灰工程

抹灰一般分为三层，即底层、中层和面层。

底层主要是起与基层粘结的作用；中层抹灰起找平作用；面层起装饰作用。

① 内墙面抹灰施工

A. 操作流程

基层处理→浇水湿润基层→找规矩、做灰饼→设置标筋→阳角做护角→抹底灰、中灰→抹窗台板、墙裙或踢脚板→抹面灰→清理。

B. 施工要点

a. 找规矩、做灰饼、做标筋；

b. 做护角；

c. 抹窗台、墙裙（或踢脚板）；

d. 抹底灰、中灰；

e. 抹面灰。

待中灰干到6～7成后，即可抹面灰。若中灰过干，应浇水湿润。

C. 内墙抹灰常见做法与施工要点

内墙抹灰常见做法见表2-23、表2-24、表2-25。

石灰砂浆抹灰 表2-23

基层材料	分层做法	施工要点
普通砖墙	①1:1石灰砂浆抹底层 ②1:1石灰砂浆抹中层 ③纸筋、麻刀灰罩面	①底层先由上往下抹遍，接着抹第二遍，由下往上刮平，用木抹子搓平； ②在中层5～6成干时抹罩面，用铁抹子先竖着刮一遍，再横抹找平，最后压一遍。
加气混凝土墙	①1:1石灰砂浆抹底层 ②1:1石灰砂浆抹中层 ③刮石灰膏	墙面浇水湿润，刷一道108胶：水＝1:4的溶液，随后抹灰

水泥混合砂浆抹灰 表2-24

基层材料	分层做法	施工要点
普通砖墙	①1:1:6水泥石灰砂浆抹底层 ②1:1:6水泥石灰砂浆抹中层 ③刮石灰膏或大白腻子	①中层石灰砂浆用抹子搓平后，再用铁抹子压光； ②刮石灰膏或大白腻子，要求平整； ③待前层灰膏凝结后，再刮面层。
做油漆墙面	①1:3:1水泥石灰砂浆抹底层 ②1:3:1水泥石灰砂浆抹中层 ③1:3:1水泥石灰砂浆罩面	均同石灰砂浆 （若是混凝土基层，应先刮一层薄水泥浆后随即抹灰）

水泥砂浆抹灰 表2-25

基层材料	分层做法	施工要点
普通砖墙	①1:1水泥砂浆底层 ②1:1水泥砂浆抹中层 ③1:2.5或1:1水泥砂浆罩面	待前层灰膏凝结后，再刮第二层
混凝土墙	①1:1水泥砂浆抹底层 ②1:1水泥砂浆抹中层 ③1:2.5或1:2水泥砂浆罩面	均同石灰砂浆 （若是混凝土基层，应先刮一层薄水泥浆后随即抹灰）

② 外墙抹灰施工

A. 工艺流程

基层处理→浇水湿润基层→找规矩、做灰饼、冲筋→抹底灰和中灰→弹分格线、嵌分格条→抹面灰→起分格条→养护。

B. 外墙一般抹灰饰面做法

外墙的抹灰层要求有一定的防水性能其做法有抹混合砂浆和抹水泥砂浆。

C. 施工要点

外墙抹灰应先上部，后下部，先檐口，再墙面。高层建筑，应按一定层数划分一个施工段，垂直方向控制用经纬仪来代替垂线，水平方向拉通线。大面积的外墙可分片同时施工，如一次抹不完，可在阴阳交接处或分格线处间断施工。

（2）装饰抹灰

装饰抹灰与一般抹灰的主要操作程序和工艺基本相同，主要区别在于装饰面层的不同，即装饰抹灰对材料的基本要求、主要机具的准备、施工现场的要求以及工艺流程与一般抹灰相同，其面层根据材料及施工方法的不同而具不同的形式。

装饰抹灰工程，主要包括拉毛灰、搓毛灰、弹涂、滚涂、水刷石、斩假石、干粘石、水磨石等。

这里主要介绍斩假石的施工：

斩假石又称剁斧石。是在水泥砂浆基层上，涂抹水泥石碴浆，待硬化后，用剁斧、齿斧和各种凿子等工具剁成有规律的石纹，类似天然花岗岩。斩假石装饰效果好，常用于外墙面、勒脚、室外台阶等。

1) 分层做法

斩假石在不同基体上的分层做法，与水刷石基本相同。区别是斩假石中层抹灰应用 1∶2 水泥砂浆，面层使用 1∶1.25 的水泥石碴（内掺 30% 石屑）浆，厚度为 10～11mm。

2) 操作方法

① 面层抹灰

面层砂浆一般用 2mm 的白色米粒石内掺 30% 粒径为 0.15～1mm 的石屑。材料应统一配料，干拌均匀备用。

罩面时一般分两次进行。面层完成后不能受烈日暴晒，应进行养护。常温下养护 2～3d，其强度应控制在 5MPa，即水泥强度还不大，以剁得动而石粒又剁不掉的程度为宜。

② 面层斩剁

面层在斩剁时，应先进行试斩，以石碴不脱落为准。一般棱角及分格缝周边留 15～20mm 不剁。

③ 斩剁方法

斩剁应由上到下、由左到右进行，先剁转角和四周边缘，后剁中间墙面。转角和四周剁水平纹，中间剁垂直纹。

2. 门窗工程施工工艺

门窗工程按制作材料不同分为四大类：木门窗、金属门窗（铝合金门窗和钢门窗）、塑料门窗和特种门窗。门窗工程按施工方式不同可分为两类：一类是由工厂预先加工拼装成型，在现场安装；另一类是在现场根据设计要求加工制作即时安装。其工艺流程为：

弹线找规矩→决定门窗框安装位置→决定安装标高→掩扇、门框安装样板→窗框、窗扇安装→门框安装→门扇安装

(1) 木制门窗安装工艺

1) 安装方法

门窗的安装有立口法（先立门窗框）和塞口法（后立门窗框）两种。

2) 施工工艺要点

① 结构工程经过监督站验收达到合格后，即可进行门窗安装施工。

② 依据室内50cm高的水平线检查门窗框安装的标高尺寸，对不符合要求的结构边棱进行处理。

③ 室内外门框应根据图纸位置和标高安装，为保证安装的牢固，应提前检查预埋木砖数量是否满足规范要求。

④ 木门框安装应在地面工程和墙面抹灰施工以前完成。

⑤ 采用预埋带木砖或采用其他连接方法的，应符合设计要求。

⑥ 弹线安装门窗框扇时，应考虑抹灰层厚度，并根据门窗尺寸、标高、位置及开启方向，在墙上画出安装位置线。有贴脸的门窗立框时，应与抹灰面齐平；

⑦ 若隔墙为加气混凝土条板时，应按要求预埋木橛，待其凝固后，再安装门窗框。

(2) 金属门窗安装工艺

建筑中的金属门窗主要有铝合金门窗、钢门窗和涂色钢板门窗三大类。下面主要介绍铝合金门窗安装工艺。

① 工艺流程

弹线找规矩→门、窗洞口处理→安装连接件的检查→外观检查→按要求运至安装地点→框安装、保护→框四周嵌缝→门扇安装→清理

铝合金门窗是用经过表面处理的型材，通过选材、下料、打孔、铣槽、攻丝和制框、扇等加工过程而制成的门窗框料构件，再与连接件、密封件和五金配件一起组装而成。

② 安装方法

铝合金门窗安装一般采用塞口安装法施工。

③ 安装要点

A. 弹线

铝合金门、窗框一般是用后塞口方法安装。在结构施工期间，应根据设计将洞口尺寸留出。门窗框加工的尺寸应比洞口尺寸略小，门窗框与结构之间的间隙，应视不同的饰面材料而定。抹灰面一般为20mm；大理石、花岗石等板材，厚度一般为50mm。以饰面层与门窗框边缘正好吻合为准，不可让饰面层盖住门窗框。

B. 门窗框就位和固定

按弹线确定的位置将门窗框就位，先用木楔临时固定，待检查立面垂直、左右间隙、上下位置等符合要求后，用射钉将铝合金门窗框上的铁脚与结构固定。

C. 填缝

铝合金门窗安装固定后，应按设计要求及时处理窗框与墙体缝隙。若设计未规定具体堵塞材料时，应采用矿棉或玻璃棉毡分层填塞缝隙，外表面留5～8mm深槽口，槽内填嵌缝油膏或在门窗两侧作防腐处理后填1∶2水泥砂浆。

D. 门、窗扇安装

门窗扇的安装，需在土建施工基本完成后进行，框装上扇后应保证框扇的立面在同一平面内，窗扇就位准确，启闭灵活。平开窗的窗扇安装前应先固定窗，然后再将窗扇与窗铰固定在一起；推拉式门窗扇，应先装室内侧门窗扇，后装室外侧门窗扇；固定扇应装在室外侧，并固定牢固，确保使用安全。

(3) 塑料门窗安装工艺

塑料门窗及其附件应符合国家标准，按设计选用。塑料门窗不得有开焊、断裂等损坏现象。塑料门窗进场后应存放在有靠架的室内并与热源隔开，以免受热变形。

1) 工艺流程

弹线找规矩→门窗洞口处理→洞口预埋连接件的检查与核查→塑料门窗外观质量检查→按图纸编号要求运至安装地点→塑料门窗就位安装→门窗四周嵌缝、填保温材料→安装五金配件→质量检验→清理→成品保护

2) 施工工艺要点

安装方法为塞口施工方法。其施工要点为：

① 检查门窗洞口尺寸是否比门窗框尺寸大30mm，否则应先行剔凿处理；

② 按图纸尺寸放好门窗框安装位置线及立口的标高控制线；

③ 安装门窗框上的铁脚；

④ 安装门窗框，并按线就位找好垂直度及标高，并牢固固定；

⑤ 嵌缝。门窗框与墙体的缝隙应要求填实密封；

⑥ 门窗附件安装；

⑦ 安装后注意成品保护，防污染，防电焊火花烧伤及机械损坏面层。

3. 吊顶和隔墙工程施工工艺

(1) 吊顶工程

吊顶是采用悬吊方式将装饰顶棚支承于屋顶或楼板下面。

1) 工艺流程

弹顶棚标高水平线→划分龙骨分档线→安装管线设施→安装大龙骨→安装小龙骨→防火处理→安装罩面板轴→安装压条

2) 吊顶施工工艺要点

吊顶的构造组成。吊顶主要由支承、基层和面层三个部分组成。

① 木质吊顶施工

A. 施工准备

施工准备包括：弹标高水平线、划龙骨分档线、顶棚内管线设施安装，应按顶棚的标高控制，安装完毕后需打压试验和隐蔽验收等。

B. 龙骨安装

龙骨安装包括主龙骨和小龙骨的安装。

一般而言，大龙骨固定应按设计标高起拱；设计无要求时，起拱一般为房间跨度的1/300~1/200。

主龙骨与屋顶结构或楼板结构连接主要有三种方式：用屋面结构或楼板内预埋铁件固定吊杆；用射钉将角铁等固定于楼底面固定吊杆；用金属膨胀螺栓固定铁件再与吊杆

连接。

C. 安装罩面板

木骨架底面安装顶棚罩面板,一般采用固定方式。常用方式有圆钉钉固法、木螺丝拧固法、胶结粘固法等三种。

a. 圆钉钉固法:这种方法多用于胶合板、纤维板的罩面板安装。

b. 木螺丝固定法:这种方法多用于塑料板、石膏板、石棉板。

c. 胶结粘固法:这种方法多用于钙塑板。每间顶棚先由中间行开始,然后向两侧分行逐块粘贴。

D. 安装压条

木骨架罩面板顶棚,设计要求采用压条作法时,待一间罩面板全部安装后,先进行压条位置弹线,按线进行压条安装。其固定方法,一般同罩面板,钉固间距为300mm,也可采用胶结料粘结。

② 轻金属龙骨吊顶施工

轻金属龙骨按材料分为轻钢龙骨和铝合金龙骨。下面着重介绍轻钢龙骨装配式吊顶施工。

利用薄壁镀锌钢板带经机械冲压而成的轻钢龙骨即为吊顶的骨架型材。轻钢吊顶龙骨有U型和T型两种。

U型上人轻钢龙骨安装方法如图2-69所示。

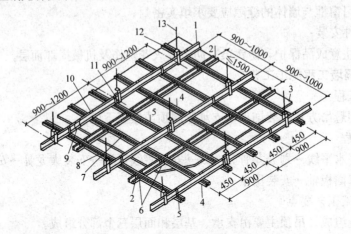

图 2-69 U 型龙骨吊顶示意图
1—BD 大龙内;2—UZ 横撑龙骨;3—吊顶板;4—UZ 龙骨;5—UX 龙骨;6—UZ$_3$ 支托连接;
7—UZ$_2$ 连接件;8—UX$_2$ 连接件;9—BD$_2$ 连接件;10—UX$_1$ 吊挂;
11—UX$_2$ 吊件;12—BD$_1$ 吊件;13—UX$_3$ 吊杆 $\phi 8 \sim \phi 10$

A. 施工准备

a. 弹顶棚标高水平线:根据楼层标高水平线,用尺竖向量至顶棚设计标高,沿墙、往四周弹顶棚标高水平线。

b. 划龙骨分档线:按设计要求的主、次龙骨间距布置,在已弹好的顶棚标高水平线上划龙骨分档线。

c. 安装主龙骨吊杆:弹好顶棚标高水平线及龙骨分档位置线后,确定吊杆下端头的标高，按主龙骨位置及吊挂间距，将吊杆无螺栓丝扣的一端与楼板预埋钢筋连接固定。未预埋钢筋时可用膨胀螺栓。

B. 龙骨安装

a. 安装主龙骨

(a) 配装吊杆螺母。

(b) 在主龙骨上安装吊挂件。

(c) 安装主龙骨：将组装好吊挂件的主龙骨，按分档线位置使吊挂件穿入相应的吊杆，拧好螺母。

(d) 主龙骨相接处装好连接件，拉线调整标高、起拱和平直。

(e) 安装洞口附加主龙骨，按图集相应节点构造，设置连接卡固件。

(f) 采用射钉，钉固边龙骨。设计无要求时，射钉间距为1000mm。

b. 安装次龙骨

(a) 按已弹好的次龙骨分档线，卡放次龙骨吊挂件。

(b) 吊挂次龙骨：按设计规定的次龙骨间距，将次龙骨通过吊挂件吊挂在大龙骨上，设计无要求时，一般间距为500～600mm。

(c) 当次龙骨长度需多根延续接长时，用次龙骨连接件，在吊挂次龙骨的同时相接，调直固定。

(d) 当采用T型龙骨组成轻钢骨架时，次龙骨的卡档龙骨应在安装罩面板时，每装一块罩面板先后各装一根卡档次龙骨。

C. 安装罩面板

罩面板与轻钢骨架固定的方式分为：罩面板自攻螺钉钉固法、罩面板胶结粘固法，罩面板托卡固定法三种。

D. 安装压条与防锈

罩面板顶棚如设计要求有压条，应按拉缝均匀，对缝平整的原则进行压条安装。其固定方法宜用自攻螺钉，螺钉间距为300mm；也可用胶结料粘贴。

轻钢骨架罩面板顶棚的碳钢焊接处在各工序安装前应刷防锈漆。

铝合金龙骨装配式吊顶施工：铝合金吊顶龙骨的安装方法与轻钢龙骨吊顶基本相同。

(2) 顶棚装饰

1) 顶棚装饰的安装方法

顶棚装饰即龙骨和挂件安装完毕后，进行的装饰面板的安装，方法有：搁置法、嵌入法、粘贴法、钉固法、卡固法等。

2) 常见饰面板的安装

铝合金龙骨吊顶与轻钢龙骨吊顶饰面板安装方法基本相同。

① 石膏饰面板的安装可采用钉固法、粘贴法和暗式企口胶接法。

② 钙塑泡沫板的主要安装方法有钉固和粘贴两种。

③ 胶合板、纤维板安装应用钉固法。

④ 矿棉板安装的方法主要有搁置法、钉固法和粘贴法。

⑤ 金属饰面板主要有金属条板、金属方板和金属格栅。

板材安装方法有卡固法和钉固法。卡固法要求龙骨形式与条板配套；钉固法采用螺钉固定时，后安装的板块压住前安装的板块，将螺钉遮盖，拼缝严密。

方形板可用搁置法和钉固法，也可用铜丝绑扎固定。

格栅安装方法有两种，一种是将单体构件先用卡具连成整体，然后通过钢管与吊杆相连接；另一种是用带卡口的吊管将单体物体卡住，然后将吊管用吊杆悬吊。

金属板吊顶与四周墙面空隙，应用同材质的金属压缝条找齐。

(3) 轻质隔墙工程

1) 轻钢龙骨纸面石膏板隔墙施工

① 轻钢龙骨的构造

用于隔墙的轻钢龙骨有 C_{50}、C_{75}、C_{100} 三种系列，各系列轻钢龙骨由沿顶沿地龙骨、竖向龙骨、加强龙骨和横撑龙骨以及配件组成（图 2-70）。

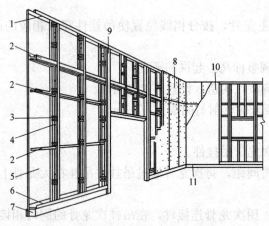

图 2-70 轻钢龙骨纸面石膏板隔墙
1—沿顶龙骨；2—横撑龙骨；3—支撑卡；4—贯通孔；5—石膏板；6—沿地龙骨；7—混凝土踢脚座；8—石膏板；9—加强龙骨；10—塑料壁纸；11—踢脚板

② 轻钢龙骨墙体的施工操作工序

弹线→固定沿地、沿顶和沿墙龙骨→龙骨架装配及校正→石膏板固定→饰面处理。

A. 弹线。根据设计要求确定隔墙的位置、隔墙门窗的位置，包括地面位置、墙面位置、高度位置以及隔墙的宽度。并在地面和墙面上弹出隔墙的宽度线和中心线，按所需龙骨的长度尺寸，对龙骨进行划线配料。按先配长料，后配短料的原则进行。

B. 固定沿地、沿顶龙骨。沿地、沿顶龙骨固定前，将固定点与竖向龙骨位置错开，用膨胀螺栓和打木楔钉、铁钉与结构固定，或直接与结构预埋件连接。

C. 骨架连接。按设计要求和板材尺寸，进行骨架分格设置，然后将预选切裁好的竖向龙骨装入沿地、沿顶龙骨内，校正其垂直度后，将竖向龙骨与沿地、沿顶龙骨固定起来。固定方法用点焊将两者焊牢，或者用连接件与自攻螺钉固定。

D. 石膏板固定。固定石膏板用平头自攻螺钉，螺钉间距 200mm 左右。螺钉要沉入板材平面 2～3mm。石膏板之间采用腻子嵌缝。接缝分为明缝和暗缝两种做法。

E. 饰面。待嵌缝腻子完全干燥后，即可在石膏板隔墙表面裱糊墙纸、织物或进行涂料施工。

2) 铝合金隔墙施工技术

铝合金隔墙是用铝合金型材组成框架，再配以玻璃等其他材料装配而成。

其主要施工工序为：弹线→下料→组装框架→安装玻璃。

a. 弹线。根据设计要求确定隔墙在室内的具体位置、墙高、竖向型材的间隔位置等。

b. 划线。在平整干净的平台上，用钢尺和钢划针对型材划线，要求长度误差±0.5mm，同时不要碰伤型材表面。沿顶、沿地型材要划出与竖向型材的各连接位置线及连接部位的宽度。

c. 铝合金隔墙的安装。铝合金型材相互连接主要用铝角和自攻螺钉，它与地面、墙面的连接，则主要用铁脚固定法。

d. 玻璃安装。先按框洞尺寸缩小 3～5mm 裁好玻璃，将玻璃就位后，用与型材同色的铝合金槽条，在玻璃两侧夹定，校正后将槽条用自攻螺钉与型材固定。安装活动窗口上的玻璃，应与制作铝合金活动窗口同时安装。

4. 饰面工程施工工艺

饰面工程是指把块料面层镶贴（或安装）在墙柱表面以形成装饰层。块料面层的种类基本可分为饰面砖和饰面板两大类。

(1) 建筑墙面石材装饰施工

用于饰面的石材有大理石、花岗石、青石、人造石及预制水磨石板等。饰面的安装工艺主要有"镶、贴、挂"三种。石材饰面的施工部位常为墙面、柱面、地面、楼梯等的表面。安装时，一般来说小规格的饰面石材采用粘贴的方法；大规格的饰面板一般采用挂贴法和干挂法安装。

1) 湿法铺贴工艺

湿法铺贴工艺是传统的铺贴方法，即在竖向基体上预挂钢筋网（图 2-71），用铜丝或镀锌钢丝绑扎板材并灌水泥砂浆粘牢。

这种方法的优点是牢固可靠，缺点是工序繁琐，卡箍多样，板材上钻孔易损坏，特别是灌注砂浆易污染板面和使板材移位。

采用湿法铺贴工艺，墙体应设置锚固体。

2) 干法铺贴工艺

干法铺贴工艺，通常称为干挂法施工，即在饰面板材上直接打孔或开槽，用各种形式的连接件与结构基体用膨胀螺栓或其他架设金属连接而不需要灌注砂浆或细石混凝土。饰面板与墙体之间留出 40～50mm 的空隙。这种方法适用于 30m 以下的钢筋混凝土结构基体上，不适用于砖墙和加气混凝土墙。干法铺贴工艺主要采用扣件固定法。

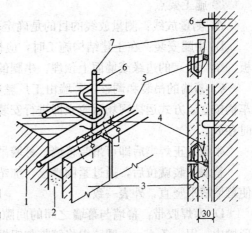

图 2-71 饰面板钢筋网片固定及安装方法
1—墙体；2—水泥砂浆；3—大理石板；
4—铜丝；5—横筋；6—铁环；7—立筋

扣件固定法的安装施工步骤如下：

板材切割→磨边→钻孔开槽→涂防水剂→墙面修整→弹线→墙面涂刷防水剂→板材安装→板材固定→板材接缝的防水处理等施工步骤。

安装板块的顺序是自下而上进行。板材安装要求四角平整，纵横对缝。

(2) 内墙瓷砖粘贴施工

釉面砖的排列方法有"对缝排列"和"错缝排列"两种。

镶贴墙面时应先贴大面，后贴阴阳角、凹槽等难度较大、耗工较多的部位。

(3) 外墙釉面砖镶贴

外墙釉面砖镶贴由底层灰、中层灰、结合层及面层组成。

面砖宜竖向镶贴；一般应对缝排列，接缝宜采用离缝，缝宽不大于 10mm；不宜采用错缝排列。

1) 镶贴顺序应自下而上分层分段进行。
2) 在同一墙面应用同一品种、同一色彩、同一批号的面砖,并注意花纹倒顺。

(4) 建筑幕墙的安装工艺

玻璃幕墙主要部分由饰面玻璃和固定玻璃的骨架组成。其主要特点是:建筑艺术效果好,自重轻,施工方便,工期短。不足之处表现为造价高,抗风、抗震性能较弱,能耗较大,对周围环境可能形成光污染。

1) 单元式玻璃幕墙的安装工艺

① 工艺流程

测量放线→检查预埋 T 型槽位置→穿入螺钉→固定牛腿→牛腿找正→牛腿精确找正→焊接牛腿→将 V 形和 W 形胶带大致挂好→起吊幕墙并垫减震胶垫→紧固螺丝→调整幕墙平直→塞入和热压接防风带→安装室内窗台板、内扣板→填塞与梁、柱间的防火、保温材料

② 施工要点

A. 测量放线:测量放线的目的是确定幕墙安装的准确位置。

B. 牛腿安装:在土建结构施工时,应按设计要求将固定牛腿锁件的 T 形槽在每层楼板(梁、柱)的边缘或墙面上预埋。牛腿的找正和幕墙安装要采取"四四法"。

C. 幕墙的吊装和调整:幕墙由工厂整榀组装后,经质检人员检验合格后,采用专用车辆按立运方式运往现场后应立即进行安装就位。否则,应存放箱中或用脚手架木支搭临时存放。

牛腿找正焊牢后即可吊装幕墙,幕墙吊装应由下逐层向上运行。

幕墙吊装就位后,通过紧固螺栓、加垫等方法进行水平、垂直、横向三个方向调整,使幕墙横平竖直,外表一致。

D. 塞焊胶带:幕墙与幕墙之间的间隙,用 V 形和 W 形橡胶带封闭,胶带两侧的圆形槽内,用一条 $\phi 6mm$ 圆胶棍将胶带与铝框固定。如胶带遇有垂直和水平接口时,可用专用热压胶带电炉将胶带加热后压为一体。

E. 填塞保温、防火材料。

2) 构件式玻璃幕墙的安装工艺

① 明框玻璃幕墙安装工艺

A. 工艺流程

检验、分类堆放幕墙部件→测量放线→横梁、立柱装配→楼层紧固件安装→安装立柱并抄平、调整→安装横梁→安装保温镀锌钢板→在镀锌钢板上焊铆螺钉→安装层间保温矿棉→安装楼层封闭镀锌板→安装单层玻璃窗密封条→安装单层玻璃→安装双层中空玻璃密封条、卡→安装双层中空玻璃→安装侧压力板→镶嵌密封条→安装玻璃幕墙铝盖条→清扫→验收、收工

B. 施工要点

a. 测量放线:立柱由于主体结构锚固,所以位置必须准确,横梁以立柱为依托,在立柱布置完毕后再安装,所以对横梁的弹线可推后进行。

放线结束,必须建立自检、互检与专业人员复验制度,确保万无一失。

预埋件位置的偏差与单元式安装相同。

b. 装配铝合金主、次龙骨（立柱、横梁）：这项工作可在室内进行。主要是装配好竖向主龙骨紧固件之间的连接件、横向次龙骨的连接件、安装镀锌钢板、主龙骨之间接头的内套管、外套管以及防水胶等。装配好横向次龙骨与主龙骨连接的配件及密封橡胶、垫等。

c. 安装主、次龙骨（立柱、横梁）：一种是将骨架立柱型钢连接件与预埋铁件依弹线位置焊牢；另一种是将立柱型钢连接件与主体结构上的膨胀螺栓锚固等两种固定办法。

d. 玻璃幕墙其他主要附件安装：有热工要求的幕墙，保温部分宜从内向外安装；固定防火保温材料应锚钉牢固，防火保温层应平整，拼接处不应留缝隙；冷凝水排出管及附件应与水平构件预留孔连接严密；其他通气留槽孔及雨水排出口等应按设计施工，不得遗漏。

e. 玻璃安装：幕墙玻璃的安装，由于骨架结构不同的类型，玻璃固定方法也有差异。横梁装配玻璃与立柱在构造上不同，横梁支承玻璃的部分呈倾斜，要排除因密封不严流入凹槽内的雨水，外侧须用一条盖板封住。

② 隐框玻璃幕墙安装工艺

A. 施工顺序

测量放线→固定支座的安装→立柱、横杆的安装→外围护结构组件的安装→外围护结构组件间的密封及周边收口处理→防火隔层的处理→清洁及其他

其中外围护结构组件的安装及其间的密封，与明框玻璃幕墙不同。

B. 施工要点

a. 外围护结构组件的安装：在立柱和横杆安装完毕后，就开始安装外围护结构组件。在安装前，要对外围护结构件进行认真的检查，其结构胶固化后的尺寸要符合设计要求，同时要求胶缝饱满平整，连续光滑，玻璃表面不应有超标准的损伤及脏物。

外围护结构件的安装主要有两种形式，一为外压板固定式；二为内勾块固定式。

b. 外围护结构组件调整、安装固定后，开始逐层实施组件间的密封工序首先检查衬垫材料的尺寸是否符合设计要求。衬垫材料多为闭孔的聚乙烯发泡体。

放置衬垫时，要注意衬垫放置位置的正确。过深或过浅都影响工程的质量。

3) 点支承玻璃幕墙的安装工艺

① 钢结构的安装

A. 安装前，应根据甲方提供的基础验收资料复核各项数据，并标注在检测资料上。预埋件、支座面和地脚螺栓的位置、标高的尺寸偏差应符合相关的技术规定及验收规范，钢柱脚下的支承预埋件应符合设计要求，需填垫钢板时，每叠不得多于3块。

B. 钢结构的复核定位应使用轴线控制点和测量的标高基准点，保证幕墙主要竖向构件及主要横向构件的尺寸允许偏差符合有关规范及行业标准。

C. 构件安装时，对容易变形的构件应作强度和稳定性验算，必要时采取加固措施，安装后，构件应具有足够的强度和刚度。

D. 确定几何位置的主要构件，如柱、桁架等应吊装在设计位置上，在松开吊挂设备后应做初步校正，构件的连接接头必须经过检查合格后，方可紧固和焊接。

E. 对焊缝要进行打磨，消除棱角和夹角，达到光滑过渡。钢结构表面应根据设计要求喷涂防锈、防火漆，或加以其他表面处理。

F. 对于拉杆及拉索结构体系，应保证支承杆位置的准确，一般允许偏差在±1mm，紧固拉杆（索）或调整尺寸偏差时，宜采用先左后右，由上至下的顺序，逐步固定支承杆位置，以单元控制的方法调整校核，消除尺寸偏差，避免误差积累。

G. 支承钢爪安装：支承钢爪安装时，要保证安装位置偏差在±1mm内，支承钢爪在玻璃质量作用下，支承钢系统会有位移，可用以下两种方法进行调整：

如果位移量较小，可以通过驳接件自行适应，则要考虑支承杆有一个适当的位移能力。

如果位移量大，可在结构上加上等同于玻璃质量的预加载荷，待钢结构位移后再逐渐安装玻璃。

支承钢爪的支承点宜设置球铰，支承点的连接方式不应阻碍面板的弯曲变形。

② 拉索及支撑杆的安装

A. 拉索和支撑杆的安装过程中要掌握好施工顺序，安装必须按"先上后下，先竖后横"的原则进行安装。

竖向拉索的安装：根据图纸给定的拉索长度尺寸加1～3mm从顶部结构开始挂索呈自由状态，待全部竖向按索安装结束后进行调整，调整顺序也是先上后下，按尺寸控制单元逐层将支撑杆调整到位。

横向拉索的安装：待竖向拉索安装调整到位后连接横向拉索，横向拉索在安装前应先按图纸给定的长度尺寸加长1～3mm呈自由状态，先上后下按单元逐层安装，待全部安装结束后调整到位。

B. 支撑杆的定位、调整：在支撑杆的安装过程中必须对杆件的安装定位几何尺寸进行校核，前后索长度尺寸严格按图纸尺寸调整，保证支撑连接杆与玻璃平面的垂直度。

C. 拉索的预应力设定与检测：用于固定支撑杆的横向和竖向拉索在安装和调整过程中必须提前设置合理的内应力值，才能保证在玻璃安装后受自重荷载的作用下结构变形在允许的范围内。

D. 配重检测：由于幕墙玻璃的自重荷载的所受力的其他荷载都是通过支撑杆传递到支承结构上的，为确保结构安装后在玻璃安装时拉杆系统的变形在允许范围内，必须对支撑杆上进行配重检测。

③ 玻璃的安装

A. 检查校对钢结构的垂直度、标高、横梁的高度和水平度等是否符合设计要求。

B. 用钢刷局部清洁钢槽表面及底泥土，灰尘等杂物。

C. 清洁玻璃及吸盘上的灰尘，并根据玻璃质量及吸盘规格确定吸盘个数。

D. 检查支承钢爪的安装位置是否准确。

E. 现场安装玻璃时，应先将支承头与玻璃在安装平台上装配好，然后再与支承钢爪进行安装，确保支承处的气密性和水密性。

F. 现场组装后，应调上下左右的位置，保证玻璃水平偏差在允许范围内。

G. 玻璃全部调整好后，应进行整体里面平整度的检查，确认无误后，方能打胶密封。

5. 地面工程施工工艺

（1）整体面层地面施工

1）水泥砂浆地面

水泥砂浆地面面层的厚度应不小于20mm，一般用硅酸盐水泥、普通硅酸盐水泥，水泥强度不低于32.5级，用中砂或粗砂配制，配合比为1∶2～1∶2.5（体积比）。

面层施工前，先按设计要求测定地坪面层标高，校正门框，将垫层清扫干净洒水湿润，表面比较光滑的基层，应进行凿毛，并用清水冲洗干净。铺抹砂浆前，应在四周墙上弹出一道水平基准线，作为确定水泥砂浆面层标高的依据。面积较大的房间，应根据水平基准线在四周墙角处每隔1.5～2m用1∶2水泥砂浆抹标志块，以标志块的高度做出纵横方向通长的标筋来控制面层厚度。

面层铺抹前，先刷一道含4％～5％的108胶素水泥浆，随即铺抹水泥砂浆，用刮尺赶平，并用木抹子压实，在砂浆初凝后终凝前，用铁抹子反复压光三遍。砂浆终凝后铺盖草袋、锯末等浇水养护。当施工大面积的水泥砂浆面层时，应按设计要求留分格缝，防止砂浆面层产生不规则裂缝。

水泥砂浆面层强度小于5MPa之前，不准上人行走或进行其他作业。

2) 细石混凝土地面

细石混凝土地面可以克服水泥砂浆地面干缩较大的弱点。这种地面强度高，干缩值小。与水泥砂浆面层相比，它的耐久性更好，但厚度较大，一般为30～40mm。混凝土强度等级不低于C20，所用粗骨料要求级配适当，粒径不大于15mm，且不大于面层厚度的2/3。用中砂或粗砂配制。

细石混凝土面层施工的基层处理和找规矩的方法与水泥砂浆面层施工相同。

铺细石混凝土时，应由里向门口方向进行铺设，按标志筋厚度刮平拍实后，稍待收水，即用钢抹子预压一遍，待进一步收水，即用铁滚筒滚压3～5遍或用表面振动器振捣密实，直到表面泛浆为止，然后进行抹平压光。细石混凝土面层与水泥砂浆基本相同，必须在水泥初凝前完成抹平工作，终凝前完成压光工作，要求其表面色泽一致，光滑无抹子印迹。

钢筋混凝土现浇楼板或强度等级不低于C15的混凝土垫层兼面层时，可用随捣随抹的方法施工，在混凝土楼地面浇捣完毕，表面略有吸水后即进行抹平压光。混凝土面层的压光和养护时间和方法与水泥砂浆面层同。

3) 现制水磨石地面

① 水磨石地面构造

水磨石地面构造如图2-72所示。

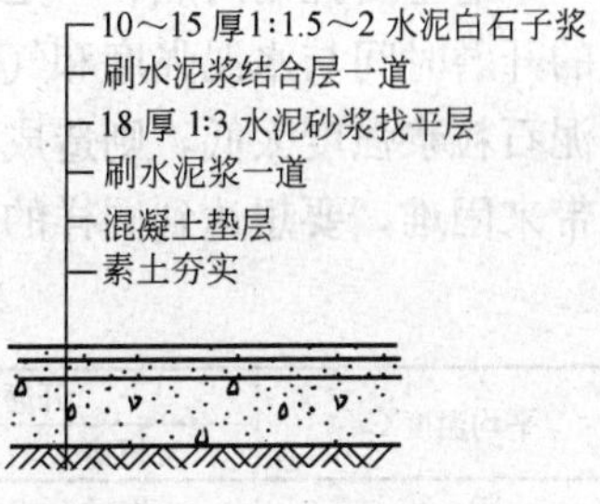

水磨石地面面层施工，一般是在完成顶棚、墙面等抹灰后进行。也可以在水磨石楼、地面磨光两遍后再进行顶棚、墙面抹灰，但对水磨石面层应采取保护措施。

② 水磨石地面施工工艺流程

基层清理→浇水冲洗湿润→设置标筋→铺水泥砂浆找平层→养护→嵌分格条→铺抹水泥石子浆→养护→研磨→打蜡抛光。

图2-72 水磨石地面构造层次

（10～15厚1∶1.5～2水泥白石子浆／刷水泥浆结合层一道／18厚1∶3水泥砂浆找平层／刷水泥浆一道／混凝土垫层／素土夯实）

水磨石面层所用的石子应用质地密实、磨面光亮，如硬度不大的大理石、白云石、方解石或质地较硬的花岗岩、玄武岩、辉绿岩等。石子应洁净无杂质，石子粒径一般为4～12mm；白色或浅色的水磨石面层，应采用白色硅酸盐水泥，深色的水磨石面层应采用普通硅酸盐水泥或矿渣硅酸盐水泥，其强度等级不低于32.5级，水泥中掺入的颜料应选用遮盖力强、耐光性、耐候性、耐水性和耐酸碱性好的矿物颜料。掺量不大于水泥用量的

12%为宜。

③ 施工要点

A. 基层处理：将混凝土基层上的浮灰、污物清理干净。

B. 抹底灰：抹底灰前地漏或安装管道处要临时堵塞。在基层清理好后，应刷以水灰比为0.4～0.5的水泥浆。并根据墙上水平基准线，纵横相隔1.5～2m，用1∶2水泥砂浆做出标志块，待标志块达到一定强度后，以标志块为高度做标筋，标筋宽度为8～10cm，待标筋砂浆凝结、硬化后，即可铺设底灰（其目的是找平）。然后用木抹子搓实，至少两遍。24h后洒水养护。其表面不用压光，要求平整、毛糙、无油渍。

C. 弹线、镶条：待底灰有一定强度后，方可进行弹线分格。先在底灰表面按设计要求弹上纵横垂直线或图案分格墨线，然后按墨线固定嵌条（铜条或玻璃条），并予以埋牢。

水磨石分格条的嵌固是一道很重要的工序，应特别注意水泥浆的粘嵌高度和水平方向的角度。

D. 罩面：分格条固定3d左右，待分格条稳定，便可抹面灰。

首先应清理找平层（底灰），对于浮灰渣或破碎分格条要清扫干净。为了面层砂浆与底灰粘结牢固，在抹面层前湿润找平层，然后再刷一道素水泥浆。抹面层宜自里向外，抹完一块，用铁抹子轻轻拍打，再将其抹平。最后用小靠尺搭在两侧分格条上，检查平整度与标高，最后用滚筒滚压。

如果局部超高，用铁抹子将多余部分挖掉，再将挖去的部分拍打抹平。用抹子拍打用力要适度，以面平和石粒稳定即可，面层抹灰宜比分格条高出1～2mm，待磨光后，面层与分格条能够保持一致。

E. 水磨：水磨的主要目的是将面层的水泥浆磨掉，将表面的石粒磨平。

水磨大面积施工宜用磨石机研磨，小面积、边角处，可用小型湿式磨光机研磨或手工研磨，研磨石磨盘下应边磨边加水，对磨下的石浆应及时清除。

水磨石面一般采用"二浆三磨"法，即整修研磨过程中磨光三遍，补浆二次。

水磨主要控制两点：一是控制好开磨时间（表2-26）；二是掌握好水磨的遍数。水磨石的开磨时间与水泥强度和气温高低有关，应先试磨，在石子不松动方可开磨。开磨早，水泥石粒浆强度太低，则造成石粒松动甚至脱落。开磨时间晚，水泥石粒浆强度高，给磨光带来困难，要想达到同样的效果，花费的时间相应地要长一些。

水磨石面层开磨参考时间表　　　　　　　表2-26

平均温度℃	开磨时间(d)		平均温度℃	开磨时间(d)	
	机磨	人工磨		机磨	人工磨
20～30	2～3	1～2	5～10	5～6	2～3
10～20	3～4	1.5～2.5			

F. 打蜡抛光：目的是使水磨石地面更光亮、光滑、美观。同时也因表面有一层薄蜡而易于保养与清洁。

打蜡前，为了使蜡液更好地同面层粘结，要对面层进行草酸擦洗。

打蜡常用办法：一是用棉纱蘸成品蜡向表面满擦一层，待干燥后，用磨石机扎上磨袋卷，磨擦几遍，直到光亮为止。另一种是将成品蜡抹在面层，用喷灯烤，使溶化的蜡液渗到孔隙内，然后再磨光。

打蜡后须进行养护。

(2) 板块面层铺设施工

块材地面是在基层上用水泥砂浆或水泥浆铺设块料面层（如水泥花砖、预制水磨石板、花岗石板、大理石板等）形成的楼地面。

1) 大理石板、花岗石板及预制水磨石板地面铺贴

① 板材浸水施工前应将板材（特别是预制水磨石板）浸水湿润。铺贴时，板材的底面以内潮外干为宜。

② 摊铺结合层先在基层或找平层上刷一遍掺有4‰～5‰108胶的素水泥浆，水灰比为0.4～0.5。随刷随铺水泥砂浆结合层，厚度10～15mm，每次铺2～3块板面积为宜，并对照拉线将砂浆刮平。

③ 正式铺贴时，要将板块四角同时着浆，四角平稳下落，对准纵横缝后，用木槌敲击中部使其密实、平整，准确就位。大理石、花岗石板缝不大于1mm，预制水磨石板不大于2mm。

④ 灌缝要求嵌铜条的地面板材铺贴，先将相邻两块板铺贴平整，留出嵌条缝隙，然后向缝内灌水泥砂浆，将铜条敲入缝隙内，使其外露部分略高于板面即可，然后擦净挤出的砂浆。

对于不设镶条的地面，应在铺完24小时后洒水养护，2天后进行灌缝，灌缝力求达到紧密。

⑤ 上蜡磨亮板块铺贴完工，待结合层砂浆强度达到60%～70%即可打蜡抛光，3天内禁止上人走动。

2) 陶瓷铺地砖与墙地砖面层施工

铺贴前应先将地砖浸水湿润后阴干备用，阴干时间一般3～5天，以地砖表面有潮湿感但手按无水迹为准。

① 铺结合层砂浆提前一天在楼地面基体表面浇水湿润后，铺1∶3水泥砂浆结合层。

② 弹线定位根据设计要求弹出标高线和平面中线，施工时用尼龙线或棉线在墙地面拉出标高线和垂直交叉的定位线。

③ 铺贴地砖，用1∶2水泥砂浆摊抹于地砖背面，按定位线的位置铺于地面结合层上，用木槌敲击地砖表面，使之与地面标高线吻合贴实，边贴边用水平尺检查平整度。

④ 擦缝整幅地面铺贴完成后，养护2天后进行擦缝，擦缝时用水泥（或白水泥）调成干团，在缝隙上擦抹，使地砖的拼缝内填满水泥，再将砖面擦净。

3) 木质地面施工

① 木质地面施工方法

木质地面施工通常有架铺和实铺两种。

架铺是在地面上先做出木搁栅，然后在木搁栅上铺贴基面板，最后在基面板上镶铺面层木地板。实铺是在建筑地面上直接拼铺木地板。

A. 一般架铺地板基层施工

一般架铺地板是在楼面上或已有水泥地坪的地面上进行。如图2-73所示。

B. 实铺木地板的基层要求

木地板直接铺贴在地面时，对地面的平整度要求较高，一般地面应采用防水水泥砂浆

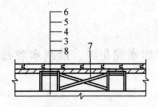

图 2-73 空铺双层企口
硬木地板构造
3—木搁栅；4—防腐剂；5—毛
地板；6—企口硬木地板；
7—剪刀撑；8—垫木

找平或在平整的水泥砂浆找平层上刷防潮层。

② 面层木地板铺设

木地板铺在基面或基层板上，铺设方法有钉接式和粘结式两种。

A. 钉接式

木地板面层有单层和双层两种。单层木地板面层是在木搁栅上直接钉直条企口板；双层木地板面层是在木搁栅架上先钉一层毛地板，再钉一层企口板。

双层板面层铺钉前应在毛板上先铺一层沥青油纸或油毡隔潮。

木板面层铺完后，清扫干净。先按垂直木纹方向粗刨一遍，再顺木纹方向细刨一遍，然后磨光，待室内装饰施工完毕后再进行油漆并上蜡。

B. 粘结式

粘结式木地板面层，多用实铺式，将加工好的硬木地板块材用粘结材料直接粘贴在楼地面基层上。

拼花木地板粘贴前，应根据设计图案和尺寸进行弹线。对于成块制作好的木地板块材，应按所弹施工线试铺，以检查其拼缝高低、平整度、对缝等。符合要求后进行编号，施工时按编号从房中间向四周铺贴。

铺贴时，人员随铺贴随往后退，要用力推紧、压平，并随即用砂袋等物压 6～24h。

地板粘贴后应自然养护，养护期内严禁上人走动。养护期满后，即可进行刮平、磨光、油漆和打蜡工作。

③ 木踢脚板的施工

木地板房间的四周墙脚处应设木踢脚板，踢脚板一般高 100～200mm，常用 150mm，厚 20～25mm。所用木板一般也应与木地板面层所用的材质品种相同。踢脚板应预先刨光，上口刨成线条。一般木踢脚板与地面转角处安装木压条或安装圆角成品木条，其构造做法如图 2-74 所示。

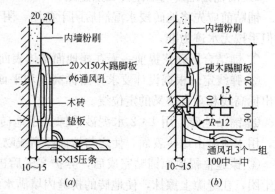

图 2-74 木踢脚板做法示意图
(a) 压条做法；(b) 圆角做法

6. 涂饰工程施工工艺

涂饰工程施工的基本工序有：基层处理、打底子、刮腻子、磨光、涂料等，根据质量要求的不同，涂料工程分为普通、中级和高级三个等级。涂料工程施工技术要点：

(1) 基层处理

混凝土和抹灰表面为：基层表面必须坚实平整，无酥板、脱层、起砂、粉化等现象，否则应铲除。

木材表面：应先将木材表面上的灰尘，污垢清除，并把木材表面的缝隙、毛刺等用腻子填补磨光。

金属表面：将灰尘、油渍、锈斑、焊渣、毛刺等清除干净。

(2) 涂料施工

涂料施工主要操作方法有：刷涂、滚涂、喷涂、刮涂、弹涂、抹涂等。

1) 刷涂。是人工用刷子蘸上涂料直接涂刷于被饰涂面。要求：不流、不挂、不皱、不漏、不露刷痕。刷涂一般不少于两道，应在前一道涂料表面干后再涂刷下一道。

2) 滚涂。是利用涂料辊子蘸上少量涂料，在基层表面上下垂直来回滚动施涂。阴角及上下口一般需先用排笔、鬃刷刷涂。滚涂是在底层上均匀地抹一层厚为2~3mm带色的聚合物水泥浆，随即用平面或刻有花纹的橡胶、泡沫塑料辊子在罩面层上直上直下施滚涂拉，并一次成活滚出所需花纹。

3) 喷涂。是一种利用压缩空气将涂料制成雾状（或粒状）喷出，涂于被饰涂面的机械施工方法。涂层一般两遍成活，横向喷涂一遍，竖向再涂一遍。两遍之间间隔时间由涂料品种及喷涂厚度而定，要求涂膜应厚薄均匀、颜色一致、平整光滑，不出现露底、皱纹、流挂、钉孔、气泡和失光现象。

4) 刮涂。是利用刮板，将涂料厚浆均匀地批刮于涂面上，形成厚度为1~2mm的厚涂层。这种施工方法多用于地面等较厚层涂料的施涂。

刮涂地面施工时，为了增加涂料的装饰效果，可用划刀或记号笔刻出席纹、仿木纹等各种图案。

5) 弹涂。弹涂时在基层上喷刷一遍掺有108胶的聚合物水泥色浆涂层，然后用弹涂器分几遍将不同色彩的聚合物水泥浆弹在已涂刷的涂层上，形成1~3mm大小的扁圆花点。通过不同颜色的组合和浆点所形成的质感，相互交错，有近似于干粘石的装饰效果；也有做成色光面、细麻面、小拉毛拍平等多种花色。

6) 抹涂。先在基层刷涂或滚涂1~2道底涂料，待其干燥后，使用不锈钢抹灰工具将饰面涂料抹到底层涂料上。一般抹1~2遍，间隔1小时后再用不锈钢抹子压平。涂抹厚度内墙为1.5~2mm，外墙2~3mm。

7. 装饰施工中的质量标准与检验方法

1) 抹灰工程的质量要求

① 主控项目（见表2-27）

一般抹灰工程主控项目　　　　　　　表2-27

项次	项　目	检验方法
1	抹灰前基层表面的尘土、污垢、油渍等应清除干净，并应洒水润湿	检查施工记录
2	一般抹灰所用材料的品种和性能应符合设计要求。水泥的凝结时间和安定性复验应合格。砂浆的配合比应符合设计要求	检查产品合格证书、进场验收记录、复验报告和施工记录
3	抹灰工程应分层进行。当抹灰总厚度大于或等于35mm时，应采取加强措施。不同材料基体交接处表面的抹灰，应采取防止开裂的加强措施，当采用加强网时，加强网与各基体的搭接宽度不应小于100mm	检查隐蔽工程验收记录和施工记录
4	抹灰层与基层之间及各抹灰层之间必须粘结牢固，抹灰层应无脱层、空鼓，面层应无爆灰和裂缝	观察；用小锤轻击检查，检查施工记录

② 一般项目

A. 一般抹灰工程的表面质量应符合下列规定：

a. 普通抹灰表面应光滑、洁净、接槎平整，分格缝应清晰。

b. 高级抹灰表面应光滑、洁净、颜色均匀、无抹纹，分格缝和灰线应清晰美观。

B. 护角、孔洞、槽、盒周围的抹灰表面应整齐、光滑；管道后面的抹灰表面应平整。

C. 抹灰层的总厚度应符合设计要求；水泥砂浆不得抹在石灰砂浆层上；罩面石膏灰不得抹在水泥砂浆层上。

D. 抹灰分格缝的设置应符合设计要求，宽度和深度应均匀，表面应光滑，棱角应整齐。

E. 有排水要求的部位应做滴水线（槽）。滴水线（槽）应整齐顺直，滴水线应内高外低，滴水槽的宽度和深度均不应小于10mm。

F. 一般抹灰工程质量的允许偏差和检验方法应符合表2-28的规定。

一般抹灰的允许偏差和检验方法 表2-28

项次	项目	允许偏差(mm)		检验方法
		普通抹灰	高级抹灰	
1	立面垂直度	4	3	用2m垂直检测尺检查
2	表面平整度	4	3	用2m靠尺和塞尺检查
3	阴阳角方正	4	3	用直角检测尺检查
4	分格条(缝)直线度	4	3	拉5m线，不足5m拉通线，用钢直尺检查
5	墙裙、勒脚上口直线度	4	3	拉5m线，不足5m拉通线，用钢直尺检查

2）饰面施工质量要求

① 主控项目（见表2-29）

饰面板主控项目 表2-29

项次	项目	检验方法
1	饰面板的品种、规格、颜色和性能应符合设计要求，木龙骨、木饰面板和塑料饰面板的燃烧性能等级应符合设计要求	观察；检查产品合格证书、进场验收记录和性能检测报告
2	饰面板孔、槽的数量、位置和尺寸应符合设计要求	检查进场验收记录和施工记录
3	饰面板安装工程的预埋件(或后置埋件)、连接件的数量、规格、位置、连接方法和防腐处理必须符合设计要求。后置埋件的现场拉拔强度必须符合设计要求。饰面板安装必须牢固	手扳检查；检查进场验收记录、现场拉拔检测报告、隐蔽工程验收记录和施工记录

② 一般项目（见表2-30）

饰面板一般项目 表2-30

项次	项目	检验方法
1	饰面板表面应平整、洁净、色泽一致，无裂痕和缺损。石材表面应无泛碱等污染	观察
2	饰面板嵌缝应密实、平直，宽度和深度应符合设计要求，嵌填材料色泽应一致	观察；尺量检查
3	采用湿作业法施工的饰面板工程，石材应进行防碱背涂处理。饰面板与基体之间的灌注材料应饱满、密实	用小锤轻击检查；检查施工记录
4	饰面板上的孔洞应套割吻合，边缘应整齐	观察

3）涂饰工程施工质量要求

涂料工程应待涂层完全干燥后，方可进行验收。验收时，应检查所用的材料品种、颜色应符合设计和选定的样品要求。

施涂薄涂料表面的质量，应符合表 2-31 的规定；施涂厚涂料表面的质量，应符合表 2-32 的规定；施涂复层涂料表面的质量，应符合表 2-33 的规定；施涂溶剂型混色涂料表面的质量，应符合表 2-34 的规定；施涂清漆涂料表面的质量，应符合表 2-35 的规定。

薄涂料表面的质量要求 表 2-31

项次	项 目	普通级薄涂料	中级薄涂料	高级薄涂料
1	掉粉、起皮	不允许	不允许	不允许
2	漏刷、透底	不允许	不允许	不允许
3	反碱、咬色	允许少量	允许轻微少量	不允许
4	流坠、疙瘩	允许少量	允许轻微少量	不允许
5	颜色、刷纹	颜色一致	颜色一致,允许有轻微少量砂眼,刷纹通顺	颜色一致,无砂眼,无刷纹
6	装饰线、分色线平直（拉 5m 线检查，不足 5m 拉通线检查）	偏差不大于 3mm	偏差不大于 2mm	偏差不大于 1mm
7	门窗、灯具等		洁净	洁净

厚涂料表面质量要求 表 2-32

项次	项 目	普通级厚涂料	中级厚涂料	高级厚涂料
1	漏涂、透底起皮	不允许	不允许	不允许
2	反碱、咬色	允许少量	允许轻微少量	不允许
3	颜色、点状分布	颜色一致	颜色一致,疏密均匀	颜色一致,疏密均匀
4	门窗、灯具等	洁净	洁净	洁净

复层涂料表面质量要求 表 2-33

项次	项 目	水泥系复层涂料	合成树脂乳液复层涂料	硅溶胶类复层涂料	反应固化型复层涂料
1	漏涂、透底	不允许	不允许		
2	掉粉、起皮	不允许	不允许		
3	反碱、咬色	允许轻微	不允许		
4	喷点疏密程度	疏密均匀	疏密均匀,不允许有连片现象		
5	颜色	颜色一致			
6	门窗、玻璃、灯具等	洁净			

溶剂型混色涂料表面质量要求 表 2-34

项次	项 目	普通级涂料	中级涂料	高级涂料
1	脱皮、漏刷、反锈	不允许	不允许	不允许
2	透底、流坠、皱皮	大面不允许	大面和小面明显处不允许	不允许
3	光亮和光滑	光亮均匀一致	光滑均匀一致	光亮足,光滑无挡手感
4	分色裹棱	大面不允许,小面允许偏差 3mm	大面不允许,小面允许 2mm	不允许
5	装饰线、分色线平直（拉 5m 线检查，不足 5m 拉通线检查）	偏差不大于 3mm	偏差不大于 2mm	偏差不大于 1mm
6	颜色刷纹	颜色一致	颜色一致刷纹通顺	颜色一致,无刷纹
7	五金、玻璃等	洁净	洁净	洁净

清漆表面质量要求 表 2-35

项次	项 目	中级涂料（清漆）	高 级 涂 料
1	漏刷、脱皮、斑迹	不允许	不允许
2	木纹	棕眼刮平、木纹清楚	棕眼刮平、木纹清楚
3	光亮和光滑	光亮足、光滑	光亮柔和、光滑无挡手感
4	裹棱、滚坠、皱皮	大面不允许，小面明显处不允许	不允许
5	颜色、刷纹	颜色基本一致，无刷纹	颜色一致，无刷纹
6	五金、玻璃等	洁净	洁净

刷浆工程质量应符合表 2-36 的规定。

刷浆工程质量要求 表 2-36

项次	项 目	普通刷浆	中级刷浆	高级刷浆
1	掉粉、脱皮	不允许	不允许	不允许
2	漏刷、透底	不允许	不允许	不允许
3	反碱、咬色	允许有少量	允许有轻微少量	不允许
4	喷点、刷纹	2m 正视喷点均匀、刷纹通顺	1.5m 正视喷点均匀、刷纹通顺	1m 正视喷点均匀、刷纹通顺
5	流坠、疙瘩、溅沫	允许有少量	允许有轻微少量	不允许
6	颜色、砂眼		颜色一致，允许有轻微少量砂眼	颜色一致，无砂眼
7	装饰线、分色线平直（拉 5m 线检查，不足 5m 拉通线检查）		偏差不大于 3mm	偏差不大于 2mm
8	门窗、灯具等	洁净	洁净	洁净

（九）钢结构工程

钢结构建筑具有自重轻、安装容易、施工周期短、抗震性能好、投资回收快、环境污染少、建筑造型美观等综合优势被得到广泛认同，受到建筑界的广泛运用。在当今，更是被称为 21 世纪的绿色工程。

目前在我国，钢结构工程一般由专业厂家或承包单位总负责。即负责详图设计、构件加工制作、构件拼接安装、涂饰保护等任务。其工作程序为：

工程承包→详图设计→技术设计单位审批→材料订货→材料运输→钢结构构件加工、制作→成品运输→现场安装

钢结构工程的施工，除应满足建筑结构的使用功能外，还应符合《钢结构工程施工质量验收规范》（GB 50205—2001）及其他相关规范、规程的规定。

1. 钢结构构件的加工制作

（1）加工制作前的准备工作

1）图纸审查

图纸审查的主要内容包括：

① 设计文件是否齐全；

② 构件的几何尺寸是否标注齐全，相关构件的尺寸是否正确；

③ 构件连接是否合理，是否符合国家标准；

④ 加工符号、焊接符号是否齐全；

⑤ 构件分段是否符合制作、运输安装的要求；
⑥ 标题栏内构件的数量是否符合工程的总数量；
⑦ 结合本单位的设备和技术条件考虑能否满足图纸上的技术要求。

2）备料

根据设计图纸算出各种材质、规格的材料净用量，并根据构件的不同类型和供货条件，增加一定的损耗率（一般为实际所需量的10%）提出材料预算计划。

3）工艺装备和机具的准备

① 根据设计图纸及国家标准定出成品的技术要求；
② 编制工艺流程，确定各工序的公差要求和技术标准；
③ 根据用料要求和来料尺寸统筹安排、合理配料，确定拼装位置；
④ 根据工艺和图纸要求，准备必要的工艺装备。

（2）零件加工

1）放样

放样是指把零（构）件的加工边线、坡口尺寸、孔径和弯折、滚圆半径等以1∶1的比例从图纸上准确地放制到样板和样杆上，并注明图号、零件号、数量等。

2）划线

划线是指根据放样提供的零件的材料、尺寸、数量，在钢材上画出切割、铣、刨边、弯曲、钻孔等加工位置，并标出零件的工艺编号。

3）切割下料

钢材切割下料方法有气割、机械剪切和锯切等。

4）边缘加工

边缘加工分刨边、铣边和铲边三种：

刨边是用刨边机切削钢材的边缘，加工质量高，但工效低、成本高。

铣边是用铣边机滚铣切削钢材的边缘，工效高、能耗少、操作维修方便、加工质量高，应尽可能用铣边代替刨边。

铲边分手工铲边和风镐铲边两种，对加工质量不高，工作量不大的边缘加工可以采用。

5）矫正平直

钢材由于运输和对接焊接等原因产生翘曲时，在划线切割前需矫正平直。矫平可以用冷矫和热矫的方法。

6）滚圆与煨弯

滚圆是用滚圆机把钢板或型钢变成设计要求的曲线形状或卷成螺旋管。

煨弯是钢材热加工的方式之一，即把钢材加热到900~1000℃（黄赤色），立即进行煨弯，在700~800℃（樱红色）前结束。采用热煨时一定要掌握好钢材的加热温度。

7）零件的制孔

零件制孔方法有冲孔、钻孔两种。冲孔在冲床上进行，冲孔只能冲较薄的钢板，孔径的大小一般大于钢材的厚度，冲孔的周围会产生冷作硬化。钻孔是在钻床上进行，可以钻任何厚度的钢材，孔的质量较好。

（3）构件组装

组装亦称装配、组拼，是把加工好的零件按照施工图的要求拼装成单个构件。钢构件的大小应根据运输道路、现场条件、运输和安装单位的机械设备能力与结构受力的允许条件等来确定。

1) 一般要求

① 钢构件组装应在平台上进行，平台应测平。用于装配的组装架及胎模要牢固地固定在平台上；

② 组装工作开始前要编制组装顺序表，组拼时严格按照顺序表所规定的顺序进行组拼；

③ 组装时，要根据零件加工编号，严格检验核对其材质、外形尺寸，毛刺飞边要清除干净，对称零件要注意方向，避免错装；

④ 对于尺寸较大、形状较复杂的构件，应先分成几个部分组装成简单组件，再逐渐拼成整个构件，并注意先组装内部组件，再组装外部组件；

⑤ 组装好的构件或结构单元，应按图纸的规定对构件进行编号，并标注构件的质量、重心位置、定位中心线、标高基准线等。

2) 焊接连接的构件组装

① 根据图纸尺寸，在平台上画出构件的位置线，焊上组装架及胎模夹具。组装架离平台面不小于50mm，并用卡兰、左右螺旋丝杠或梯形螺纹，作为夹紧调整零件的工具。

② 每个构件的主要零件位置调整好并检查合格后，把全部零件组装上并进行点焊，使之定形。在零件定位前，要留出焊缝收缩量及变形量。高层建筑钢结构的柱子，两端除增加焊接收缩量的长度之外，还必须增加构件安装后荷载压缩变形量，并留好构件端头和支承点铣平的加工余量。

③ 为了减少焊接变形，应该选择合理的焊接顺序。如对称法、分段逆向焊接法、跳焊法等。在保证焊缝质量的前提下，采用适量的电流，快速施焊，以减小热影响区和温度差，减小焊接变形和焊接应力。

(4) 构件成品验收

钢结构构件制作完成后，应根据《钢结构工程施工质量验收规范》（GB 50205—2001）及其他相关规范、规程的规定进行成品验收。钢结构构件加工制作质量验收，可按相应的钢结构制作工程或钢结构安装工程检验批的划分原则划分为一个或若干个检验批进行。

构件出厂时，应提交产品质量证明（构件合格证）和下列技术文件：

1) 钢结构施工详图、设计更改文件、制作过程中的技术协商文件；
2) 钢材、焊接材料及高强度螺栓的质量证明书及必要的实验报告；
3) 钢零件及钢部件加工质量检验记录；
4) 高强度螺栓连接质量检验记录，包括构件摩擦面处抗滑移系数的试验报告；
5) 焊接质量检验记录；
6) 构件组装质量检验记录。

2. 钢结构连接施工

(1) 焊接施工

1) 焊接方法选择

焊接是钢结构使用最主要的连接方法之一。在钢结构制作和安装领域中，广泛使用的是电弧焊。在电弧焊中又以药皮焊条、手工焊条、自动埋弧焊、半自动与自动 CO_2 气体保护焊为主。在某些特殊场合，则必须使用电渣焊。

2) 焊接工艺要点

① 焊接工艺设计：确定焊接方式、焊接参数及焊条、焊丝、焊剂的规格型号等。

② 焊条烘烤：焊条和粉芯焊丝使用前必须按质量要求进行烘焙，低氢型焊条经过烘焙后，应放在保温箱内随用随取。

③ 定位点焊：焊接结构在拼接、组装时要确定零件的准确位置，要先进行定位点焊。定位点焊的长度、厚度应由计算确定。电流要比正式焊接提高 10%～15%，定位点焊的位置应尽量避开构件的端部、边角等应力集中的地方。

④ 焊前预热：预热可降低热影响区冷却速度，防止焊接延迟裂纹的产生。预热区焊缝两侧，每侧宽度均应大于焊件厚度的 1.5 倍以上，且不应小于 100mm。

⑤ 焊接顺序确定：一般从焊件的中心开始向四周扩展；先焊收缩量大的焊缝，后焊收缩量小的焊缝；尽量对称施焊；焊缝相交时，先焊纵向焊缝，待冷却至常温后，再焊横向焊缝；钢板较厚时分层施焊。

⑥ 焊后热处理：焊后热处理主要是对焊缝进行脱氢处理，以防止冷裂纹的产生。焊后热处理应在焊后立即进行，保温时间应根据板厚按每 25mm 板厚 1h 确定。预热及后热均可采用散发式火焰枪进行。

(2) 高强度螺栓连接施工

高强度螺栓连接是目前与焊接并举的钢结构主要连接方法之一。其特点是施工方便，可拆可换，传力均匀，接头刚性好，承载能力大，疲劳强度高，螺母不易松动，结构安全可靠。高强度螺栓从外形上可分为大六角头高强度螺栓（即扭矩形高强度螺栓）和扭剪型高度螺栓两种。高强度螺栓和与之配套的螺母、垫圈总称为高强度螺栓连接副。

1) 一般要求

① 高强度螺栓使用前，应按有关规定对高强度螺栓的各项性能进行检验。运输过程应轻装轻卸，防止损坏。当发现包装破损、螺栓有污染等异常现象时，应用煤油清洗，按高强度螺栓验收规程进行复验，经复验扭矩系数合格后方能使用。

② 工地储存高强度螺栓时，应放在干燥、通风、防雨、防潮的仓库内，并不得沾染物。

③ 安装时，应按当天需用量领取，当天没有用完的螺栓，必须装回容器内，妥善保管，不得乱扔、乱放。

④ 安装高强度螺栓时接头摩擦面上不允许有毛刺、铁屑、油污、焊接飞溅物。摩擦面应干燥，没有结露、积霜、积雪，并不得在雨天进行安装。

⑤ 使用定扭矩扳子紧固高强度螺栓时，每天上班前应对定扭矩扳子进行校核，合格后方能使用。

2) 安装工艺

① 一个接头上的高强度螺栓连接，应从螺栓群中部开始安装，向四周扩展，逐个拧紧。扭矩型高强度螺栓的初拧、复拧、终拧，每完成一次应涂上相应的颜色或标记，以防漏拧。

② 接头如有高强度螺栓连接又有焊接连接时，应按先栓后焊的方式施工，先终拧完高强度螺栓再焊接焊缝。

③ 高强度螺栓应自由穿入螺栓孔内，当板层发生错孔时，允许用铰刀扩孔。扩孔时，铁屑不得掉入板层间。扩孔数量不得超过一个接头螺栓的1/3，扩孔后的孔径不应大于1.2d（d为螺栓直径）。严禁使用气割进行高强度螺栓孔的扩孔。

④ 一个接头多个高强度螺栓穿入方向应一致。垫圈有倒角的一侧应朝向螺栓头和螺母，螺母有圆台的一面应朝向垫圈，螺母和垫圈不应装反。

⑤ 高强度螺栓连接副在终拧以后，螺栓丝扣外露应为2~3扣，其中允许有10%的螺栓丝扣外露1扣或4扣。

3）紧固方法

① 大六角头高强度螺栓连接副紧固

大六角头高强度螺栓连接副一般采用扭矩法和转角法紧固。

扭矩法：使用可直接显示扭矩值的专用扳手，分初拧和终拧二次拧紧。初拧扭矩为终拧扭矩的60%~80%，其目的是通过初拧，使接头各层钢板达到充分密贴，终拧扭矩把螺栓拧紧。

转角法：根据构件紧密接触后，螺母的旋转角度与螺栓的预拉力成正比的关系确定的一种方法。操作时分初拧和终拧两次施拧。初拧可用短扳手将螺母拧至附件靠拢，并作标记。终拧用长扳手将螺母从标记位置拧至规定的终拧位置。转动角度的大小在施工前由试验确定。

② 扭剪型高强度螺栓紧固

扭剪型高强度螺栓有一特制尾部，采用带有两个套筒的专用电动扳手紧固。紧固时用专用扳手的两个套筒分别套住螺母和螺栓尾部的梅花头，接通电源后，两个套筒按反向旋转，拧断尾部后即达相应的扭矩值。一般用定扭矩扳手初拧，用专用电动扳手终拧。

3. 多层及高层钢结构安装

(1) 安装顺序

一般钢结构标准单元施工顺序如图2-75所示。

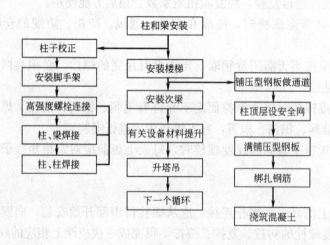

图2-75 钢结构标准单元施工顺序

多高层建筑钢结构安装前,应根据安装流水段和构件安装顺序,编制构件安装顺序表。表中应注明每一构件的节点型号、连接件的规格数量、高强度螺栓规格数量、栓接数量及焊接量、焊接形式等。构件从成品检验、运输、现场核对、安装、校正到安装后的质量检查,应统一使用该安装顺序表。

(2) 构件吊点设置与起吊

1) 钢柱

平运2点起吊,安装1点立吊。立吊时,需在柱子根部垫上垫木,以回

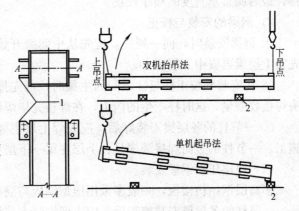

图 2-76 钢柱起吊示意图
1—吊耳;2—垫木

转法起吊,严禁根部拖地。吊装 H 型钢柱、箱形柱时,可利用其接头耳板作吊环,配以相应的吊索、吊架和销钉。钢柱起吊如图 2-76 所示。

2) 钢梁

距梁端500mm处开孔,用特制卡具2点平吊,次梁可三层串吊,如图2-77所示。

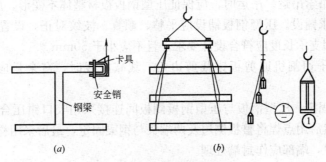

图 2-77 钢梁吊装示意图
(a) 卡具设置示意;(b) 钢梁吊装

3) 组合件

因组合件形状、尺寸不同,可计算重心确定吊点,采用2点吊、3点吊或4点吊。凡不易计算者,可加设倒链协助找重心,构件平衡后起吊。

4) 零件及附件

钢构件的零件及附件应随构件一并起吊。尺寸较大、质量较重的节点板、钢柱上的爬梯、大梁上的轻便走道等,应牢固固定在构件上。

(3) 构件安装与校正

1) 钢柱安装与校正

① 首节钢柱的安装与校正。安装前,应对建筑物的定位轴线、首节柱的安装位置、基础的标高和基础混凝土强度进行复检,合格后才能进行安装。

② 上节钢柱安装与校正。上节钢柱安装时,利用柱身中心线就位,为使上下柱不出现错口,尽量做到上、下柱定位轴线重合。上节钢柱就位后,按照先调整标高,再调整位

移,最后调整垂直度的顺序校正。

2) 钢梁的安装与校正

① 钢梁安装时,同一列柱,应先从中间跨开始对称地向两端扩展;同一跨钢梁,应先安上层梁再安中下层梁。

② 在安装和校正柱与柱之间的主梁时,可先把柱子撑开,跟踪测量二校正,预留接头焊接收缩量,这时柱产生的内力,在焊接完毕焊缝收缩后也就消失了。

③ 一节柱的各层梁安装好后,应先焊上层主梁后焊下层主梁,以使框架稳固,便于施工。一节柱的竖向焊接顺序是:上层主梁→下层主梁→中层主梁→上柱与下柱焊接。

(4) 楼层压型钢板安装

多高层钢结构楼板,一般多采用压型钢板与混凝土叠合层组合而成。

一节柱的各层梁安装校正后,应立即安装本节柱范围内的各层楼梯,并铺好各层楼面的压钢板,进行叠合楼板施工。

楼层压型钢板安装工艺流程是:弹线→清板→吊运→布板→切割→压合→侧焊→端焊→封堵→验收→栓钉焊接。

1) 压型钢板安装铺设

① 在铺板区弹出钢梁的中心线。

② 将压型钢板分层分区按料单清理、编号,并运至施工指定部位。

③ 用专用软吊索吊运。吊运时,应保证压型钢板板材整体不变形、局部不卷边。

④ 按设计要求铺设。压型钢板铺设应平整、顺直、波纹对正,设置位置正确;压型钢板与钢梁的锚固支承长度应符合设计要求,且不应小于50mm。

⑤ 采用等离子切割机或剪板钳裁剪边角。裁减放线时,富余量应控制在5mm范围内。

⑥ 压型钢板固定。压型钢板与压型钢板侧板间连接采用咬口钳压合,使单片压型钢板间连成整板,然后用点焊将整板侧边及两端头与钢梁固定,最后采用栓钉固定。为了浇筑混凝土时不漏浆,端部应作封端处理。

2) 栓钉焊接

焊接时,先将焊接用的电源及制动器接上,把栓钉插入焊枪的长口,焊钉下端置入母材上面的瓷环内。按焊枪电钮,栓钉被提升,在瓷环内产生电弧,在电弧发生后规定的时间内,用适当的速度将栓钉插入母材的融池内。焊完后,立即除去瓷环,并在焊缝的周围去掉卷边,检查焊钉焊接部位。

4. 钢结构的质量要求

(1) 钢结构的制作质量要求

1) 在进行钢结构制作之前,应对各种型钢进行检验,以确保钢材的型号符合设计要求。

2) 受拉杆件的细长比不得超过250。

3) 若杆件用角钢制作时,宜采用肢宽而薄的角钢,以增大回转半径。

4) 一榀屋架内,不得选用肢宽相同而厚度不同的角钢。

5) 钢结构所用的钢材,型号规格尽量统一,以便于下料。

6) 钢材的表面,应彻底除锈,去油污,且不得出现伤痕。

7) 采用焊接的钢结构，其焊缝质量的检查数量和检查方法，应按规范进行。

8) 焊接的焊缝表面的焊波应均匀，且不得有裂缝、焊瘤、夹渣、弧坑、烧穿和气孔等现象。

9) 桁架各个杆件的轴线必须在同一平面内，且各个轴线都为直线，相交于节点的中心。

10) 荷载都作用在节点上。

(2) 钢结构的安装质量要求

1) 各节点应符合设计要求。传力可靠。

2) 各杆件的重心线应与设计图中的几何轴线重合，以避免各杆件出现偏心受力。

3) 腹杆的端部应尽量靠近弦杆，以增加桁架外的刚度。

4) 截断角钢，宜采用垂直于杆件轴线直切。

5) 在装卸、运输和堆放的过程中，均不得损坏杆件，并防止其变形。

6) 扩大扩装时，应作强度和稳定性验算。

7) 为了使两个角钢组成"┐┌"形或"┐└"字形截面杆件共同工作，在两个角钢之间，每隔一定的距离应焊上一块钢板。

8) 对钢结构的各个连接头，在经过检查合格后，方可紧固和焊接。

9) 用螺栓连接时，其外露丝扣不应少于2～3扣，以防止在振动作用下，发生丝扣松动。

10) 采用高强螺栓组接时，必须当天拧紧完毕，外露丝扣不得少于两扣。对欠拧、漏打的，除用小锤逐个检查拧紧外，还要用小锤划缝，以免松动。

（十）季节性施工

1. 冬期施工

(1) 冬期施工的基本知识

1) 冬期施工的特点

① 冬期施工期是质量事故多发期；

② 冬期施工质量事故发现滞后性；

③ 冬期施工的计划性和准备工作时间性很强。

2) 冬期施工的原则

① 确保工程质量；

② 经济合理，使增加的措施费用最少；

③ 所需的热源及技术措施材料有可靠的来源，并使消耗的能源最少；

④ 工期能满足规定要求。

3) 冬期施工的准备工作

① 搜集有关气象资料作为选择冬期施工技术措施的依据；

② 抓好施工组织设计的编制，在入冬前应组织专人编制冬期施工方案，将不适宜冬期施工的分项工程安排在冬期前后完成；

③ 凡进行冬期施工的工程项目，必须会同设计单位复核施工图纸，核对其是否能适应冬期施工要求，如有问题应及时提出并修改设计；

④ 根据冬期施工工程量提前准备好施工的设备、机具、材料及劳动防护用品；

⑤ 冬期施工前对配制外掺剂的人员、测温保温人员、锅炉工等，应专门组织技术培训，经考试合格后方准上岗。

(2) 土方工程的冬期施工

1) 地基土的保温防冻

地基土的保温防冻是在冬季来临时土层未冻结之前，采取一定的措施使基础土层免遭冻结或减少冻结的一种方法。常用做法有松土防冻法、覆盖雪防冻和隔热材料防冻等。

① 松土防冻法

松土防冻法是在土层冻结之前，将预先确定的冬季土方作业地段上的表土翻松耙平，利用松土中的许多充满空气的孔隙来降低土层的导热性，达到防冻的目的。翻耕的深度一般在25～30cm。

② 覆雪防冻结

在积雪量大的地方，可以利用雪的覆盖作保温层来防止土的冻结。

③ 保温材料覆盖法

面积较小的基槽（坑）的防冻，可直接用保温材料覆盖。常用保温材料有炉渣、锯末、膨胀珍珠岩、草袋、树叶等。

2) 冻土的开挖

冻土的开挖方法一般有人工法、机械法和爆破法三种。

① 冻土的融化

为了有利于冻土挖掘，可利用热源将冻土融化。融化冻土的方法有焖火烘烤法、循环针法和电热法三种。

A. 焖火烘烤法。适用于面积较小、冻土不深，且燃料便宜的地区。常用锯末、谷壳和刨花等作燃料。在冻土上铺上杂草、木柴等引火材料，燃烧后撒上锯末，上面压数厘米的土，让它不起火苗地燃烧，这样有250mm厚的锯末，其热量经一夜可融化冻土300mm左右，开挖时分层分段进行。烘烤时应做到有火就有人，以防引起火灾。

B. 循环针法。循环针分蒸汽循环针和热水循环针两种。蒸汽循环针是将管壁钻有孔眼的蒸汽管，插入事后钻好的冻土孔内。孔径50～100mm，插入深度视土的冻结深度确定，间距不大于1m。然后通入低压蒸汽，借蒸汽的热量来融化冻土。热水循环针法是用ϕ60～150双层循环热水管按梅花形布置。间距不超过1.5m，管内用40～50℃的热水循环供热。

C. 电热法。电热法通常用ϕ6～22钢筋作电极，将电极打到冻土层以下150～200mm深度，作梅花形布置，间距400～800mm，加热时间视冻土厚度、土的温度、电压高低等条件而定。通电加热时，可在冻土上铺100～150mm锯末，用浓度为0.2%～0.5%的氯盐溶液浸湿，以加快表层冻土的融化。

② 人工法开挖

人工开挖冻土适用开挖面积较小和场地狭窄，不具备用其他方法进行土方破碎、开挖。开挖时一般用大铁锤和铁楔子劈冻土。

③ 机械法开挖

当冻土层厚度为0.25m以内时，可用推土机或中等动力的普通挖掘机施工开挖。

当冻土层厚度为 0.3m 以内时，可用拖拉机牵引的专用松土机破碎冻土层。

当冻土层厚度为 0.4m 以内时，可用大马力的挖土机（斗容量≥1m³）开挖土体。

当冻土层厚度为 0.4～1m 时，可用松碎冻土的打桩机进行破碎。

最简单的施工方法是用风镐将冻土破碎，然后用人工和机械挖掘运输。

④ 爆破法开挖

爆破法适用于冻土层较厚，面积较大的土方工程，这种方法是将炸药放入直立爆破孔中或水平爆破孔中进行爆破，冻土破碎后用挖土机挖出，或借爆破的力量向四周崩出，做成需要的沟槽。

冻土深度在 2m 以内时，可以采用直立爆破孔。冻土深度超过 2m 时，可采用水平爆破孔。

3）冬期回填土施工

冬期回填土应尽量选用未受冻的、不冻胀的土进行回填施工。填土前，应清除基础上的冰雪和保温材料；填方边坡表层 1m 以内，不得用冻土填筑；填方上层应用未冻的、不冻胀的或透水性好的土料填筑。冬期填方每层铺土厚度应比常温施工时减少 20%～25%，预留沉降量应比常温施工时适当增加。用含有冻土块的土料作回填土时，冻土块粒径不得大于 150mm；铺填时，冻土块应均匀分布、逐层压实。

(3) 砌筑工程的冬期施工

砌筑工程的冬期施工应以掺盐砂浆法为主。对保温、绝缘、装饰等方面有特殊要求的工程，可采用冻结法或其他施工方法。

1）掺盐砂浆法

掺盐砂浆法就是在砌筑砂浆内掺入一定数量的抗冻剂，来降低水的冰点，以保证砂浆中有液态水存在，使水泥水化反应能在一定负温下进行，砂浆强度在负温下能够继续缓慢增长。同时，由于降低了砂浆中水的冰点，砌体的表面不会立即结冰而形成冰膜，故砂浆和砌体能较好地粘结。

① 对砂浆的要求

A. 砌体工程冬期施工所用材料应符合相关规定；

B. 砂浆的配制要求：掺盐砂浆配制时，应按不同负温界限控制掺盐量；当气温过低时，可掺用双盐（氯化钠和氯化钙同时掺入）来提高砂浆的抗冻性；不同气温时掺盐砂浆规定的掺盐量应符合相关规定；

C. 掺盐砂浆法的砂浆使用温度不应低于 5℃；

D. 当日最低气温等于或低于-15℃时，对砌筑承重砌体的砂浆强度等级应按常温施工时提高一级，同时应以热水搅拌砂浆；当水温超 60℃时，应先将水和砂拌合，然后再投放水泥。

E. 掺盐砂浆中掺入微沫剂时，盐溶液和微沫剂在砂浆拌合过程中先后加入。砂浆应采用机械进行拌合，搅拌的时间应比常温季节增加一倍。拌合后的砂浆应注意保温。

② 砌筑施工工艺

掺盐砂浆法砌筑砖砌体，应采用"三一"砌砖法进行砌筑，要求砌体灰浆饱满，灰缝厚度均匀，水平缝和垂直缝的厚度和宽度应控制在 8～10mm。

普通砖和空心砖在正温度条件下砌筑时，应采用随浇水随砌筑的办法；负温度条件下，只要有可能应该尽量浇热盐水。当气温过低，浇水确有困难，则必须适当增大砂浆的稠度。抗震设计裂度为九度的建筑物，普通砖和空心砖无法浇水湿润时，无特殊措施，不得砌筑。

采用掺盐砂浆法砌筑砌体时，在砌体转角处和内外墙交接处应同时砌筑，对不能同时砌筑而又必须留置的临时间断处，应砌成斜槎，砌体表面不应铺设砂浆层，宜采用保温材料加以覆盖。继续施工前，应先用扫帚扫净砖表面，然后再施工。

2) 冻结法

冻结法是采用不掺任何防冻剂的普通砂浆进行砌筑的一种施工方法。冻结法施工的砌体，允许砂浆遭受冻结，用冻结后产生的冻结强度来保证砌体稳定，融化时砂浆强度为零或接近于零，转入常温后砂浆解冻使水泥继续水化，使砂浆强度再逐渐增长。

① 对砂浆的要求

冻结法施工砂浆的使用温度不应低于 10℃；当日最低气温高于或者等于 -25℃ 时，对砌筑承重砌体的砂浆强度等级应按常温施工时提高一级；当日最低气温低于 -25℃ 时，则应提高二级。

② 砌筑施工工艺

采用冻结法施工时，应按照"三一"砌筑方法砌筑，对于房屋转角处和内外墙交接处的灰缝应特别仔细砌合。砌筑时一般应采用一顺一丁的方法组砌。每天砌筑高度和临时间断处均不宜大于 1.2m。当不设沉降缝的砌体，其分段处的高差不得大于 4m。砖体水平灰缝不宜大于 10mm。

③ 砌体的解冻

为保证砌体在解冻期间能够均匀沉降不出现裂缝，应遵守下列要求：

A. 解冻前应清除房屋中剩余的建筑材料等临时荷载；在开冻前，宜暂停施工；

B. 留置在砌体中的洞口和沟槽等，宜在解冻前填砌完毕；

C. 跨度大于 0.7m 的过梁，宜采用预制构件；

D. 门窗框上部应留 3～5mm 的空隙，作为化冻后预留沉降量；

E. 在楼板水平面上，墙的拐角处、交接处和交叉处每半砖设置一根 $\phi 6$ 钢筋拉结。

用冻结法砌筑的砌体，在开冻前需进行检查，开冻过程中应组织观测。如发现裂缝、不均匀下沉等情况，应分析原因并立即采取加固措施。

(4) 钢筋混凝土结构工程的冬期施工

1) 混凝土冬期施工的要求

① 对材料的要求及加热

A. 水泥应优先选用活性高、水化热大的硅酸盐水泥和普通硅酸盐水泥。水泥的强度不应低于 32.5 级，最小水泥用量不宜少于 $300 kg/m^3$。水灰比不应大于 0.6。

B. 骨料必须清洁，不得含有冰雪等冰结物及易冻裂的矿物质。冬期施工拌制混凝土的砂、石温度要符合热工计算需要温度。

C. 对组成混凝土材料的加热，应优先考虑加热水。水的常用加热方法有三种：用锅烧水、用蒸汽加热水、用电极加热水。

D. 钢筋冷拉可在负温下进行，但冷拉温度不宜低于 -20℃。

E. 宜使用无氯盐类防冻剂，对抗冻性要求高的混凝土，宜使用引气剂或引气减水剂。

② 混凝土的搅拌、运输和浇筑

A. 混凝土的搅拌。混凝土不宜露天搅拌，应尽量搭设暖棚，优先选用大容量的搅拌机，以减少混凝土的热量损失。搅拌前，用热水或蒸汽冲洗搅拌机。混凝土的拌合时间比常温规定时间延长50%。经加热后的材料投料顺序为：先将水和砂石投入拌合，然后加入水泥。这样可防止水泥与高温水接触时产生假凝现象。混凝土拌合物的出机温度不宜低于10℃。

B. 混凝土的运输。混凝土的运输过程是热损失的关键阶段，应采取必要的措施减少混凝土的热损失，同时应保证混凝土的和易性。常用的主要措施为减少运输时间和距离；使用大容积的运输工具并采取必要的保温措施。保证混凝土入模温度不低于5℃。

C. 混凝土的浇筑。混凝土在浇筑前，应清除模板和钢筋上的冰雪和污垢，尽量加快混凝土的浇筑速度，防止热量散失过多。当采用加热养护时，混凝土养护前的温度不得低于2℃。

冬期施工混凝土振捣应用机械振捣，振捣时间应比常温时有所增加。

2) 混凝土的养护

常用的养护方法有蓄热法、外加剂法、人工加热法等。一般情况下，应优先考虑蓄热法或蓄热法与外加剂相结合的方法进行养护，只有在上述方法不能满足时，才选用人工外部加热法进行养护。

① 蓄热法

蓄热法是利用加热混凝土组成材料的热量及水泥的水化热，并用保温材料（如草帘、草袋、锯末、炉渣等）对混凝土加以适当的覆盖保温，使混凝土在正温条件下硬化或缓慢冷却，并达到抗冻临界强度或预期的强度要求。

蓄热法施工方法简单，费用低廉，较易保证质量。

② 外加剂法

在混凝土中加入适量的抗冻剂、早强剂、减水剂及加气剂，使混凝土在负温下能继续水化，增长强度，使混凝土冬期施工工艺简化，节约能源，降低冬期施工费用，是冬期施工有发展前途的施工方法。

A. 混凝土冬期施工中常用外加剂

a. 减水剂：能改善混凝土的和易性及拌合用水量，降低水灰比，提高混凝土的强度和耐久性。常用的减水剂有木质素系减水剂、萘磺酸盐系减水剂、水溶性树脂减水剂。

b. 早强剂：早强剂是加速混凝土早期强度发展的外加剂，可以在常温、低温或负温（不低于-5℃）条件下加速混凝土硬化过程。常用的早强剂主要有氯化钠（NaCl）、氯化钙（$CaCl_2$）、硫酸钠（Na_2SO_4）、亚硝酸钠（$NaNO_3$）、三乙醇胺[$NH_3(C_2H_4OH)_2$]、碳酸钾（K_2CO_3）等。

c. 引气剂：引气剂是指在混凝土搅拌过程中，引入无数微小气泡，改善混凝土拌合物的和易性和减少用水量，并显著提高混凝土的抗冻性和耐久性。常用的引气剂有松香热聚物、松香皂、烷基苯磺酸盐等。

d. 阻锈剂：氯盐类外加剂对混凝土中的金属预埋件有锈蚀作用，阻锈剂能在金属表面形成一层氧化膜，阻止金属的锈蚀。常用的阻锈剂有亚硝酸钠、重铬酸钾等。

B. 混凝土中外加剂的应用

混凝土冬期施工中外加剂的配用，应满足抗冻、早强的需要；对结构钢筋无锈蚀作用；对混凝土后期强度和其他物理力学性能无不良影响；同时应适应结构工作环境的需要。单一的外加剂常不能完全满足混凝土冬期施工的要求，一般宜采用复合配方。

混凝土冬期掺外加剂法施工时，混凝土的搅拌、浇筑及外加剂的配制必须设专人负责，严格执行规定的掺量。搅拌时间应比常温条件下适当延长，按外加剂的种类及要求严格控制混凝土的出机温度，混凝土的搅拌、运输、浇筑、振捣、覆盖保温应连续作业，减少施工过程中的热量损失。

③ 外部加热法

外部加热法根据热源种类及加热方法不同，分为蒸汽加热法、电流加热法、远红外加热法和暖棚法等。

A. 蒸汽加热法

蒸汽加热法是用低压饱和蒸汽养护新浇筑的混凝土，在混凝土周围造成湿热环境来加速混凝土硬化的方法。

蒸汽加热方法有内部通气法、毛管法和汽套法。常用的是内部通气法，即在混凝土内部预留孔道，让蒸汽通入孔道加热混凝土。预留孔道可采用预埋钢管和橡皮管的方法进行，成孔后拔出。蒸汽养护结束后将孔道用水泥砂浆填实。此法节省蒸汽，温度易控制，费用较低。但要注意冷凝水的处理。内部通气法常用于厚度较大的构件和框架结构，是混凝土冬期施工中的一种较好的方法。

毛管法是在混凝土模板中开成适当的通气槽，蒸汽通过气槽加热混凝土；汽套法是在混凝土模板外加密闭、不透风的套板，模板与套板中间留出15cm空隙，通过蒸汽加热混凝土。但上述两种方法设备复杂，耗汽量大，模板损失严重，故很少采用。

蒸汽加热时应采用低压饱和蒸汽，加热应均匀，混凝土达到强度后，应排除冷凝水，把砂浆灌入孔内，将预留孔堵死。

对掺用引气型外加剂的混凝土，不宜采用蒸汽养护。

B. 电热法

电热法施工是利用低压电流通过混凝土产生的热量，加热养护混凝土。电热法施工设备简单，操作方便，但耗电量较多。

电热法分为电极法、表面电热法、电磁感应加热法等。常用的电极法按电极布置的不同以及通电方式的差异又分为：表面电极法、棒形电极法和弦形电极法。

a. 电极法：电极法又称电极加热法，将电极放入混凝土内，通以低压电流。由于混凝土的电阻作用，使电能变为热能，产生热量对混凝土加热。电热法应采用交流电加热混凝土，不允许使用直流电，因直流电会引起电解、锈蚀。一般宜采用的工作电压为50～110V，在无筋结构和每立方米混凝土含钢量不大于50kg的结构中，可采用120～220V的电压。

b. 表面电热法：用$\phi 6$的钢筋或20～40mm宽的白铁皮做电极，固定在模板内侧，混凝土浇筑后通电加热养护混凝土。电极的间距：钢筋电极200～300mm，镀锌薄钢板电极100～150mm。现在也有把电热毯固定在钢模板外侧作为电热元件对混凝土进行加热养护。

表面电热法常用于墙、梁、板、基础等结构混凝土的养护。

c. 电磁感应加热法：电磁感应加热法是在结构模板的表面缠上连续的感应线圈，线圈中通入交流电后，即在钢模板及钢筋中都会有涡流循环磁场。感应加热就是利用在电磁场中铁质材料发热的原理，使钢模板及混凝土中的配筋发热，并将热量传至混凝土而达到养护目的。用这种工艺加热混凝土，温度均匀，控制方便，热效率高，但须专用模板。

C. 暖棚法

暖棚法是在被养护构件或建筑的四周搭设暖棚，或在室内用草帘、草垫等将门窗堵严，采用棚（室）内生火炉；设热风机加热，安装蒸汽排管通蒸汽或热水等热源进行采暖，使混凝土在正温环境下养护至临界强度或预定设计强度。暖棚法由于需要较多的搭盖材料和保温加热设施，施工费用较高。

暖棚法适用于严寒天气施工的地下室、人防工程或建筑面积不大而混凝土工程又很集中的工程。

用暖棚法养护混凝土时，要求暖棚内的温度不得低于5℃并应保持混凝土表面湿润。

D. 远红外加热法

远红外加热法是通过热源产生的红外线，穿过空气冲击一切可吸收它的物质分子，当射线射到物质原子的外围电子时，可以使分子产生激烈的旋转和振荡运动发热，使混凝土温度升高从而获得早期强度。由于混凝土直接吸收射线变成热能，因此其热量损失要比其他养护方法小得多。产生红外线的能源有电源、天然气、煤气和蒸汽等。

远红外加热适用于薄壁钢筋混凝土结构、装配式钢筋混凝土结构的接头混凝土，固定预埋件的混凝土和施工缝处继续浇筑混凝土处的加热等。

一般辐射距混凝土表面应大于300mm，混凝土表面温度宜控制在70～90℃。为防止水分蒸发，混凝土表面宜用塑料薄膜覆盖。

3）混凝土的拆模

混凝土养护到规定时间，应根据同条件养护的试块试压。证明混凝土达到规定拆模强度后方可拆模。对加热法施工的构件模板和保温层，应在混凝土冷却到5℃后方可拆模。当混凝土和外界温差大于20℃时，拆模后的混凝土应注意覆盖，使其缓慢冷却。

在拆除模板过程中发现混凝土有冻害现象，应暂停拆模，经处理后方可拆模。

4）混凝土的温度测量和质量检查

① 混凝土的温度测量

为了保证冬期施工混凝土的质量，必须对施工全过程的温度进行测量监控。对施工现场环境温度每天在2：00，8：00，14：00，20：00定时测量四次；对水、外加剂、骨料的加热温度和加入搅拌机时的温度，混凝土自搅拌机卸出时和浇筑时的温度每一工作班至少应测量四次；如果发现测试温度和热工计算要求温度不符合时，应马上采取加强保温措施或其他措施。

在混凝土养护时期除按上述规定监测环境温度外，同时应对掺用防冻剂的混凝土养护温度进行定点定时测量。采用蓄热法养护时，在养护期间至少每6h一次；对掺用防冻剂的混凝土，在强度未达到 $3.5N/mm^2$ 以前每2h测定一次，以后每6h测定一次；采用蒸汽法或电热法时，在升温、降温期间每1h一次，在恒温期间每2h一次。

常用的测量仪有温度计、各种温度传感器、热电偶等。

在混凝土养护期间，温度是决定混凝土能否顺利达到"临界强度"的决定因素。为获得可靠的混凝土强度值,应在最有代表性的测温点测量温度。采用蓄热法施工时,应在易冷却的部位设置测温点;采取加热养护时,应在距离热源的不同部位设置测温点;厚大结构在表面及内部设置测试点;检查拆模强度的测温点应布置在应力最大的部位。温度的测温点应编号画在测温平面布置图上,测温结果应填写在"混凝土工程施工记录"和"混凝土冬期施工日报"上。

测温人员应同时检查覆盖保温情况,并了解结构的浇筑日期、养护期限以及混凝土最低温度。测量时,测温表插入测温管中,并立即加以覆盖,以免受外界气温的影响,测温仪表留置在测温孔内的时间不小于3min,然后取出,迅速记下温度。如发现问题应立即通知有关人员,以便及时采取措施。

② 混凝土的质量检查

冬期施工时,混凝土质量检查除应遵守常规施工的质量检查规定之外,尚应符合冬期施工的规定。要严格检查外加剂的质量和浓度;混凝土浇筑后应增加两组与结构同条件养护的试块,一组用以检验混凝土受冻前的强度,另一组用以检验转入常温养护28d的强度。

混凝土试块不得在受冻状态下试压,当混凝土试块受冻时,对边长为150mm的立方体试块,应在15~20℃室温下解冻5~6h,或浸入10℃的水中解冻6h,将试块表面擦干后进行试压。

2. 雨期施工

(1) 雨期施工的特点及要求

雨期施工以防雨、防台风、防汛为目的,做好各项准备工作。

1) 雨期施工特点

① 雨期施工的开始具有突然性。由于暴雨山洪等恶劣气象往往不期而至,这就需要雨期施工的准备和防范措施及早进行。

② 雨期施工带有突击性。因为雨水对建筑结构和地基基础的冲刷或浸泡具有严重的破坏性,必须迅速及时地防护,才能避免给工程造成损失。

③ 雨期往往持续时间很长,阻碍了工程(主要包括土方工程、屋面工程等)顺利进行,拖延工期。对这一点应事先有充分估计并做好合理安排。

2) 雨期施工的要求

① 编制施工组织设计时,要根据雨期施工的特点,将不宜在雨期施工的分项工程提前或拖后安排。对必须在雨期施工的工程应制定有效的措施,进行突击施工。

② 合理进行施工安排。做到晴天抓紧室外工作,雨天安排室内工作,尽量缩短雨天室外作业时间和减小工作面。

③ 密切注意气象预报,做好抗台风防汛等准备工作,必要时应及时加固在建的工作。

④ 做好建筑材料防雨防潮的围护工作。

(2) 雨期施工的准备工作

1) 现场排水。施工现场的道路、设施必须做到排水畅通,尽量做到雨停水干。要防止地面水排入地下室、基础、地沟内。要做好对危石的处理,防止滑坡和塌方。

2) 应做好原材料、成品、半成品的防雨工作。水泥应按"先收先用""后收后用"的原则,避免久存受潮而影响水泥的性能。木门窗等易受潮变形的半成品应在室内堆放,其他材料也应注意防雨及材料堆放场地四周排水。

3) 在雨期前应做好施工现场房屋、设备的排水防雨措施。

4) 备足排水需用的水泵及有关器材，准备适量的塑料布、油毡等防雨材料。

雨期施工时施工现场重点应解决好截水和排水问题。截水是在施工现场的上游设截水沟，阻止场外水流入施工现场。排水是在施工现场内合理规划排水系统，并修建排水沟，使雨水按要求排至场外。各工种施工根据施工特点不同，要求也不一样。

(3) 土方和基础工程

大量的土方开挖和回填工程应在雨期来临前完成。如必须在雨期施工的土方开挖工程，其工作面不宜过大，应逐级逐片的分期完成。开挖场地应设一定的排水坡度，场地内不能积水。

基槽（坑）或管沟开挖时，应注意边坡稳定，必要时可适当放缓边坡坡度或设置支撑。施工时要加强对边坡和支撑的检查。对可能被雨水冲塌的边坡，为防止边坡被雨水冲塌，可在边坡上挂钢丝网片，外抹 50mm 厚的细石混凝土，为了防止雨水对基坑浸泡，开挖时要在坑内设排水沟和集水井；当挖至基础标高后，应及时组织验收并浇筑混凝土垫层。

填方工程施工时，取土、运土、铺填、压实等各道工序应连续进行，雨前应及时压完已填土层，将表面压光并做成一定的排水坡度。

对处于地下的水池或地下室工程，要防止水对建筑的浮力大于建筑物自重时造成地下室或水池上浮。基础施工完毕，应抓紧基坑四周的回填工作。停止人工降水时，应验算箱形基础抗浮稳定性和地下水对基础的浮力。抗浮稳定系数不宜小于 1.2，以防止出现基础上浮或者倾斜的重大事故。如抗浮稳定系数不能满足要求时，应继续抽水，直到施工上部结构荷载加上后能满足抗浮稳定系数要求为止。当遇上大雨，水泵不能及时有效地降低积水高度时，应迅速将积水灌回箱形基础之内，以增加基础的抗浮能力。

(4) 砌体工程

1) 砖在雨期必须集中堆放，不宜浇水。砌墙时要求干湿砖块合理搭配。砖湿度较大时不可上墙。砌筑高度不宜超过 1.2m。

2) 雨期遇大雨必须停工。砌体停工时应在砖墙顶盖一层干砖，避免大雨冲刷灰浆。大雨过后受雨冲刷过的新砌墙体应翻砌最上面两皮砖。

3) 稳定性较差的窗间墙、独立砖柱，应加设临时支撑或及时浇筑圈梁，以增加墙体稳定性。

4) 砌体施工时，内外墙要尽量同时砌筑，并注意转角及丁字墙间的搭接。遇台风时，应在与风向相反的方向加临时支撑，以保持墙体的稳定。

5) 雨后继续施工，须复核已完工砌体的垂直度和标高。

(5) 混凝土工程

1) 模板隔离层在涂刷前要及时掌握天气预报，以防隔离层被雨水冲掉。

2) 遇到大雨应停止浇筑混凝土，已浇部位应加以覆盖。浇筑混凝土时应根据结构情况和可能，多考虑几道施工缝的留设位置。

3) 雨期施工时，应加强对混凝土粗细骨料含水量的测定，及时调整混凝土的施工配合比。

4) 大面积的混凝土浇筑前,要了解 2~3d 的天气预报,尽量避开大雨。混凝土浇筑现场要预备大量防雨材料,以备浇筑时突然遇雨进行覆盖。

5) 模板支撑下部回填土要夯实,并加好垫板,雨后及时检查有无下沉。

(6) 吊装工程

1) 构件堆放地点要平整坚实,周围要做好排水工作,严禁构件堆放区积水、浸泡,防止泥土粘到预埋件上。

2) 塔式起重机路基,必须高出自然地面 15cm,严禁雨水浸泡路基。

3) 雨后吊装时,要先做试吊,将构件吊至 1m 左右,往返上下数次稳定后再进行吊装工作。

(7) 屋面工程

1) 卷材屋面应尽量在雨季前施工,并同时安装屋面的落水管。

2) 雨天严禁进行油毡屋面施工,油毡、保温材料不准淋雨。

3) 雨天屋面工程宜采用"湿铺法"施工工艺,"湿铺法"就是在"潮湿"基层上铺贴卷材,先喷刷 1~2 道冷底子油,喷刷工作宜在水泥砂浆凝结初期进行操作,以防基层浸水。如基层浸水,应在基层表面干燥后方可铺贴油毡。如基层潮湿且干燥有困难时,可采用排汽屋面。

(8) 抹灰工程

1) 雨天不准进行室外抹灰,至少应能预计 1~2d 的大气变化情况。对已经施工的墙面,应注意防止雨水污染。

2) 室内抹灰尽量在做完屋面后进行,至少做完屋面找平层,并铺一层油毡。

3) 雨天不宜作罩面油漆。

三、工程施工质量控制

（一）工程建设程序

1. 建设项目及其组成和特点

（1）建设项目

建设项目是固定资产投资项目，是作为建设单位的被管理对象的一次性建设任务，是投资经济学科的一个基本范畴。固定资产投资项目又包括基本建设项目和技术改造项目。

建设项目在一定的约束条件下，以形成固定资产为特定目标。

约束条件：

① 时间约束，即一个建设项目有合理的建设工期目标；

② 资源的约束，即一个建设项目有一定的投资总量目标；

③ 质量约束，即一个建设项目都有预期的生产能力、技术水平或使用效益目标。

建设项目的管理主体是建设单位，项目是建设单位实现目标的一种手段。在国外，投资主体、业主和建设单位一般是三位一体的，建设单位的目标就是投资者的目标；而在我国，投资主体、业主和建设单位三者有时是分离的，给建设项目的管理带来一定的困难。

（2）施工项目

施工项目是施工企业自施工投标开始到保修期满为止的全过程中完成的项目，是作为施工企业的被管理对象的一次性施工任务。

施工项目的管理主体是施工承包企业。施工项目的范围是由工程承包合同界定的，可能是建设项目的全部施工任务，也可能是建设项目中的一个单项工程或单位工程的施工任务。

（3）建设项目的组成

按照建设项目分解管理的需要，可将建设项目分解为单项工程、单位工程（子单位工程）、分部工程（子分部工程）、分项工程和检验批。

1）单项工程（也称工程项目）

凡是具有独立的设计文件，竣工后可以独立发挥生产能力或效益的一组工程项目，称为一个单项工程。一个建设项目，可由一个单项工程组成，也可由若干个单项工程组成。单项工程体现了建设项目的主要建设内容，其施工条件往往具有相对的独立性。

2）单位（子单位）工程

具备独立施工条件（具有单独设计，可以独立施工），并能形成独立使用功能的建筑物及构筑物为一个单位工程。单位工程是单项工程的组成部分，一个单项工程一般都由若干个单位工程所组成。

一般情况下，单位工程是一个单体的建筑物或构筑物；建筑规模较大的单位工程，可将其能形成独立使用功能的部分作为一个子单位工程。

3）分部（子分部）工程

组成单位工程的若干个分部称为分部工程。分部工程的划分应按专业性质、建筑部位确定。

当分部工程较大或较复杂时,可按材料种类、施工特点、施工程序、专业系统及类别等划分为若干子分部工程。

4) 分项工程

组成分部工程的若干个施工过程称为分项工程。分项工程应按主要工种、材料、施工工艺、设备类别等进行划分。如主体混凝土结构可以划分为模板、钢筋、混凝土、预应力、现浇结构、装配式结构等分项工程。

5) 检验批

按现行《建筑工程施工质量验收统一标准》(GB 50300—2001)规定,建筑工程质量验收时,可将分项工程进一步划分为检验批。检验批是指按同一的生产条件或按规定的方式汇总起来供检验用的,由一定数量样本组成的检验体。一个分项工程可由一个或若干个检验批组成,检验批可根据施工及质量控制和专业验收需要按楼层、施工段、变形缝等进行划分。

(4) 工程项目的特点

主要表现在项目的单一性、资源的高投入性、生产的一次性和使用的长期性,具有风险性和管理方式的特殊性等。

1) 项目的单一性

工程项目是在特定的自然条件下按业主的建设意图来进行设计和施工的。即使是同一类型的工程项目,其建设规模、使用功能、效益、材料和设备、施工内外部管理条件、工程所在地点的自然和社会环境、生产工艺过程等也各不相同,设计和施工存在很大差异,因此,工程项目的特点之一是具有单一性。

2) 资源的高投入性

任何一个工程项目都要投入大量的人力、物力和财力,投入建设的时间也是一般工业产品所不可比拟的。

3) 建设周期的长久性

建筑产品的生产周期是指建设项目或单位工程在建设过程中所耗用的时间,即从开始施工起,到全部建成投产或交付使用、发挥效益时止所经历的时间。

建筑产品生产周期长,因此它必须长期大量占用和消耗人力、物力和财力,要到整个生产周期完结,才能出产品。故应科学地组织建筑生产,不断缩短生产周期,尽快提高投资效果。

4) 生产的一次性和使用长期性

工程项目必须在一次建设过程中全部完成,不能多次重复生产,而且使用期限长,一般达几十年。质量必须达到合同规定的要求,且无法更换和退换,否则会影响工程的正常使用,甚至在使用过程中会危及项目的安全,造成重大损失。

5) 建筑生产的流动性

建筑产品的固定性和严格的施工顺序,带来了建筑产品生产的流动性,使生产者和生产工具经常流动转移,要从一个施工段转到另一个施工段,从房屋的这个部位转到那个部位,在工程完工后,还要从一个工地转移到另一个工地。

6) 管理方式的特殊性

由于工程项目资源的投入高，而且是在特殊的环境下建设，受到各种自然因素的影响，施工条件复杂，施工生产又具有一次性和使用的长期性等特点，所以必须加强工程项目的管理，对工程项目的实施过程进行严格的监督和控制，使工程项目质量形成的全过程处于受控状态，以保证工程项目的质量符合规定的要求。

7）具有风险性

由于工程项目受到各种自然因素的影响，同时各种技术因素和社会因素也都将影响到工程项目的建设及其质量，所以工程项目的建设具有一定的风险性，而且工程项目的建设周期愈长，所遭遇的风险机会也就愈多。

(5) 施工质量的特点

由于工程项目的特点而形成了工程质量本身的特点，即：

1）影响因素多

如设计、材料、机械、地形、地质、水文、气象、施工工艺、操作方法、技术措施、管理制度等，均直接影响工程项目的质量。

2）容易产生质量变异

由于影响施工项目质量的偶然性因素和系统性因素都较多，因此，很容易产生质量变异。如机械设备正常的磨损、操作微小的变化等，均会引起偶然性因素的质量变异；施工方法不妥、操作不按规程、机械故障等，则会引起系统性因素的质量变异，造成工程质量事故。为此，在施工中要严防出现系统性因素的质量变异；要把质量变异控制在偶然性因素范围内。

3）质量隐蔽性

工程项目在施工过程中，由于工序交接多，中间产品多，隐蔽工程多，若不及时检查并发现其存在的质量问题，事后看时其表面质量可能很好，容易产生判断错误，即将不合格的产品认为是合格的产品。

4）质量检查不能解体、拆卸

工程项目建成后，不可能像某些工业产品那样，再拆卸或解体检查其内在的质量，或重新更换零件；即使发现质量有问题，也不可能像工业产品那样轻易报废、推倒重来。

5）质量要受投资、进度的制约

施工项目的质量，受投资、进度的制约较大，如一般情况下，投资大、管理好、不抢进度，质量就好；反之，质量则差。因此，项目在施工中，还必须正确处理质量、投资、进度三者之间的关系，使其达到对立的统一，达到系统最优。

2. 工程建设程序

工程建设程序是指工程从计划、决策、施工到竣工验收、交付使用的全过程中，各项工作必须遵循的先后顺序。这个先后顺序是由固定资产的建造和形成过程的规律所决定的。

工程建设程序可概括八个阶段为：

① 项目建议书；

② 可行性研究报告；

③ 初步设计；

④ 施工准备（包括招、投标）；

⑤ 建设实施；
⑥ 生产准备；
⑦ 竣工验收；
⑧ 后评价。

这八个阶段中，每一个步骤都包含着许多工作环节，各有着不同的工作内容，它们按照固有的规律，有机地联系在一起。

工程建设程序的八个阶段可概括为三大阶段：

（1）项目决策阶段

以可行性研究为中心，还包括调查研究、提出设想、确定建设地点、编制设计任务书等内容。

（2）工程准备阶段

以勘测设计工作为中心，还包括成立项目法人、安排年度计划、进行工程发包、准备设备材料、做好施工准备等内容。

（3）工程实施阶段

以工程的建筑安装活动为中心，还包括工程施工、生产准备、试车运行、竣工验收、交付使用等内容。

前两阶段统称为前期工作。下面分三大阶段介绍具体程序。

（1）项目决策阶段

项目决策阶段以可行性研究为工作中心，还包括调查研究、提出设想、确定建设地点、编制可行性研究报告等内容。

1）项目建议书

项目建议书的概念：项目建议书是要求建设某一具体项目的建设性文件，是投资决策前由主管部门对拟建项目的轮廓设想，主要从宏观上衡量分析项目建设的必要性和可行性，即分析其建设条件是否具备，是否值得投入资金和人力。

项目建议书的内容包括以下五个方面：

① 建设项目提出的必要性和依据；
② 拟建工程规模和建设地点的初步设想；
③ 资源情况、建设条件、协作关系等的初步分析；
④ 投资估算和资金筹措的初步设想；
⑤ 经济效益和社会效益的分析论证。

项目建议书按要求编制完成后，按照建设总规模和限额的划分审批权限，报批项目建议书。

项目建议书经批准后，才能进行可行性研究，也就是说，项目建议书并不是项目的最终决策，而仅仅是为可行性研究提供依据和基础。

2）可行性研究阶段

可行性研究是项目决策阶段的核心，关系到建设项目的前途和命运，必须集中精力，深入调查研究，认真进行分析，作出科学的评价。

项目建议书经批准后，即可着手进行可行性研究工作。我国规定，大中型项目、利用外资项目、引进技术和设备项目，都要进行可行性研究。其他项目有条件的，也要进行可行性研究。

可行性研究的主要任务是对多种方案进行分析、比较，提出科学的评价意见，推荐最佳方案。在可行性研究的基础上，编制可行性研究报告。

我国对可行性研究报告的审批权限作出了明确规定，必须按规定将编制好的可行性研究报告送交有关部门审批。

经批准的可行性研究报告是初步设计的依据，不得随意修改和变更。如果在建设规模、产品方案等主要内容上需要修改或突破投资控制数时，应经原批准单位复审同意。

可行性研究主要包括以下内容：

① 建设项目提出的背景和依据；
② 建设规模、产品方案；
③ 技术工艺、主要设备、建设标准；
④ 资源、原材料、燃料供应、动力、运输、供水等协作配合条件；
⑤ 建设地点、场区布置方案、占地面积；
⑥ 项目设计方案、协作配套工程；
⑦ 环保、抗震等要求；
⑧ 劳动定员和人员培训；
⑨ 建设工期、实施进度以及投资估算和资金筹措方式；
⑩ 经济效益和社会效益分析。

(2) 工程准备阶段

1) 设计阶段

可行性研究报告经批准的建设项目，一般由项目法人委托或通过招标有相应资质的设计单位进行设计。

设计是分阶段进行的。大中型建设项目，一般采用两阶段设计，即初步设计和施工图设计；重大项目和技术复杂项目，可根据不同行业的特点和需要，采用三阶段设计，即增加技术设计阶段。

① 初步设计阶段　初步设计阶段的任务是进一步论证建此项目的技术可行性和经济合理性，解决工程建设中重要的技术和经济问题，确定建筑物形式、主要尺寸、施工方法、总体布置，编制施工组织设计和设计概算。

初步设计的主要内容包括：

A. 设计依据；
B. 指导思想；
C. 建设规模；
D. 工程方案确定依据；
E. 总体布置；
F. 主要建筑物的位置、结构、尺寸和设备设计；
G. 施工组织设计；
H. 总概算；
I. 经济效益分析；
J. 对下阶段设计的要求等。

② 技术设计　技术设计是在初步设计的基础上，根据更详细的调查研究资料，进一步确定建筑、结构、工艺、设备等的技术要求，以使建设项目的设计更具体、更完善，技术经济指标达到最优。

③ 施工图设计　施工图设计是按照初步设计所确定的设计原则、结构方案和控制尺寸，根据建筑安装工作的需要，分期分批地绘制出工程施工图，提供给施工单位，据以施工。

施工图设计的主要内容：

A. 进行细部结构设计；

B. 绘制出正确、完整和尽可能详尽的工程施工图纸；

C. 编制施工方案和施工图预算。

其设计的深度应满足材料和设备订货、非标准设备的制作、加工和安装、编制具体施工措施和施工预算等的要求。

2）施工准备阶段

新的工程开工之前，非常重要的一项工作就是施工准备，其重要意义在于创造有利的施工条件，从技术、物质和组织等方面做好必要的准备，使建设项目能连续、均衡、有节奏地进行。搞好建设项目的准备工作，对于提高工程质量，降低工程造价，加快施工进度，都有着重要的保证作用。

① 施工准备工作的主要内容：

A. 施工现场的征地、拆迁工作已基本完成；

B. 施工用水、电、通信、道路和场地平整已完成；

C. 必须的生产、生活临时建筑工程已满足要求；

D. 生产物资准备和生产组织准备已满足要求；

E. 组织建设监理和主体工程招标、投标，并择优选定建设监理单位和施工承包单位。

② 办理开工报建手续

A. 施工准备工作开始前，项目法人或其代理机构，须依照国家或有关单位的管理规定以及工程建设项目的有关批准文件为依据，向主管部门办理报建手续。工程项目进行项目报建登记后，方可组织施工准备工作。

B. 施工准备基本就绪后，应由建设单位提出开工报告，经批准后才能开工。根据国家规定，大中型建设项目的开工报告，要由国家发改委批准。项目在报批开工前，必须由审计机关对项目的有关内容包括项目的资金来源是否正当、落实，项目开工前的各项支出是否符合国家的有关规定，资金是否存入规定的专业银行等进行审计。

做好建设项目的准备工作，对于提高工程质量，降低工程成本，加快施工进度，都有着重要的保证作用。

（3）工程实施阶段

工程实施阶段是项目决策的实施、建成投产发挥投资效益的关键环节。该阶段是在建设程序中时间最长、工作量最大、资源消耗最多的阶段。这个阶段的工作中心是根据设计图纸进行建筑安装施工，还包括做好生产或使用准备、试车运行、进行竣工验收、交付生产或使用等内容。

1）建设实施

建设实施即建筑施工，是将计划和施工图变为实物的过程，是建设程序中的一个重要环节。要做到计划、设计、施工三个环节互相衔接，投资、工程内容、施工图纸、设备材料、施工力量五个方面的落实，以保证建设计划的全面完成。

施工之前要认真做好图纸会审工作，编制施工图预算和施工组织设计，明确投资、进度、质量的控制要求。施工中要严格按照施工图和图纸会审记录施工，如需变动应取得建设单位和设计单位的同意；要严格执行有关施工标准和规范，确保工程质量；按合同规定的内容全面完成施工任务。

在建设实施阶段中，应遵循以下几点：

① 项目法人按照批准的建设文件，精心组织工程建设全过程，保证项目建设目标的实现。

② 项目法人或其代理机构，必须按审批权限，向主管部门提出主体工程开工申请报告，经批准后，主体工程方可正式开工。

③ 项目法人要充分发挥建设管理的主导作用，为施工创造良好的建设条件。

④ 在建设施工阶段要建立健全质量保证体系，确保工程质量。对重要建设项目，行使政府对项目建设的监督职能。

2）生产准备

生产准备是项目投产前所要进行的一项重要工作，是建设阶段基本完成后转入生产经营的必要条件。项目法人应按照监管结合和项目法人责任制的要求，适时做好有关生产准备工作。

生产准备应根据不同类型的工程要求确定，一般应包括以下主要内容：

① 生产组织准备　建立生产经营的管理机构及相应的管理制度。

② 招收培训人员　按照生产运营的要求，配备生产管理人员，并通过多种形式的培训，提高人员的综合素质，使之能满足运营的要求。

③ 生产技术准备　主要包括技术咨询的汇总、运营技术方案的制定、岗位操作规程的制定和新技术的培训。

④ 生产物资准备　主要是落实投产运营所需要的原材料、协作产品、工器具、备品备件和其他协作配合条件的准备。

3）竣工验收

当建设项目的建设内容全部完成，并经过单位工程验收符合设计要求，工程档案资料按规定整理齐全，完成竣工报告、竣工决算等必须文件的编制后，项目法人应按照规定向验收主管部门提出申请，根据国家或行业颁布的验收规程组织验收。

竣工决算编制完成后，需由审计机关组织竣工审计，审计机关的审计报告作为竣工验收的基本资料。

对于工程规模较大、技术复杂的建设项目，可组织有关人员首先进行初步验收，不合格的工程不予验收，有遗留问题的项目，必须提出具体处理意见，落实责任人限期整改。

建筑工程施工质量验收应符合以下要求：

① 参加工程施工质量验收的各方人员应具备规定的资格；

② 单位工程完工后，施工单位应自行组织有关人员进行检查评定，并向建设单位提交工程验收报告；

③ 建设单位收到工程验收报告后，应由建设单位负责人组织施工单位（含分包单位）、设计单位、监理单位等负责人进行单位工程验收；

④ 单位工程质量验收合格后，建设单位应在规定时间内将工程竣工验收报告和有关文件报建设行政管理部门备案。

竣工验收是工程完成建设目标的标志，是全面考核基本建设成果、检验设计和工程质量的重要步骤，是一项严肃、认真、细致的技术工作。竣工验收合格的项目，即可转入生产或使用。

4）后评价阶段

建设项目的后评价阶段，是我国基本建设程序中新增加的一项重要内容。建设项目竣工投产（或使用）后，一般经过1~2年生产运营后，要进行一次系统的项目后评价。项目后评价一般分为项目法人的自我评价、项目行业的评价、计划部门（或主要投资方）的评价三个层次。

建设项目后评价主要包括以下内容：

① 影响评价：项目投产后对各方面的影响进行评价。

② 经济效益评价：对项目投资、国民经济效益、财务效益、技术进步、规模效益、可行性研究深度等进行评价。

③ 过程评价：对项目的立项、设计施工、建设管理、竣工投产、生产运营等全过程进行评价。

建设项目的后评价工作，必须遵循客观、公正、科学的原则，做到分析合理、评价公正。通过建设项目的后评价，以达到肯定成绩、总结经验、研究问题、吸取教训、提出建议、改进工作，不断提高项目决策水平和投资效果的目的。

3. 施工项目管理程序

施工项目管理程序是拟建工程项目在整个施工阶段中必须遵循的客观规律，它是长期施工实践经验的总结，反映了整个施工阶段必须遵循的先后次序。施工项目管理程序由下列各环节组成。

（1）编制项目管理规划大纲

项目管理规划大纲是由企业管理层在投标之前编制的，作为投标依据，满足招标文件要求及签订合同要求的文件。当承包人以编制施工组织设计代替项目管理规划时，施工组织设计应满足项目管理规划的要求。

项目管理规划大纲（或施工组织设计）的内容应包括：

① 项目概况；

② 项目实施条件；

③ 项目投标活动及签订施工合同的策略；

④ 项目管理目标；

⑤ 项目组织结构；

⑥ 质量目标和施工方案；

⑦ 工期目标和施工总进度计划；

⑧ 成本目标；

⑨ 项目风险预测和安全目标；

⑩ 项目现场管理和施工平面图；
⑪ 投标和签订施工合同；
⑫ 文明施工及环境保护等。
(2) 编制投标书并进行投标，签订施工合同
施工单位承接任务的方式一般有三种：
① 国家或上级主管部门直接下达；
② 受建设单位委托而承接；
③ 通过投标而中标承接。招投标方式是最具有竞争机制、较为公平合理的承接施工任务的方式，在我国已得到广泛普及。

施工单位要从多方面掌握大量信息，编制既能使企业盈利，又有竞争力，有望中标的投标书。如果中标，则与招标方进行谈判，依法签订施工合同。签订施工合同之前要认真检查签订施工合同的必要条件是否已经具备，如工程项目是否有正式的批文、是否落实投资等。

(3) 选定项目经理，组建项目经理部，签订"项目管理目标责任书"

签订施工合同后，施工单位应选定项目经理，项目经理接受企业法定代表人的委托组建项目经理部、配备管理人员。企业法定代表人根据施工合同和经营管理目标要求与项目经理签订"项目管理目标责任书"，明确规定项目经理部应达到的成本、质量、进度和安全等控制目标。

(4) 项目经理部编制"项目管理实施规划"，进行项目开工前的准备

项目管理实施规划（或施工组织设计）是在工程开工之前由项目经理主持编制的，用于指导施工项目实施阶段管理活动的文件。

1) 编制项目管理实施规划的依据：
① 项目管理规划大纲；
② 项目管理目标责任书；
③ 施工合同。

2) 项目管理实施规划的内容

包括：工程概况、施工部署、施工方案、施工进度计划、资源供应计划、施工准备工作计划、施工平面图、技术组织措施计划、项目风险管理、信息管理和技术经济指标分析等。

项目管理实施规划应经会审后，由项目经理签字并报企业主管领导人审批。

根据项目管理实施规划，对首批施工的各单位工程，应抓紧落实各项施工准备工作，使现场具备开工条件，有利于进行文明施工。具备开工条件后，提出开工申请报告，经审查批准后，即可正式开工。

(5) 施工期间按"项目管理实施规划"进行管理

施工过程是一个自开工至竣工的实施过程，是施工程序中的主要阶段。在这一过程中，项目经理部应从整个施工现场的全局出发，按照项目管理实施规划（或施工组织设计）进行管理，精心组织施工，加强各单位、各部门的配合与协作，协调解决各方面问题，使施工活动顺利开展，保证质量目标、进度目标、安全目标、成本目标的实现。

(6) 验收、交工与竣工结算

项目竣工验收是在施工单位按施工合同完成了项目全部任务，经检验合格，由建设单位组织验收的过程。

项目经理应全面负责工程交付竣工验收前的各项准备工作，建立竣工收尾小组，编制项目竣工收尾计划并限期完成。项目经理部应在完成施工项目竣工收尾计划后，向企业报告，提交有关部门进行验收。施工单位在企业内部验收合格并整理好各项交工验收的技术经济资料后，向建设单位发出预约竣工验收的通知书，由建设单位组织设计、施工、监理等单位进行项目竣工验收。

通过竣工验收程序，办完竣工结算后，施工单位应在规定期限内向建设单位办理工程移交手续。

（7）项目考核评价

施工项目完成以后，项目经理部应对其进行经济分析，做出项目管理总结报告并送企业管理层有关职能部门。

企业管理层组织项目考核评价委员会，对项目管理工作进行考核评价。项目考核评价的目的是规范项目管理行为，鉴定项目管理水平，确认项目管理成果，对项目管理进行全面考核和评价。项目终结性考核的内容应包括确认阶段性考核的结果，确认项目管理的最终结果，确认该项目经理部是否具备"解体"的条件。经考核评价后，兑现"项目管理目标责任书"中的奖惩承诺，项目经理部解体。

（8）项目回访保修

承包人在施工项目竣工验收后，对工程使用状况和质量问题向用户访问了解，并按照施工合同的约定和"工程质量保修书"的承诺，在保修期内对发生的质量问题进行修理并承担相应经济责任。

（二）施工质量控制的概念和原理

1. 施工质量控制的概念

施工质量控制是指致力于满足工程质量要求，也就是为了保证工程质量满足工程合同、规范标准所采取的一系列措施、方法和手段。工程质量要求主要表现为工程合同、设计文件、技术规范标准规定的质量标准。

（1）施工质量控制的分类

1）自监控主体和监控主体

按其实施主体不同，分为自监控主体和监控主体。自监控主体是指直接从事质量职能的活动者，监控主体是指对他人质量能力和效果的监控者，主要包括以下四个方面：

① 政府的工程质量控制　政府属于监控主体，它主要是以法律法规为依据，通过抓工程报建、施工图设计文件审查、施工许可、材料和设备准用、工程质量监督、重大工程竣工验收备案等主要环节进行的。

② 工程监理单位的质量控制　工程监理单位属于监控主体，它主要是受建设单位的委托，代表建设单位对工程实施全过程进行的质量监督和控制，包括勘察设计阶段质量控制、施工阶段质量控制，以满足建设单位对工程质量的要求。

③ 勘察设计单位的质量控制　勘察设计单位属于自控主体，它是以法律、法规及合同为依据，对勘察设计的整个过程进行控制，包括工作程序、工作进度、费用及成果文件

所包含的功能和使用价值，以满足建设单位对勘察设计质量的要求。

④ 施工单位的质量控制　施工单位属于自控主体，它是以工程合同、设计图纸和技术规范为依据，对施工准备阶段、施工阶段、竣工验收交付阶段等施工全过程的工作质量和工程质量进行的控制，以达到合同文件规定的质量要求。

2）施工质量形成过程各阶段的质量控制

按工程质量形成过程各阶段的质量控制分为决策阶段的质量控制、勘察设计阶段的质量控制、工程施工阶段的质量控制。

① 决策阶段的质量控制　主要是通过项目的可行性研究，选择最佳建设方案，使项目的质量要求符合业主的意图，并与投资目标相协调，与所在地区环境相协调。

② 工程勘察设计阶段的质量控制　主要是要选择好勘察设计单位，要保证工程设计符合决策阶段确定的质量要求，保证设计符合有关技术规范和标准的规定，要保证设计文件、图纸符合现场和施工的实际条件，其深度能满足施工的需要。

③ 施工阶段的质量控制：

A. 择优选择能保证工程质量的施工单位。

B. 严格监督承建商按设计图纸进行施工，并形成符合合同文件规定质量要求的最终建筑产品。

（2）施工质量控制的内容

质量控制的内容是"采取的作业技术和活动"，这些活动包括：

① 确定控制对象，例如一道工序、设计过程、制造过程；

② 规定控制标准，即详细说明控制对象应达到的质量要求；

③ 制定具体的控制方法，例如工艺规程；

④ 明确所采用的检验方法，包括检验手段；

⑤ 实际进行检验；

⑥ 说明实际与标准之间有差异的原因；

⑦ 为解决差异而采取的行动。

施工质量的形成是一个有序的系统过程，其质量的高低综合体现了项目决策、项目设计、项目施工及项目验收等各环节的工作质量。通过提高工作质量来提高工程项目质量，使之达到工程合同规定的质量标准。

工程项目质量控制一般可分为三个环节：

① 对影响产品质量的各种技术和活动确立控制计划与标准，建立与之相应的组织机构；

② 要按计划和程序实施，并在实施活动的过程中进行连续检验和评定；

③ 对不符合计划和程序的情况进行处置，并及时采取纠正措施等。

工程项目质量控制的实施活动通常可分为三个层次：

1）质量检验

采用科学的测试手段，按规定的质量标准对工程建设活动各阶段的工序质量及建筑产品进行检查，不合格原材料不允许使用，不合格工序令其纠正。这种控制实质是事后检验把关的活动。

2）统计质量控制

在项目建设各阶段，特别是施工阶段中，运用数量统计方法进行工序控制，及时分析、研究产品质量状况，采取对策措施，防止质量事故的发生。通常又称其为狭义的"质量控制"。

3）全面质量控制

是指为达到规定的工程项目质量标准而进行的系统控制过程。它强调以预防为主，领导重视，狠抓质量意识教育，着眼于产品全面质量，组织全员参加，实施全过程控制，综合采用多种科学方法来提高人的工作质量，保证工序质量，并以工序质量来保证产品质量，达到全面提高社会效益的目的。

三种不同层次的质量控制标志着质量控制活动发展的三个不同历史阶段。而全面质量控制则是现代的、科学的质量控制，它从更高层次上包括了质量检验和统计质量控制的内容，是实现工程项目质量控制的有力手段。

(3) 施工项目质量控制的基本程序

任何工程都是由分项工程、分部工程和单位工程所组成，施工项目是通过一道道工序来完成的。所以，施工项目的质量控制是从工序质量到分项工程质量、分部工程质量、单位工程质量的系统控制过程（图3-1）；也是一个由对投入原材料的质量控制开始，直到完成工程质量检验为止的全过程的系统过程（图3-2）。

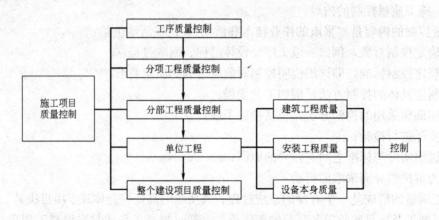

图 3-1 施工项目质量控制过程

施工项目质量控制的基本程序划分为四个阶段：

① 第一阶段为计划控制。在这一阶段主要是制定质量目标，实施方案和计划。

② 第二阶段为监督检查阶段。在按计划实施的过程中进行监督检查。

③ 第三阶段为报告偏差阶段。根据监督检查的结果，发出偏差信息。

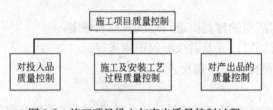

图 3-2 施工项目投入与产出质量控制过程

④ 第四阶段为采取纠正行动阶段。监理单位检查纠正措施的落实情况及其效果，并进行信息的反馈。

施工单位在质量控制中，应按照这个循环程序制定质量控制的措施，按合同和有关法规的要求和标准进行质量的控制。

(4) 施工质量控制的基本要求

对施工项目而言，质量控制，就是为了确保合同、规范所规定的质量标准，所采取的一系列检测、监控措施、手段和方法。施工项目质量控制的基本要求是：

1) 以人的工作质量确保工程质量

工程质量是人创造的。人的政治思想素质、责任感、事业心、质量观、业务能力、技术水平等均直接影响工程质量。为此，我们对工程质量的控制始终应"以人为本"，狠抓人的工作质量，避免人的失误；充分调动人的积极性，发挥人的主导作用，增强人的质量观和责任感，使每个人牢牢树立"百年大计，质量第一"的思想，认真负责地搞好本职工作，以优秀的工作质量来创造优质的工程质量。

2) 严格控制投入品的质量

投入品质量不符合要求，工程质量也就不可能符合标准，严格控制投入品的质量，是确保工程质量的前提。为此，对投入品的订货、采购、检查、验收、取样、试验均应进行全面控制，从组织货源，优选供货厂家，直到使用认证，做到层层把关；对施工过程中所采用的施工方案要进行充分论证，要做到工艺先进、技术合理、环境协调，这样才有利于安全文明施工，有利于提高工程质量。

3) 全面控制施工过程，重点控制工序质量

任何一个工程项目都是由若干分项、分部工程所组成，每一个分项、分部工程，又是通过一道道工序来完成，工程质量是在工序中所创造的，要确保工程质量就必须重点控制工序质量。对每一道工序质量都必须进行严格检查，当上一道工序质量不符合要求时，决不允许进入下一道工序施工。这样，只要每一道工序质量都符合要求，整个工程项目的质量就能得到保证。

4) 严把分项工程质量检验评定关

分项工程质量是分部工程、单位工程质量评定的基础；分项工程质量不符合标准，分部工程、单位工程的质量也不可能评为合格；而分项工程质量评定正确与否，又直接影响分部工程和单位工程质量评定的真实性和可靠性。为此，在进行分项工程质量检验评定时，一定要坚持质量标准，严格检查，一切用数据说话，避免出现判断错误。

5) 贯彻"以预防为主"的方针

预防为主就是要加强对影响质量因素的控制，对投入品质量的控制；就是要从对质量的事后检查把关，转向对质量的事前控制、事中控制；从对产品质量的检查，转向对工作质量的检查、对工序质量的检查、对中间产品的质量检查。这些是确保施工项目质量的有效措施。

6) 严防系统性因素的质量变异

系统性因素，如使用不合格的材料、违反操作规程、混凝土达不到设计强度等级、机械设备发生故障等，均必然会造成不合格产品或工程质量事故。系统性因素的特点是易于识别、易于消除，是可以避免的；只要增强质量观念，提高工作质量，精心施工，完全可以预防系统性因素引起的质量变异。

2. 施工质量形成的影响因素

影响工程质量的因素很多，但归纳起来主要有五个方面，即人、材料、机械、方法和

环境。

(1) 人员素质

人是生产经营活动的主体,也是工程项目建设的决策者、管理者、操作者,人员的素质将直接和间接地对规划、决策、勘察、设计和施工的质量产生影响。

因此,建筑行业实行经营资质管理和各类专业从业人员持证上岗制度是保证人员素质的重要管理措施。

(2) 工程材料

工程材料选用是否合理、产品是否合格、材质是否经过检验、保管使用是否得当等等,都将直接影响建设工程的结构刚度和强度,影响工程外表及观感,影响工程的使用功能,影响工程的使用安全。

(3) 机具设备

机具设备对工程质量也有重要的影响。工程用机具设备其产品质量优劣,直接影响工程使用功能质量。施工机具设备的类型是否符合工程施工特点,性能是否先进稳定,操作是否方便安全等,都将会影响工程项目的质量。

(4) 工艺方法

在工程施工中,施工方案是否合理,施工工艺是否先进,施工操作是否正确,都将对工程质量产生重大的影响。大力推进采用新技术、新工艺、新方法,不断提高工艺技术水平,是保证工程质量稳定提高的重要因素。

(5) 环境条件

环境条件是指对工程质量特性起重要作用的环境因素,包括:工程自然环境,劳动作业环境,工程管理环境,周边环境等。环境条件往往对工程质量产生特定的影响。加强环境管理,改进作业条件,把握好技术环境,辅以必要的措施,是控制环境对质量影响的重要保证。

3. 施工质量控制的基本原理

(1) PDCA 循环原理

PDCA 循环,是人们在管理实践中形成的基本理论方法。从实践论的角度看,管理就是确定任务目标,并按照 PDCA 循环原理来实现预期目标。由此可见 PDCA 是目标控制的基本方法。

1) 计划 P

可以理解为质量计划阶段。明确目标并制订实现目标的行动方案,在建设工程项目的实施中,"计划"是指各相关主体根据其任务目标和责任范围,确定质量控制的组织制度、工作程序、技术方法、业务流程、资源配置、检验试验要求、质量记录方式、不合格处理、管理措施等具体内容和做法的文件,"计划"还须对其实现预期目标的可行性、有效性、经济合理性进行分析论证,按照规定的程序与权限审批执行。

2) 实施 D

包含两个环节,即计划行动方案的交底和按计划规定的方法与要求展开工程作业技术活动。计划交底目的在于使具体的作业者和管理者,明确计划的意图和要求,掌握标准,从而规范行为,全面地执行计划的行动方案,步调一致地去努力实现预期的目标。

3) 检查 C

指对计划实施过程进行各种检查，包括作业者的自检、互检和专职管理者专检。

各类检查都包含两大方面：一是检查是否严格执行了计划的行动方案；实际条件是否发生了变化；不执行计划的原因。二是检查计划执行的结果，即产出的质量是否达到标准的要求，对此进行确认和评价。

4) 处置 A

对于质量检查所发现的质量问题或质量不合格，及时进行原因分析，采取必要的措施，予以纠正，保持质量形成的受控状态。

处理分纠偏和预防两个步骤。前者是采取应急措施，解决当前的质量问题；后者是信息反馈管理部门，反思问题症结或计划时的不周，为今后类似问题的质量预防提供借鉴。

(2) 三阶段控制原理

就是通常所说的事前控制、事中控制和事后控制。这三阶段控制构成了质量控制的系统过程。

1) 事前控制

要求预先进行周密的质量计划。尤其是工程项目施工阶段，制订质量计划或编制施工组织设计或施工项目管理实施规划，都必须建立在切实可行、有效实现预期质量目标的基础上，作为一种行动方案进行施工部署。目前有些施工企业，尤其是一些资质较低的企业在承建中小型的一般工程项目时，往往忽略了技术质量管理的系统控制，失去企业整体技术和管理经验对项目施工计划的指导和支撑作用，这将造成质量预控的先天性缺陷。

事前控制，其内涵包括两层意思：一是强调质量目标的计划预控；二是按质量计划进行质量活动前的准备工作状态的控制。

2) 事中控制

首先是对质量活动的行为约束，即对质量产生过程各项技术作业活动操作者在相关制度管理下的自我行为约束的同时，充分发挥其技术能力，去完成预定质量目标的作业任务；其次是对质量活动过程和结果，来自他人的监督控制，这里包括来自企业内部管理者的检查检验和来自企业外部的工程监理和政府质量监督部门等的监控。

事中控制虽然包含自控和监控两大环节，但其关键还是增强质量意识，发挥操作者自我约束，自我控制，即坚持质量标准是根本的，监控或他人控制是必要的补充，没有前者或用后者取代前者都是不正确的。因此在企业组织的质量活动中，通过监督机制和激励机制相结合的管理方法，来发挥操作者更好的自我控制能力，以达到质量控制的效果，是非常必要的。这也只有通过建立和实施质量体系来达到。

3) 事后控制

包括对质量活动结果的评价认定和对质量偏差的纠正。从理论上分析，如果计划预控过程所制订的行动方案考虑得越是周密，事中约束监控的能力越强越严格，实现质量预期目标的可能性就越大，理想的状况就是希望做到各项作业活动"一次成功"、"一次交验合格率100%"。但客观上相当部分的工程不可能达到，因为在过程中不可避免地会存在一些计划时难以预料的影响因素，包括系统因素和偶然因素。因此当出现质量实际值与目标值之间超出允许偏差时，必须分析原因，采取措施纠正偏差，保持质量受控状态。

以上三大环节，不是孤立和截然分开的，它们之间构成有机的系统过程，实质上也就是 PDCA 循环具体化，并在每一次滚动循环中不断提高，达到质量管理或质量控制的持续改进。

（3）三全控制管理

三全管理是来自于全面质量管理 TQC 的思想，同时包容在质量体系标准中，它指生产企业的质量管理应该是全面、全过程和全员参与的。这一原理对建设工程项目的质量控制，同样有理论和实践的指导意义。

1）全面质量控制

是指工程（产品）质量和工作质量的全面控制，工作质量是产品质量的保证，工作质量直接影响产品质量的形成。对于建设工程项目而言，全面质量控制还应该包括建设工程各参与主体的工程质量与工作质量的全面控制。如业主，监理，勘察，设计，施工总包，施工分包，材料设备供应商等，任何一方任何环节的怠慢疏忽或质量责任不到位都会造成对建设工程质量的影响。

2）全过程质量控制

是指根据工程质量的形成规律，从源头抓起，全过程推进。质量体系标准强调质量管理的"过程方法"管理原则。按照建设程序，建设工程从项目建议书或建设构想提出，历经项目鉴别、选择、策划、可研、决策、立项、勘察、设计、发包、施工、验收、使用等各个有机联系的环节，构成了建设项目的总过程。其中每个环节又由诸多相互关联的活动构成相应的具体过程，因此，必须掌握识别过程和应用"过程方法"进行全过程质量控制。

主要的过程有：项目策划与决策过程；勘察设计过程；施工采购过程；施工组织与准备过程；检测设备控制与计量过程；施工生产的检验试验过程；工程质量的评定过程；工程竣工验收与交付过程；工程回访维修服务过程。

3）全员参与控制

从全面质量管理的观点看，无论组织内部的管理者还是作业者，每个岗位都承担着相应的质量职能，一旦确定了质量方针目标，就应组织和动员全体员工参与到实施质量方针的系统活动中去，发挥自己的角色作用。全员参与质量控制作为全面质量管理所不可或缺的重要手段就是目标管理。目标管理理论认为，总目标必须逐级分解，直到最基层岗位，从而形成自下到上，自岗位个体到部门团队的层层控制和保证关系，使质量总目标分解落实到每个部门和岗位。就企业而言，如果存在哪个岗位没有自己的工作目标和质量目标，说明这个岗位就是多余的，应予调整。

4. 施工质量的监理

监理工程师监理的具体任务是在施工全过程中对各环节进行有效的质量控制，从资料到现场，形成完整的管理体系。

（1）施工准备阶段的质量监理

施工准备阶段，监理工程师应做如下工作：

1）对承包人资质进行审查

承包人资质通常在招标阶段已进行审查，但为确保施工质量目标的实现，在承包队伍进场时，仍需对其资质进行审核，其中包括：

① 企业注册证明和技术等级；

② 了解施工企业的施工经历、技术力量等情况；

③ 了解机械设备配备情况。

2) 对承包人进场情况审查

包括人员状况、机械设备、材料是否满足施工要求，是否符合技术规范。检查进场材料、构配件的质量（是否有出厂合格证、质量保证书，是否有复试报告，是否有准用证等）。对需复试的材料，监理工程师有权要求取样、送检、复试，合格的材料方可使用。对某些工程材料、构配件还应事先提取样品，经认可后，方能采购、订货。

3) 对分包单位资格审查

总承包单位在选择分包单位时，要经监理工程师对分包单位的资质进行审查，确认其符合要求后，才能签订分包合同。分包单位应按照分包合同的约定对分包工程的质量向总承包单位负责，总承包单位与分包单位对分包工程的质量承担连带责任。

对分包单位资格审核内容如下：

① 分包单位的营业执照、企业资质等级证书、特殊行业施工许可证、国外（境外）企业在国内承包工程许可证；

② 分包单位近几年的业绩；

③ 拟分包工程的内容和范围；

④ 专职管理人员和特种作业人员的资格证、上岗证。

4) 审核质量保证体系、安全保证体系

审核质量保证体系、安全保证体系，确保质量安全。

5) 机、电、水暖设备的监理

在施工中配备的机械应提交设备产品的合格证、设备运行检验报告。对用电安全应进行审核、检查，尤其是临时用电安全，必须按规定操作。对于永久性设备，应按图纸设计要求采购，设备进场应开箱检验。

6) 审核施工组织设计、施工方案

① 施工组织设计审核程序：

A. 承包单位必须完成施工组织设计的编制及自审工作，由承包单位负责人签字并填写施工组织设计报审表，报送项目监理机构；

B. 总监理工程师应在约定时间内，组织专业监理工程师审查，提出审查意见后，由总监理工程师审定批准；

C. 施工组织设计报送建设单位备案。

② 对单位工程施工组织设计的审查着重以下方面：

A. 组织体系特别是质量保证体系是否健全；

B. 施工现场总体布置是否合理，是否有利于保证施工的安全、正常、顺利地进行，是否有利于保证质量；

C. 工程地质特征及场区环境状况，以及它们可能在施工中对质量与安全带来的不利影响；

D. 主要施工技术措施的针对性，有效性如何。

③ 对施工方案审查的主要内容：

A. 施工程序的安排是否合理；

B. 施工机械设备的选择应考虑对施工质量的影响与保证；

C. 主要项目的施工方法，它是施工方案的核心，合理的施工方法应当是方法可行，符合现场条件及工艺要求；符合国家有关的施工规范和质量检验评定标准的有关规定；符合国家有关的安全规定与所选择的施工机械设备和施工组织方式相适应；经济合理。

7) 施工现场管理

① 审核施工总平面图布置是否合理；

② 审核测量标桩控制点位置是否准确、牢固；

③ 审查测量放线方案，检查建筑物的定位、放线；

④ 审核基坑开挖支护方案；

⑤ 检查周围环境问题的处理。

8) 参加设计交底和图纸会审

① 设计交底。

参加设计交底了解的基本内容：

A. 设计主导思想、建筑艺术构思和要求，采用的设计规范，确定的抗震等级、防火等级，基础、装修及机电设备设计等；

B. 对主要建筑材料、构配件和设备的要求，所采用的新技术、新工艺、新材料、新设备的要求以及施工中应特别注意的事项等；

C. 设计内容是否符合国家的强制性标准；

D. 对建设单位、承包单位和监理单位提出的对施工图的意见和建议的答复。

② 图纸会审。

9) 向承包人发布监理工作计划

① 监理范围及控制目标；

② 监理组织机构及其职责；

③ 监理与各有关方的关系；

④ 质量、进度、投资控制要求；

⑤ 变更、事故处理；

⑥ 隐蔽工程验收、分项工程验收、分部工程验收、竣工验收的要求。

10) 审查现场开工条件，召开工地例会

监理工程师应审查承包单位报送的工程开工报审表及相关资料，具备开工条件时，由总监理工程师签发，并报建设单位。

(2) 施工过程中的质量监理

① 检查、督促承包人完善质量保证体系；

② 现场检查、旁站、量测、试验；

③ 工序施工中的跟踪监督、检查与控制；

④ 隐蔽工程施工检查；

⑤ 审批设计变更和修改的图纸；

⑥ 遇有质量问题暂时无法解决时，应下达停工令，整改完毕，达到质量标准后，根据施工单位的复工申请，监理工程师现场验收批复后方可开工；

⑦ 分项、分部工程质量验收；

⑧ 工程质量保证、质量评价资料及时、完整、真实；

⑨ 整理竣工档案。
(3) 保修阶段的质量监理
① 审核承建商的"工程保修证书";
② 督促承包人完成竣工时尚未完成的任务;
③ 检查、鉴定工程质量状况和工程使用状况;
④ 在缺陷责任期终止前,督促承建商修复质量缺陷;
⑤ 在保修期结束后,检查工程保修状况,移交保修资料;

(三) 工程施工质量控制

1. 施工质量控制目标的主要内容

施工质量控制的总体目标是贯彻执行建设工程质量法规和强制性标准,正确配置施工生产要素和采用科学管理的方法,实现工程项目预期的使用功能和质量标准。这是建设工程参与各方的共同责任。

(1) 建设单位的质量控制目标

通过施工全过程的全面质量监督管理、协调和决策,保证竣工项目达到投资决策所确定的质量标准。

(2) 设计单位在施工阶段的质量控制目标

通过对施工质量的验收签证、设计变更控制及纠正施工中所发现的设计问题,采纳变更设计的合理化建议等,保证竣工项目的各项施工结果与设计文件(包括变更文件)所规定的标准相一致。

(3) 施工单位的质量控制目标

通过施工全过程的全面质量自控,保证交付满足施工合同及设计文件所规定的质量标准(含工程质量创优要求)的建设工程产品。

(4) 监理单位在施工阶段的质量控制目标

通过审核施工质量文件、报告报表及现场旁站检查、平行检测、施工指令和结算支付控制等手段的应用,监控施工承包单位的质量活动行为,协调施工关系,正确履行工程质量的监督责任,以保证工程质量达到施工合同和设计文件所规定的质量标准。

2. 施工各阶段质量控制的主要内容

(1) 施工质量控制的过程

1) 施工准备质量控制

指工程项目开工前的全面施工准备和施工过程中各分部分项工程施工作业前的施工准备(或称施工作业准备)。此外,还包括季节性的特殊施工准备。施工准备质量是属于工作质量范畴,它对建设工程产品质量的形成产生重要的影响。

2) 施工过程的质量控制

指施工作业技术活动的投入与产出过程的质量控制,其内涵包括全过程施工生产及其中各分部分项工程的施工作业过程。

3) 施工验收质量控制

指对已完工程验收时的质量控制,即工程产品质量控制。包括:隐蔽工程验收、检验批验收、分项工程验收、分部工程验收、单位工程验收和整个建设工程项目竣工验收过程的质量控制。

（2）施工质量控制过程中各主体控制职能

1）自控主体

施工承包方和供应方在施工阶段是质量自控主体，他们不能因为监控主体的存在和监控责任的实施而减轻或免除其质量责任。

2）监控主体

业主、监理、设计单位及政府的工程质量监督部门，在施工阶段是依据法律和合同对自控主体的质量行为和效果实施监督控制。

自控主体和监控主体在施工全过程相互依存、各司其职，共同推动着施工质量控制过程的发展和最终工程质量目标的实现。

（3）工程施工质量的自控主体

施工企业作为工程施工质量的自控主体既要遵循本企业质量管理体系的要求，也要根据其在所承建工程项目质量控制系统中的地位和责任，通过具体项目质量计划的编制与实施，有效地实现自主控制的目标。一般情况下，对施工承包企业而言，无论工程项目的功能类型、结构形式及复杂程度存在着怎样的差异，其施工质量控制过程都可归纳为以下相互作用的八个环节：

① 工程调研和项目承接：全面了解工程情况和特点，掌握承包合同中工程质量控制的合同条件；

② 施工准备：图纸会审、施工组织设计、施工力量设备的配置等；

③ 材料采购；

④ 施工生产；

⑤ 试验与检验；

⑥ 工程功能检测；

⑦ 竣工验收；

⑧ 质量回访及保修。

3．施工生产要素的质量控制方法

影响建筑工程质量的因素主要有"人、材料、机械、方法和环境"等五大方面，简称人、料、机、法、环。因此，对这五方面的因素严格予以控制是保证工程质量的关键。

（1）人的控制

人，是指直接参与工程建设的决策者、组织者、指挥者和操作者。人，作为控制的对象，是避免产生失误，作为控制的动力，是充分调动人的积极性，发挥"人的因素第一"的主导作用。

为了避免人的失误，调动人的主观能动性，增强人的责任感和质量观，达到以工作质量保证工序质量、督促工程质量的目的，除了加强政治思想教育、纪律教育、职业道德教育、专业技术知识培训，健全岗位责任制，改善劳动条件，公平合理的激励外，还需根据工程项目的特点，从确保质量出发，本着适才适用，扬长避短的原则来控制人的使用。

1）施工现场对人员的控制

以项目经理的管理目标和职责为中心，合理组建项目管理机构，贯彻岗位责任制，配备合适的管理人员。

严格实行分包单位的资质审查，控制分包单位的整体素质，包括技术素质、管理素质、服务态度和社会信誉等。

坚持作业人员持证上岗，特别是重要技术工种、特殊工种、高空作业等，做到有资质者上岗。加强对现场管理和作业人员的质量意识教育及技术培训，开展作业质量保证的研讨交流活动等。严格现场管理制度和生产纪律，规范人的作业技术和管理活动的行为。加强激励和沟通活动，调动人的积极性。

为确保施工质量，监理工程师要对施工过程进行全过程的质量监督、检查和控制，就整个施工过程而言，按事前、事中、事后进行控制；就一个具体作业而言，仍涉及事前、事中、事后控制。

2）竣工验收时期对人员的控制

单位工程达到竣工验收条件后，施工单位应在自查、自评工作完成后，填写工程报验报告，并将全部竣工资料报送项目监理机构，申请竣工验收。

总监理工程师组织各专业监理工程师对竣工资料及各专业工程的质量进行全面检查，对检查出的问题，应督促施工单位及时整改。

经项目监理机构对竣工资料及实物全面检查、验收合格后，总监理工程师签署工程竣工报验报告，并向建设单位提出质量评估报告。

建设单位收到质量评估报告后，由建设单位（项目）负责人组织施工（含分包单位）、设计、监理等单位（项目）负责人进行单位（子单位）工程验收。单位工程由分包单位施工时，分包单位对所承包的工程项目应按规定程序检查评定，总包单位派人参加。分包工程完成后，应将工程有关资料交总包单位。

参加验收各方对工程质量验收意见不一致时，可请当地建设行政主管部门或工程质量监督机构协调处理。

单位工程质量验收合格后，建设单位应在规定时间内将工程验收报告和有关文件，报建设行政主管部门备案。

（2）材料质量的控制

原材料、半成品、设备是构成工程实体的基础，其质量是工程项目实体质量的组成部分。故加强原材料、半成品及设备的质量控制，不仅是提高工程质量的必要条件，也是实现工程项目投资目标和进度目标的前提。

1）材料质量控制要点

① 掌握材料信息，优选供货厂家。掌握材料质量、价格、供货能力的信息，选择好供货厂家，就可获得质量好、价格低的材料资源，从而确保工程质量，降低工程造价。材料订货、采购时，要求厂方提供质量保证文件，其质量要满足有关标准和设计的要求；交货期应满足施工及安装进度计划的要求。

质量保证文件的内容主要包括：供货总说明；产品合格证及技术说明书；质量检验证明；检测与试验单位的资质证明；不合格品或质量问题处理的说明及证明；有关图纸及技术资料等。

② 合理组织材料供应，确保施工正常进行。合理地、科学地组织材料的采购、加工、储备、运输，建立严密的计划、调度体系，加快材料的周转，减少材料的占用量，按质、按量、如期地满足建设需要，乃是提高供应效益，确保正常施工的关键环节。

③ 合理组织材料使用，减少材料损失。正确按定额计量使用材料，加强运输、仓库、保管工作，加强材料限额管理和发放工作，健全现场材料管理制度，避免材料损失、变质，乃是确保材料质量、节约材料的重要措施。

④ 加强材料检查验收，严把材料质量关：

A. 对用于工程的主要材料，进场时必须具备正式的出厂合格证的材质化验单，如不具备或对检验证明有怀疑时，应补做检验。

B. 工程中所有各种构件，必须具有厂家批号和出厂合格证。钢筋混凝土和预应力混凝土构件，均应按规定的方法进行抽样检验。由于运输、安装等原因出现的构件质量问题，应分析研究，经处理鉴定后方能使用。

C. 凡标志不清或认为质量有问题的材料；对质量保证资料有怀疑或与合同规定不符的一般材料；由于工程重要程度决定，应进行一定比例试验的材料；需要进行追踪检验，以控制和保证其质量的材料等，均应进行抽检。对于进口的材料设备和重要工程或关键施工部位所用的材料，则应进行全部检验。

D. 材料质量抽样和检验的方法，应符合《建筑材料质量标准与管理规定》，要能反映该批材料的质量性能。对于重要构件或非匀质的材料，还应酌情增加采样的数量。

E. 在现场配制的材料，如混凝土、砂浆、防水材料、防腐材料、绝缘材料、保温材料等的配合比，应先提出试配要求，经试配检验合格后才能使用。

F. 对进口材料、设备应会同商检局检验，如核对凭证中发现问题，应取得供方和商检人员签署的商务记录，按期提出索赔。

G. 高压电缆、电压绝缘材料，要进行耐压试验。

⑤ 重视材料使用认证，防止错用或使用不合格材料：

A. 材料性能、质量标准、适用范围和对施工要求必须充分了解，以便慎重选择和使用材料。

B. 主要装饰材料及建筑配件，应在定货前要求厂家提供样品或看样订货；主要设备订货时，要审核设备清单，是否符合设计要求。

C. 凡是用于重要结构、部位的材料，使用时必须仔细地核对、认证，其材料的品种、规格、型号、性能有无错误，是否适合工程特点和满足设计要求。

D. 新材料应用，必须通过试验和鉴定；代用材料必须通过计算和充分的论证，并要符合结构构造的要求。

E. 材料认证不合格时，不许用于工程中；某些不合格的材料，如过期、受潮的水泥是否降级使用，亦需结合工程的特点予以论证，但决不允许用于重要的工程或部位。

⑥ 现场材料的管理要求：

A. 入库材料要分型号、品种、分区堆放，予以标识，分别编号。

B. 有保质期的材料要定期检查，防止过期，并做好标识。

C. 有防湿、防潮要求的材料，要有防湿、防潮措施，并要有标识。

D. 易燃易爆的物资，要专门存放，有专人负责，并有严格的消防保护措施。

E. 易损坏的材料、设备，要保护好外包装，防止损坏。

2) 材料质量控制的内容

① 材料的质量标准　材料的质量标准是衡量材料质量的尺度，也是材料验收、检验

的依据。掌握材料的质量标准,才能够可靠地控制材料和工程质量。材料的质量标准参见相关国家标准。

② 材料质量的检(试)验

A. 材料质量的检验方法:

a. 书面检验:通过对提供的材料质量保证资料、试验报告等进行审核,取得认可方能使用。

b. 外观检验:对材料从品种、规格、标志、外形尺寸等进行直观检查,看其有无质量问题。

c. 理化检验:借助试验设备和仪器,对材料样品的化学成分、机械性能等进行科学的鉴定。

d. 无损检验:在不破坏材料样品的前提下,利用超声波、X射线、表面探伤仪等进行检测。

B. 材料质量检验程度。根据材料信息和保证资料的具体情况,其质量检验程度分免检、抽检和全部检查三种:

a. 免检:就是免去质量检验过程。对有足够质量保证的一般材料,以及实践证明质量长期稳定且质量保证资料齐全的材料,可予免检。

b. 抽检:就是按随机抽样的方法对材料进行抽样检验。当对材料的性能不清楚,或对质量保证资料有怀疑,或对成批生产的构配件,均应按一定比例进行抽样检验。

c. 全检验:凡对进口的材料、设备和重要工程部位的材料,以及贵重的材料,应进行全部检验,以确保材料和工程质量。

C. 材料质量检验项目。材料质量的检验项目分:

一般试验项目:通常进行的试验项目;

其他试验项目:根据需要进行的试验项目。

如水泥,一般要进行标准稠度、凝结时间、抗压和抗折强度检验;若是小窑水泥,往往由于安定性不良好,则应进行安定性检验。

D. 材料质量检验的取样。材料质量检验的取样必须有代表性,即所采取样品的质量应能代表该批材料的质量。在采取试样时,必须按规定的部位、数量及采选的操作要求进行。

③ 材料的选择和使用要求。材料的选择和使用不当,均会严重影响工程质量或造成质量事故。必须针对工程特点,根据材料的性能、质量标准、适用范围和对施工要求等方面进行综合考虑,慎重地来选择和使用材料。

(3) 方法的控制

这里所指的方法控制,包括所采取的技术方案、工艺流程、组织措施、检测手段、施工组织设计等的控制。尤其是施工方案正确与否,是直接影响工程项目的进度控制、质量控制,成本控制等目标是否顺利实现的关键。所以,必须结合工程实际,从技术、组织管理、工艺、操作、经济等方面进行全面分析,综合考虑,力求方案技术可行、经济合理、工艺先进、措施得力、操作方便,有利于提高质量、加快进度、降低成本。

施工阶段方法控制:施工方法是实现工程施工的重要手段,无论施工方案的制订、工艺的设计、施工组织设计的编制、施工顺序的开展和操作要求等,都必须以确保质量为目的。由于建筑工程目标产品的多样性和单件性的生产特点，使施工方案或生产方案具有很强的个性；另外，由于这类建筑工程的施工又是按照一定的施工规律循序展开，因此，通常需将工程分解成不同的部位和施工过程，分别拟订相应的施工方案来组织施工，这又使得施工方案具有技术和组织方法的共性。通过这种个性和共性的合理统一，形成特定的施工方案，是经济、安全、有效地进行工程施工的重要保证。

施工方案的正确与否，是直接影响工程项目的进度控制、质量控制、投资控制三大目标能否顺利实现的关键。往往由于施工方案考虑不周而拖延进度，影响质量，增加投资。为此，在制订和审核施工方案时，必须结合工程实际，从技术、组织、管理、工艺、操作、经济等方面进行全面分析、综合考虑，力求方案技术可行、经济合理、工艺先进、措施得力、操作方便，有利于提高质量、加快进度、降低成本。

对施工方案的控制，重点抓好以下几个方面：

① 施工方案应随工程施工进展而不断细化和深化。选择施工方案时，应拟定几个可行的方案，突出主要矛盾，对比主要优缺点，以便从中选出最佳方案。

② 对主要项目、关键部位和难度较大的项目，如新结构、新材料、新工艺、大跨度、大悬挂、高大的结构部位等，制订方案时要充分估计到可能发生的施工质量问题和处理方法。

（4）机械设备质量的控制

建筑机具、设备种类繁多，要依据不同的工艺特点和技术要求，选用合适的机具设备；要正确使用、管理和保养好机具设备。为此，要健全操作证制度、岗位责任制度、交接制度、技术保养制度、安全使用制度、机具设备检查制度等，确保机具设备处于最佳状态。

1）施工机具设备的选择

施工机具设备的选择应根据工程项目的建筑结构形式、施工工艺和方法、现场施工条件、施工进度计划的要求等进行综合分析做出决定。从施工需要和保证质量的要求出发，正确确定相应类型的性能参数，选定经济合理、使用和维护保养方便的机种。

2）施工机具设备配置的优化

施工机具设备的选择，除应考虑技术先进、经济合理、生产适用、性能可靠、使用安全方便的原则外，维修难易、能源消耗、工作效率、使用灵活也是重要的约束条件。如何从综合的使用效率来全面考虑各种类型的机械设备才能形成最有效的配套生产能力，通常应结合具体工程的情况，根据施工经验和有关的定性、定量分析方法做出优化配置的选择方案。

3）施工机具设备的动态管理

要根据工程实施的进度计划，确定各类机械设备的进场时间和退场时间。因此，首先要通过计划的安排，抓好进出场时间的控制，避免盲目调度，造成机械设备在现场的空置，降低利用率，增加施工成本。其次是要加强施工过程各类机械设备利用率和使用效率的分析，及时通过合理安排和调度，使利用率和使用效率偏低的机械设备的使用状态得到调整和改善。

4）施工机具设备的使用操作

在施工过程中，应定期对施工机械设备进行校正，以免误导操作。选择机械设备必须有与之相配套的技术操作工人。合理使用机械设备，正确地进行操作是保证施工质量的重要环节。应贯彻"人机固定"的原则，实行定机、定人、定岗位责任的制度。

5) 施工机具设备的管理

承包单位制定出合理的机械化施工操作方案，综合考虑施工现场条件、建筑结构形式、机械设备性能、施工工艺和方法、施工组织与管理、建筑技术经济等各种因素，使之合理装备、配套使用、有机联系，以充分发挥建筑机械的效能，力求获得较好的综合经济效益。

机械设备进场前，承包单位应向项目监理机构报送设备进场清单，列出进场机械设备的型号、规格、数量、技术参数、设备状况、进场时间等。

机械设备进场后，根据承包单位报送的设备进场清单，项目监理机构进行现场核对，检查与施工组织设计是否相符。承包单位和项目监理机构应定期与不定期检查机械设备使用、保养记录，检查其工作状况，以保证机械设备的性能处于良好的作业状态。同时对承包单位机械设备操作人员的技术水平资质进行控制，尤其是从事施工测量、试验与检验的操作人员。

(5) 环境的控制

影响工程质量的环境因素包括三方面：

① 劳动作业环境：如劳动组合、劳动工具、工作面等，往往是前一工序就是后一工序的环境；

② 工程管理环境：如质量保证体系、质量管理制度等；

③ 工程自然环境：如水文、气象、温度、湿度等。

应当根据建筑工程特点和具体情况，对影响质量的环境因素，采取有效措施严加控制。尤其建筑施工现场，应建立文明施工环境，保持工件、材料堆放有序，道路畅通，工作场所清洁整齐，施工程序井井有条；建立健全质量管理措施，避免和减少管理缺陷，为确保质量和安全创造良好的条件。

1) 施工现场劳动作业环境的控制

施工现场劳动作业环境，大至整个建设场地施工期间的使用规范安排，要科学合理地做好施工总平面布置图的设计，使整个建设工地的施工临时道路、给水排水及供热供气管道、供电通信线路、施工机械设备和装置、建筑材料制品的堆场和仓库、现场办公及生活或休息设施等的布置有条不紊，安全、通畅、整洁、文明，消除有害影响和相互干扰，物得其所，作用简便，经济合理；小至每一施工作业场所的材料器具堆放状况，通风照明及有害气体、粉尘的防备措施条例的落实等。这些条件是否良好，直接影响施工能否顺利进行以及施工质量。

2) 施工管理环境的控制

由于工程施工是采用合同环境下的承发包生产方式，其基本的承发包模式有：施工总分包模式、平行承发包模式及这两种模式的组合应用，因此一个建设项目或一个单位工程施工项目，通常是由多个承建商共同承担施工任务，不同的承发包模式和合同结构，确定了他们之间的管理关系或工作关系，这种关系能否做到明确而顺畅，就是管理环境的创造问题。虽然承包商无法左右业主对承发包模式和工程合同结构的选择，然而却有可能从主承包合同条件的拟定和评审中，从分包的选择和分包合同条件的协商中，注意管理责任和管理关系，包括协作配合管理关系的建立，合理地为施工过程创造良好的组织条件和管理环境。

管理环境控制，主要是根据承发包的合同结构，理顺各参建施工单位之间的管理关系，建立现场施工组织系统和质量管理的综合运行机制。确保施工程序的安排以及施工质量形成过程能够起到相互促进、相互制约、协调运转的作用。使质量管理体系和质量控制自检体系处于良好的状态，系统的组织机构、管理制度、检测制度、检测标准、人员配备各方面完善明确，质量责任制得到落实。此外，在管理环境的创设方面，还应注意与现场近邻的单位、居民及有关方面的协调、沟通，做好公共关系，以使他们对施工造成的干扰和不便给予必要的谅解和支持配合。

3) 施工现场自然环境的控制

自然环境的控制，主要是掌握施工现场水文、地质和气象资料等信息，以便在制订施工方案、施工计划和措施时，能够从自然环境的特点和规律出发，事先做好充分的准备和采取有效措施与对策，防止可能出现的对施工作业质量不利的影响。如建立地基和基础施工对策，防止地下水、地面水对施工的影响，保证周围建筑物及地下管线的安全；从实际条件出发，做好冬、雨期施工项目的安排和防范措施；加强环境保护和建设公害的治理等。

4. 见证取样送检，工程变更的控制方法

见证取样是指对工程项目使用的材料、半成品、构配件的现场取样、工序活动效果的检查实施见证。

为确保工程质量，建设部规定，在市政工程及房屋建筑工程项目中，对工程材料、承重结构的混凝土试块、承重墙体的砂浆试块、结构工程的受力钢筋（包括接头）实行见证取样。

（1）见证取样的工作程序

① 工程项目施工开始前，项目监理机构要督促承包单位尽快落实见证取样的送检试验室。对于承包单位提出的试验室，监理工程师要进行实地考察。试验室一般是和承包单位没有行政隶属关系的第三方。试验室要具有相应的资质，经国家或地方计量、试验主管部门认证，试验项目满足工程需要，试验室出具的报告对外具有法定效力。

② 项目监理机构要将选定的试验室报送负责本项目的质量监督机构备案并得到认可，同时要将项目监理机构中负责见证取样的监理工程师在该质量监督机构备案。

③ 承包单位在对进场材料、试块、试件、钢筋接头等实施见证取样前要通知负责见证取样的监理工程师，在该监理工程师现场监督下，承包单位按相关规范的要求，完成材料、试块、试件等的取样过程。

④ 完成取样后，承包单位将送检样品装入木箱，由监理工程师加封，不能装入箱中的试件，如钢筋样品、钢筋接头，则贴上专用加封标志，然后送往试验室。

（2）见证取样的要求

① 试验室要具有相应的资质并进行备案、认可。

② 负责见证取样的监理工程师要具有材料试验等方面的专业知识，且要取得从事监理工作的上岗资格。

③ 承包单位从事取样的人员一般应是试验室人员或专职质检人员担任。

④ 送往试验室的样品,要填写"送验单",送验单要盖有"见证取样"专用章,并有见证取样监理工程师的签字。

⑤ 试验室出具的报告一式两份,分别由承包单位和项目监理机构保存,并作为归档材料,这是工序产品质量评定的重要依据。

⑥ 见证取样的频率,国家或地方主管部门有规定的,执行相关规定;施工承包合同中如有明确规定的,执行施工承包合同的规定。见证取样的频率和数量,包括在承包单位自检范围内,一般所占比例为30%。

⑦ 见证取样的试验费用由承包单位支付。

⑧ 实行见证取样,不能代替承包单位应对材料、构配件进场时必须进行的自检。自检频率和数量要按相关规范要求执行。

(3) 工程变更的控制

施工过程中,由于前期勘察设计的原因,或由于外界自然条件的变化,未探明的地下障碍物、管线、文物、地质条件不符等,以及施工工艺方面的限制、建设单位要求的改变,均会涉及到工程变更。做好工程变更的控制工作,也是施工过程质量控制的一项重要内容。

工程变更的要求可能来自建设单位、设计单位或施工承包单位。为确保工程质量,不同情况下工程变更的实施、设计图纸的澄清、修改,具有不同的工作程序。

1) 施工承包单位要求变更的处理

在施工过程中承包单位提出的工程变更要求可能是:一要求作某些技术修改;二要求作设计变更。

① 对技术修改要求的处理是指承包单位根据施工现场具体条件和自身的技术、经验和施工设备等条件,在不改变原设计图纸和技术文件的原则前提下,提出的对设计图纸和技术文件的某些技术上的修改要求。

承包单位提出技术修改的要求时,应向项目监理机构提交《工程变更单》,在该表中应说明要求修改的内容及原因或理由,并附图和有关文件。

技术修改问题一般可以由专业监理工程师组织承包单位和现场设计代表参加,经各方同意后签字并形成纪要,作为工程变更单附件,经总监批准后实施。

② 对设计变更的要求的处理是指施工期间,对于设计单位在设计图纸和设计文件中所表达的设计标准状态的改变和修改。

首先,承包单位应就要求变更的问题填写《工程变更单》,送交项目监理机构。总监理工程师根据承包单位的申请,经与设计、建设、承包单位研究并作出变更的决定后,签发《工程变更单》,并应附有设计单位提出的变更设计图纸。承包单位签收后按变更后的图纸施工。

总监理工程师在签发《工程变更单》之前,应就工程变更引起的工期改变及费用的增减分别与建设单位和承包单位进行协商,力求达成双方均能同意的结果。

这种变更,一般均会涉及到设计单位重新出图的问题。

如果变更涉及到结构主体及安全,该工程变更还要按有关规定报送施工图原审查单位进行审批,否则变更不能实施。

2) 设计单位提出变更的处理

① 设计单位首先将"设计变更通知"及有关附件报送建设单位；

② 建设单位会同监理、施工承包单位对设计单位提交的"设计变更通知"进行研究，必要时设计单位尚需提供进一步的资料，以便对变更作出决定；

③ 总监理工程师签发《工程变更单》，并将设计单位发出的"设计变更通知"作为该《工程变更单》的附件，施工承包单位按新的变更图实施。

3) 建设单位（监理工程师）要求变更的处理

① 建设单位（监理工程师）将变更的要求通知设计单位，如果在要求中包括有相应的方案或建议，则应一并报送设计单位；否则，变更要求由设计单位研究解决。在提供审查的变更要求中，应列出所有受该变更影响的图纸、文件清单。

② 设计单位对《工程变更单》进行研究。如果在"变更要求"中附有建议或解决方案时，设计单位应对建议或解决方案的所有技术方面进行审查，并确定它们是否符合设计要求和实际情况，然后书面通知建设单位，说明设计单位对该解决方案的意见，并将与该修改变更有关的图纸、文件清单返回给建设单位，说明自己的意见。

如果该《工程变更单》未附有建议的解决方案，则设计单位应对该要求进行详细的研究，并准备出自己对该变更的建议方案，提交建设单位。

③ 根据建设单位的授权，监理工程师研究设计单位所提交的建议设计变更方案或其对变更要求所附方案的意见，必要时会同有关的承包单位和设计单位一起进行研究，也可进一步提供资料，以便对变更作出决定。

④ 建设单位作出变更的决定后由总监理工程师签发《工程变更单》，指示承包单位按变更的决定组织施工。

需注意的是在工程施工过程中，无论是建设单位还是施工单位或设计单位提出的工程变更或图纸修改，都应通过监理工程师审查并经有关方面研究，确认其必要性后，由总监理工程师发布变更指令方能生效予以实施。

5. 隐蔽工程验收，施工质量检查方法

隐蔽工程是指将被其后工程施工所隐蔽的分项、分部工程，在隐蔽前所进行的检查验收。它是对一些已完分项、分部工程质量的最后一道检查，由于检查对象就要被其他工程覆盖，给以后的检查整改造成障碍，故显得尤为重要，它是质量控制的一个关键过程。

（1）隐蔽工程验收工作程序

① 隐蔽工程施工完毕，承包单位按有关技术规程、规范、施工图纸先进行自检，自检合格后，填写《报验申请表》，附上相应的工程检查证（或隐蔽工程检查记录）及有关材料证明、试验报告、复试报告等，报送项目监理机构。

② 监理工程师收到报验申请后首先对质量证明资料进行审查，并在合同规定的时间内到现场检查（检测或核查），承包单位的专职质检员及相关施工人员应随同一起到现场。

③ 经现场检查，如符合质量要求，监理工程师在《报验申请表》及工程检查证（或隐蔽工程检查记录）上签字确认，准予承包单位隐蔽、覆盖，进入下一道工序施工。

如经现场检查发现不合格，监理工程师签发"不合格项目通知"，指令承包单位整改，整改后自检合格再报监理工程师复查。

（2）隐蔽工程检查验收的质量控制要点

建筑工程施工中，防止出现质量隐患。下述工程部位进行隐蔽检查时必须重点控制：

① 基础施工前对地基质量的检查，尤其要检测地基承载力；
② 基坑回填土前对基础质量的检查；
③ 混凝土浇筑前对钢筋的检查（包括模板检查）；
④ 混凝土墙体施工前，对敷设在墙内的电线管质量检查；
⑤ 防水层施工前对基层质量的检查；
⑥ 建筑幕墙施工挂板之前对龙骨系统的检查；
⑦ 屋面板与屋架（梁）埋件的焊接检查；
⑧ 避雷引下线及接地引下线的连接；
⑨ 覆盖前对直埋于楼地面的电缆，封闭前对敷设于暗井道、吊顶、楼板垫层内的设备管道；
⑩ 易出现质量通病的部位。

(3) 施工阶段质量控制的方法

1) 审核技术报告和文件

① 审核施工单位提出的开工报告；
② 审核有关的技术资质证明文件；
③ 审核施工单位提交的施工组织设计、施工方案；
④ 审核施工单位提交的材料、半成品、构配件的质量检验报告，包括出厂合格证、技术说明书、试验资料等质量保证文件；
⑤ 审核新材料、新技术、新工艺的现场试验报告；
⑥ 审核永久设备的技术性能和质量检验报告；
⑦ 审查施工单位的质量保证体系文件，包括对分包单位质量控制体系和质量控制措施的审查；
⑧ 审核设计变更和图纸修改及技术核定书；
⑨ 审核施工单位提交的反映工程质量动态的统计资料或管理图表；
⑩ 审核有关工程质量事故的处理方案；
⑪ 审核有关应用新材料、新技术、新工艺的鉴定报告。

2) 现场质量检查的内容

① 开工前的检查。目的是检查是否具备开工条件，开工后能否正常施工，能否保证工程质量。
② 工序施工中的跟踪监督、检查与控制。主要是监督、检查在工序施工过程中，人员、施工机械设备、材料、施工方法及工艺或操作以及施工环境条件等是否均处于良好的状态，是否符合保证工程质量的要求，若发现有问题应及时纠偏和加以控制。
③ 对于重要的和对工程质量有重大影响的工序（例如预应力张拉工序），还应在现场进行施工过程的旁站监督与控制，确保使用材料及工艺过程质量。
④ 工序产品的检查、工序交接检查及隐蔽工程检查。在施工单位自检与互检的基础上，隐蔽工程须经监理人员检查确认其质量后，才允许加以覆盖。
⑤ 复工前的检查。工程项目由于某种原因停工后，在复工前应经监理人员检查认可后，下达复工指令，方可复工。
⑥ 分项、分部工程完成后，在施工单位自检合格的基础上，监理人员检查认可后，

签署中间交工证书。

⑦ 对于施工难度大的工程结构或容易产生质量通病的施工对象，监理人员进行现场的跟踪检查。

⑧ 成品保护质量检查。成品保护检查是指在施工过程中，某些分项工程已完工，而其他分项工程尚在施工，或分项工程的一部分已完成，另一部分在继续施工，要求施工单位对已完成的成品采取妥善的措施加以保护，以免受到损伤和污染，从而影响到工程整体的质量。根据产品特点的不同，成品保护可分别采用防护、包裹、封闭等方法。

A. 防护：是对被保护的成品采取相应的防护措施，如为了保护清水楼梯踏步不被磕损，可以加护棱角铁等。

B. 包裹：是将被保护的成品包裹起来，以防其受到损伤和污染。例如，楼梯扶手在油漆前应裹纸保护，以防污染变色。

C. 覆盖：是对被保护的成品表面用覆盖的方法加以保护，以防堵塞或损伤。例如地漏、落水口、排水管安装施工完成后，要加以覆盖，以防落入异物而将其堵塞。

D. 封闭：是对被保护的成品用局部封闭的方法加以保护。例如预制磨石楼梯、水泥磨面楼梯完工后，应将楼梯口暂时封闭。

3）施工质量检验的主要方法

对于现场所用原材料、半成品、工序过程或工程产品质量进行检验的方法，一般可分为三类，即目测法、量测法以及试验法。

① 目测法：即凭借感官进行检查，也可以叫作观感检验。这类方法主要是根据质量要求，采用看、摸、敲、照等手法对检查对象进行检查。

A. 看：根据质量标准要求进行外观检查；

B. 摸：通过触摸手感进行检查、鉴别；

C. 敲：运用敲击方法进行音感检查；

D. 照：通过人工光源或反射光照射，仔细检查难以看清的部位。

② 量测法：就是利用量测工具或计量仪表，通过实际量测结果与规定的质量标准或规范的要求相对照，从而判断质量是否符合要求。量测的手法可归纳为：靠、吊、量、套。

A. 靠：是用直尺检查诸如地面、墙面的平整度等。

B. 吊：是指用托线板线坠检查垂直度。

C. 量：是指用量测工具或计量仪表等检查断面尺寸、轴线、标高、温度、湿度等数值并确定其偏差。

D. 套：是指以方尺套方辅以塞尺，检查诸如踢脚线的垂直度，预制构件的方正，门窗口及构件的对角线等。

③ 试验法：指通过进行现场试验或试验室试验等理化试验手段，取得数据，分析判断质量情况。包括：

A. 力学性能试验。如测定抗拉强度、抗压强度、抗弯强度、抗折强度、冲击韧性、硬度、承载力等。

B. 物理性能试验。如测定相对密度、密度、含水量、凝结时间、安定性、抗渗性、耐磨性、耐热性、隔声等。

C. 化学性能试验。如材料的化学成分、耐酸性、耐碱性、抗腐蚀等。

D. 无损测试。探测结构物或材料、设备内部组织结构或损伤状态。如超声检测、回弹强度检测、电磁检测、射线检测等。它们一般可以在不损伤被探测物的情况下了解被探测物的质量情况。

此外，必要时还可在现场通过诸如对桩或地基的现场静载试验或打试桩，确定其承载力；对混凝土现场取样，通过试验室的抗压强度试验，确定混凝土达到的强度等级；以及通过管道压力试验判断其耐压及渗漏情况等。

6. 质量控制点的设置要求

质量控制点是指为了保证作业过程质量而确定的重点控制对象、关键部位或薄弱环节。设置质量控制点是保证达到施工质量要求的必要前提，在拟定质量控制工作计划时，应予以详细地考虑，并以制度来保证落实。对于质量控制点，一般要事先分析可能造成质量问题的原因，再针对原因制定对策和措施进行预控。

（1）质量预控对策的检查

所谓工程质量预控，就是针对所设置的质量控制点或分部、分项工程，事先分析施工中可能发生的质量问题和隐患，分析可能产生的原因，并提出相应的对策，采取有效的措施进行预先控制，以防在施工中发生质量问题。

质量预控及对策的表达方式主要有：

① 文字表达；

② 用表格形式表达；

③ 解析图形式表达。

承包单位在工程施工前应根据施工过程质量控制的要求，列出质量控制点明细表，表中详细地列出各质量控制点的名称或控制内容、检验标准及方法等，提交监理工程师审查批准后，在此基础上实施质量预控。

（2）选择质量控制点的一般原则

是否设置为质量控制点，主要是视其对质量特性影响的大小、危害程度以及其质量保证的难度大小而定。

概括地说，应当选择那些保证质量难度大的、对质量影响大的或者发生质量问题时危害大的对象作为质量控制点：

① 施工过程中的关键工序或环节以及隐蔽工程；

② 施工中的薄弱环节或质量不稳定的工序、部位或对象；

③ 对后续工程施工或对后续工序质量或安全有重大影响的工序、部位或对象；

④ 使用新技术、新工艺、新材料的部位或环节；

⑤ 施工上无足够把握的、施工条件困难的或技术难度大的工序或环节。

可作为质量控制点的对象涉及面广，它可能是技术要求高、施工难度大的结构部位，也可能是影响质量的关键工序、操作或某一环节。总之，不论是结构部位、影响质量的关键工序、操作、施工顺序、技术、材料、机械、自然条件、施工环境等均可作为质量控制点来控制。

质量控制点的选择要准确、有效。为此，一方面需要有经验的工程技术人员来进行选择，另一方面也要集思广益，集中群体智慧由有关人员充分讨论，在此基础上进行选择。

选择时要根据对重要的质量特性进行重点控制的要求，选择质量控制的重点部位、重点工序和重点的质量因素作为质量控制点，进行重点控制和预控，这是进行质量控制的有效方法。

（3）作为质量控制点重点控制的对象

1）人的行为

对某些作业或操作，应以人为重点进行控制，例如高空作业等，对人的身体素质或心理应有相应的要求；技术难度大或精度要求高的作业，如复杂模板放样、复杂的设备安装等对人的技术水平均有相应的较高要求。

2）物的质量与性能

施工设备和材料是直接影响工程质量和安全的主要因素，对某些工程尤为重要，常作为控制的重点。例如作业设备的质量、计量仪器的质量都是直接影响主要因素。

3）关键的操作

如预应力钢筋的张拉工艺操作过程及张拉力的控制，是可靠地建立预应力值和保证预应力构件质量的关键过程。

4）施工技术参数

例如冬期施工混凝土受冻临界强度等技术参数是质量控制的重要指标。

5）施工顺序

某些工作必须严格作业之间的顺序，例如对于屋架固定一般应采取对角同时施焊，以免焊接应力使已校正的屋架发生变位等。

6）技术间歇

有些作业之间需要有必要的技术间歇时间，例如混凝土浇筑后至拆模之间应保持一定的间歇时间；混凝土大坝坝体分块浇筑时，相邻浇筑块之间必须保持足够的间歇时间等。

7）新工艺、新技术、新材料的应用

由于缺乏经验，施工时可作为重点进行严格控制。

8）产品质量不稳定、不合格率较高及易发生质量通病的工序

应列为重点，仔细分析、严格控制。

9）易对工程质量产生重大影响的施工方法

例如升板法施工中提升差的控制等，都是一旦施工不当或控制不严即可引起重大质量事故问题，也应作为质量控制的重点。

10）特殊地基或特种结构

如大孔性湿陷性黄土、膨胀土等特殊土地基的处理、大跨度和超高结构等难度大的施工环节和重要部位等都应予特别重视。

7. 施工质量控制依据和主要手段

（1）施工阶段进行质量控制的依据

1）工程合同文件

工程施工承包合同文件和委托监理合同文件中分别规定了参与建设各方在质量控制方面的权利和义务，有关各方必须履行在合同中的承诺。对于监理单位，既要履行委托监理合同的条款，又要督促建设单位、监督承包单位、设计单位履行有关的质量控制条款。因此，监理工程师要熟悉这些条款，据以进行质量监督和控制。

2) 设计文件

"按图施工"是施工阶段质量控制的一项重要原则。因此经过批准的设计图纸和技术说明书等设计文件，无疑是质量控制的重要依据。但是从严格质量管理和质量控制的角度出发，监理单位在施工前还应参加由建设单位组织的设计单位及承包单位参加的设计交底及图纸会审工作，以达到了解设计意图和质量要求，发现图纸差错和减少质量隐患的目的。

3) 国家及政府有关部门颁布的有关质量管理方面的法律、法规性文件

①《中华人民共和国建筑法》；

②《建设工程质量管理条例》；

③《建筑业企业资质管理规定》等。

以上是国家及建设主管部门所颁发的有关质量管理方面的法规性文件。这些文件都是建设行业质量管理方面所应遵循的基本法规文件。此外，其他各行业如交通、能源、水利、冶金、化工等的政府主管部门和省、市、自治区的有关主管部门，也均根据本行业及地方的特点，制定和颁发了有关的法规性文件。

4) 有关质量检验与控制的专门技术法规性文件

这类文件一般是针对不同行业、不同的质量控制对象而制定的技术法规性的文件，包括各种有关的标准、规范、规程或规定。

技术标准是建立和维护正常的生产和工作秩序应遵守的准则，也是衡量工程、设备和材料质量的尺度。

技术规程或规范，一般是执行技术标准、保证施工有序地进行，而为有关人员制定的行动准则，通常也与质量的形成有密切关系，应严格遵守。

各种有关质量方面的规定，一般是由有关主管部门根据需要而发布的带有方针目标性的文件。它对于保证标准和规程、规范的实施和改善实际存在的问题，具有指令性和及时性的特点。此外，对于大型工程，特别是对外承包工程和外资、外贷工程的质量监理与控制中，可能还会涉及国际标准和国外标准或规范，当需要采用这些标准或规范进行质量控制时，还需要熟悉它们。

概括说来，属于这类专门的技术法规性的依据主要有以下几类：

① 工程项目施工质量验收标准：

A.《建筑工程施工质量验收统一标准》；

B.《混凝土结构工程施工质量验收规范》；

C.《建筑装饰装修工程质量验收规范》等。

这类标准主要是由国家或建设部统一制定的，用以作为检验和验收工程项目质量水平所依据的技术法规性文件。对于其他行业如水利、电力、交通等工程项目的质量验收，也有与之类似的相应的质量验收标准。

② 材料、半成品和构配件质量控制的专门技术法规性依据：

A. 有关材料及其制品质量的技术标准；

B. 有关材料或半成品等的取样、试验等方面的技术标准或规程；

C. 有关材料验收、包装、标志方面的技术标准和规定。

③ 控制施工作业活动质量的技术规程：

A. 电焊操作规程；
B. 砌砖操作规程；
C. 混凝土施工操作规程等。

它们是为了保证施工作业活动质量在作业过程中应遵照执行的技术规程。

④ 凡采用新工艺、新技术、新材料的工程，事先应进行试验，并应以权威技术部门的技术鉴定书及有关的质量数据、指标为基础，制定有关的质量标准和施工工艺规程，以此作为判断与控制质量的依据。

（2）工程质量控制的原则

1) 坚持质量第一的原则

"百年大计，质量第一"。在工程建设中自始至终把"质量第一"作为对工程质量控制的基本原则。

2) 坚持以人为核心的原则

工程质量控制中，要以人为核心，重点控制人的素质和人的行为，充分发挥人的积极性和创造性，以人的工作质量保证工程质量。

3) 坚持以预防为主的原则

质量控制要重点做好质量的事先控制和事中控制，以预防为主，加强过程和中间产品的质量检查和控制。

4) 坚持质量标准的原则

质量标准是评价产品质量的尺度。识别工程质量是否符合规定的质量标准要求，应通过质量检验并和质量标准对照，符合质量标准要求的才是合格，不符合质量标准要求的就是不合格，必须返工处理。

5) 坚持科学、公正、守法的道德规范

在工程质量控制中，要尊重科学、尊重事实，以数据资料为依据，客观、公正地处理质量问题。坚持原则，遵纪守法。

（3）工程质量控制手段

监理工程师进行施工质量监理，一般可采用以下几种手段，进行监督控制。

1) 旁站监理

旁站监理是监理人员经常采用的一种主要的现场检查形式。

旁站监理是在施工过程中进行临场定点旁站观察、监督和检查，注意并及时发现质量事故的苗头和影响质量因素的不利的发展变化、潜在的质量隐患以及出现的质量问题等，以便及时进行控制。对于隐蔽工程一类的施工，进行旁站监督更为重要。旁站监督应对监督内容及过程进行记录，并编写日报、周报。

2) 测量

施工前监理人员应对施工放线及高程控制进行检查，严格控制；在施工过程中，发现偏差，及时纠正；中间验收时，对于几何尺寸等不合要求者，应指令施工单位处理。

3) 抽样检验

抽样检验是指抽取一定样品或一定数量的检测点进行检查或试验，以确定其质量是否符合要求。

① 检查。根据确定的检测点，采用视觉检查的方法，对照质量标准中要求的内容逐

项检查，评价实际的施工质量是否满足要求。

② 试验。试验数据是监理工程师判断和确认各种材料和工程部位内在品质的主要依据。每道工序中诸如材料性能、拌合料配合比、成品的强度等物理性能以及打桩的承载能力等，常需通过试验手段取得试验数据来判断其质量情况。

4）规定质量监控工作程序

规定双方必须遵守的质量监控工作程序，监理人员根据这一工作程序来进行质量控制。这也是进行质量监控的必要手段和依据。例如，未提交开工申请单并得到监理工程师的审查、批准的，不得开工；未经监理工程师签署质量验收单予以质量确认的，不得进行下道工序等。

5）下达指令文件

指令文件是表达监理工程师对施工承包单位提出指示和要求的书面文件，用以向施工单位指出施工中存在的问题，提请施工单位注意，以及向施工单位提出要求或指示其做什么或不做什么等等。例如施工准备完成后，经监理工程师确认并下达开工指令，施工单位才能施工；施工中出现异常情况，经监理人员指出后，施工单位仍未采取措施加以改正或采取的措施不力时，监理工程师为了保证施工质量，可以下达停工指令，要求施工单位停止施工，直到问题得到解决为止等等。监理工程师的各项指令都应是书面的或有文件记载的方为有效，并作为技术文件资料存档。如因时间紧迫，来不及做出正式的书面指令，也可以用口头指令的方式下达给施工单位，但随即应按合同规定，及时补充书面文件对口头指令予以确认。

6）使用支付控制手段

工程款支付的条件之一就是工程质量要达到规定的要求和标准。如果施工单位的工程质量达不到要求的标准，而又不能按监理工程师的指示承担处理质量缺陷的责任，并予以处理使之达到要求的标准，监理工程师有权采取拒绝开具支付证明书的手段，停止对施工单位支付部分或全部工程款，由此造成的损失由施工单位负责。显然，这是十分有效的控制和约束手段。例如分项工程完工，未经验收签证擅自进行下一道工序的施工，则可暂不支付工程款；分项工程完工后，经检查质量未达合格标准，在未返工修理达到合格标准之前，监理工程师也可暂不支付工程款。

（4）工程质量控制的措施

工程质量控制应当从多方面采取措施实施控制，这些措施归纳为组织措施、技术措施、经济措施、合同措施四个方面。

1）组织措施

是从质量控制的组织管理方面采取的措施，如落实质量控制的组织机构和人员，明确各级质量控制人员的任务和职能分工、权力和责任，改善目标控制的工作流程等。组织措施是其他各类措施的前提和保障，而且一般不需要增加什么费用，运用得当可以收到良好的效果。尤其是对由于业主原因所导致的质量偏差，这类措施可能成为首选措施，故应予以足够的重视。

2）技术措施

不仅对解决建设工程实施过程中的技术问题是不可缺少的，而且对纠正质量偏差亦有相当重要的作用。任何一个技术方案都有基本确定的经济效果，不同的技术方案就有着不同的经济效果。因此，运用技术措施纠偏的关键，一是要能提出多个不同的技术方案，二是要对不同的技术方案进行技术经济分析。在实践中，要避免仅从技术角度选定技术方案而忽视对其经济效果的分析论证。

3）经济措施

是最易为人接受和采用的措施。需要注意的是，经济措施不仅是审核工程量及相应的付款和结算报告，还需要从一些全局性、总体性的问题上加以考虑，往往可以取得事半功倍的效果。另外，不要仅仅局限在已发生的费用上。通过偏差原因分析和未完工程投资预测，可发现一些现有和潜在的问题将引起未完工程的投资增加，对这些问题应以主动控制为出发点，及时采取预防措施。

4）合同措施

由于质量控制是以合同为依据的，因此合同措施就显得尤为重要。对于合同措施，除了拟订合同条款、参加合同谈判、处理合同执行过程中的问题、防止和处理索赔等措施之外，还要协助业主确定对质量控制有利的建设工程组织管理模式和合同结构，分析不同合同之间的相互联系和影响，对每一个合同做总体和具体分析等。

8. 施工质量控制案例

【例 3-1】 材料施工质量控制

（1）背景

某承包商承接工程位于某市，建筑层数地上 22 层，地下 2 层，基础类型为桩基筏式承台板，结构形式为现浇剪力墙，混凝土采用商品混凝土，强度等级有 C25、C30、C35、C40 级，钢筋采用 HPB235 级、HRB335 级。屋面防水采用 SBS 改性沥青防水卷材，外墙面喷涂，内墙面和顶棚刮腻子喷大白，屋面保温采用憎水珍珠岩，外墙保温采用聚苯保温板，根据要求，该工程实行工程监理。

（2）问题

1）该承包商对进场材料质量控制的要点是什么？

2）承包商对进场材料如何向监理报验？

3）为了保证该工程质量达到设计和规范要求，承包商对进场材料应采取哪些质量控制方法？

4）对该工程钢筋分项工程验收的要点有哪些？

（3）分析与解答

1）进场材料质量控制要点

① 掌握材料信息，优选供货厂家；

② 合理组织材料供应，确保施工正常进行；

③ 合理组织材料使用，减少材料损失；

④ 加强材料检查验收，严把材料质量关；

⑤ 要重视材料的使用认证，以防错用或使用不合格的材料；

⑥ 加强现场材料管理。

2）进场材料报验

施工单位运进材料前，应向项目监理机构提交《工程材料报审表》，同时附有材料出厂合格证、技术说明书、按规定要求进行送检的检验报告，经监理工程师审查并确认其质量合格后,方准进场。

3) 承包商对进场材料的质量控制方法

主要是严格检查验收,正确合理地使用、建立管理台账,进行收、发、储、运等环节的技术管理,避免混料和将不合格的原材料使用到工程上。

4) 钢筋分项工程验收要点

① 按施工图核查纵向受力钢筋,检查钢筋品种、直径、数量、位置、间距、形状;

② 检查混凝土保护层厚度,构造钢筋是否符合构造要求;

③ 钢筋锚固长度,箍筋加密区及加密间距;

④ 检查钢筋接头:如绑扎搭接,要检查搭接长度,接头位置和数量(错开长度、接头百分率);焊接接头或机械连接,要检查外观质量,取样试件力学性能试验是否达到要求,接头位置(相互错开)、数量(接头百分率)。

【例3-2】 质量控制方法

(1) 背景

某施工单位承建某公寓工程施工,该工程地下2层,地上9层,基础类型为墙下钢筋混凝土条形基础,结构形式为现浇剪力墙结构,楼板采用无粘结预应力混凝土,该施工单位缺乏预应力混凝土的施工经验,对该楼板无粘结预应力施工有难度。

(2) 问题

1) 为保证工程质量,施工单位应对哪些影响质量的因素进行控制?

2) 什么是质量控制点?质量控制点设置的原则?如何对质量控制点进行质量控制?

3) 施工单位对该工程应采用哪些质量控制的方法?

(3) 分析与解答:

1) 为保证工程质量,施工单位应对影响施工项目的质量的五个主要因素进行控制,即人、材料、机械、方法和环境。

2) 质量控制点是指为了保证作业过程质量而确定的重点控制对象、关键部位或薄弱环节。

质量控制点是施工质量控制的重点,凡属关键技术、重要部位、控制难度大、影响大、经验欠缺的施工内容以及新材料、新技术、新工艺、新设备等,均可列为质量控制点,实施重点控制。

质量控制点的设置原则:是否设置为质量控制点,主要是视其对质量特性影响的大小、危害程度以及其质量保证的难度大小而定。

概括地说,应当选择那些保证质量难度大的、对质量影响大的或者发生质量问题时危害大的对象作为质量控制点。

质量控制点进行质量控制的步骤:首先要对施工的工程对象进行全面分析、比较,以明确质量控制点;然后进一步分析所设置的质量控制点在施工中可能出现的质量问题、或造成质量隐患的原因,针对隐患的原因,相应提出对策措施用以预防。

3) 质量控制的方法:主要是审核有关技术文件和报告,直接进行现场质量检验或必要的试验等。

【例3-3】 施工现场质量检查与控制

(1) 背景

某市建筑公司承接该市综合楼工程施工任务,该工程为6层框架砖混结构,采用十字交叉条形基础,其上布置底层框架。该公司为承揽该项施工任务,报价较低,因此,为降低成本,施工单位采用了一小厂提供的价格便宜的砖,在砖进场前未向监理申报。

(2) 问题

1) 该施工单位对砖的采购做法是否正确?如果该做法不正确,施工单位应如何做?

2) 施工单位现场质量检查的内容有哪些?

3) 为保证该工程质量,在施工过程中,应如何加强对参与工程建设人员的控制?

(3) 分析与解答

1) 施工单位在砖进场前未向监理申报的做法是错误的。

正确做法:施工单位运进砖前,应向项目监理机构提交《工程材料报表》,同时附有砖的出厂合格证、技术说明书、按规定要求进行送检的检验报告,经监理工程师审查并确认其质量合格后,方准进场。

2) 施工单位现场质量检查的内容:

① 开工前检查;

② 工序交接检查;

③ 隐蔽工程检查;

④ 停工后复工前的检查;

⑤ 分项分部工程完工后,应经检查认可,签署验收记录后,才允许进行下一工程项目施工;

⑥ 成品保护检查。

3) 对工程建设人员的控制:人,作为控制对象,是要避免产生错误;作为控制动力,是要充分调动人的积极性,发挥人的主导作用。

【例3-4】 设备质量控制

(1) 背景

某安装公司承接一花园公寓设备安装工程的施工任务,为了降低成本,项目经理通过关系购进质量低劣廉价的设备安装管道,并隐瞒了建设单位和监理单位,工程完工后,通过了验收,并已交付使用,过了保修期后大批用户管道漏水。

(2) 问题

1) 该工程管道漏水时,已过保修期,施工单位是否对该质量问题负责?为什么?

2) 简述材料质量控制的内容。

3) 为了满足质量要求,施工单位进行现场质量检查目测法和实测法有哪些常用手段?

(3) 分析与解答

1) 虽然已过保修期,但施工单位仍要对该质量问题负责。原因是该质量问题的发生是由于施工单位采用不合格材料造成,是施工过程中造成的质量隐患,不属于保修的范围,因此不存在过了保修期的说法。

2) 材料质量控制的内容:

① 控制材料性能、标准与设计文件的相符性;

② 控制材料各项技术性能指标、检验测试指标与标准要求的相符性;

③ 控制材料进场验收程序及质量文件资料的齐全程度等。

施工企业应在施工过程中贯彻执行企业质量程序文件中明确材料在封样、采购、进场检验、抽样检测及质保资料提交等一系列规定的控制标准：材料的质量标准，材料的性能，材料取样、试验方法，材料的适用范围和施工要求等。

3) 施工现场目测法的手段可归纳为"看、摸、敲、照"四个字。

实测检查法的手段归纳为"靠、吊、量、套"四个字。

（四）工程施工质量控制的统计分析

1. 排列图的用途和观察分析

(1) 排列图的用途

排列图法是利用排列图寻找影响质量主次因素的一种有效方法。在质量管理过程，通过抽样检查或检验试验所得到的质量问题、偏差、缺陷、不合格等统计数据，以及造成质量问题的原因分析统计数据，均可采用排列图方法进行状况描述，它具有直观、主次分明的特点。排列图又叫帕累托图或主次因素分析图，它是由两个纵坐标、一个横坐标、几个连起来的直方形和一条曲线所组成。实际应用中，通常按累计频率划分为（0%～80%）、（80%～90%）、（90%～100%）三部分，与其对应的影响因素分别为A、B、C三类。A类为主要因素，B类为次要因素，C类为一般因素。

(2) 排列图的绘制

1) 画横坐标。将横坐标按项目数等分，并按项目频数由大到小顺序从左至右排列。

2) 画纵坐标。左侧的纵坐标表示频数，右侧纵坐标表示累计频率。要求总频数对应累计频率100%。

3) 画频数直方形。以频数为高画出各项目的直方形。

4) 画累计频率曲线。从横坐标左端点开始，依次连接各项目直方形右边线及所对应的累计频率值的交点，所得的曲线即为累计频率曲线。

5) 记录必要的事项。如标题、收集数据的方法和时间等。

(3) 排列图的观察与分析

① 观察直方形，大致可看出各项目的影响程度。排列图中的每个直方形都表示一个质量问题或影响因素，影响程度与各直方形的高度成正比。

② 利用ABC分类法，确定主次因素。将累计频率曲线按（0%～80%）、（80%～90%）、（90%～100%）分为三部分，各曲线下面所对应的影响因素分别为A、B、C三类因素。

(4) 排列图的应用

排列图可以形象、直观地反映主次因素。其主要应用有：

① 按不合格品的内容分类，可以分析出造成质量问题的薄弱环节。

② 按生产作业分类，可以找出生产不合格品最多的关键过程。

③ 按生产班组或单位分类，可以分析比较各单位技术水平和质量管理水平。

④ 将采取提高质量措施前后的排列图对比，可以分析措施是否有效。

⑤ 此外还可以用于成本费用分析、安全问题分析等。

2. 因果分析图的用途和观察分析

(1) 因果分析图的用途

因果分析图法是利用因果分析图来系统整理分析某个质量问题（结果）与其产生原因之间关系的有效工具。因果分析图也称特性要因图，又因其形状常被称为树枝图或鱼刺图。

（2）因果分析图基本原理

是对每一个质量特性或问题，逐层深入排查可能原因，确定其中最主要原因，进行有的放矢的处置和管理。

（3）因果分析图作图方法

因果图的作图过程是一个判断推理的过程，是从最直接因素起至造成的结果为止，其步骤如下：

① 确定需要解决问题的质量特性。如质量、成本、材料、进度、安全、管理等方面的问题。

② 广泛收集小组成员或有关人员的意见、建议并记录在图上。

③ 按因果形式由左向右画出主干线箭头，标明质量问题，以主干线为零线画 60°角的大原因直线，并把大原因直线用箭头指向主干排列于两侧，围绕各大原因直线展开进一步分析，中、小原因直线互相间也构成原因→结果的关系，用长短不等的箭头画在图上，展开到能采取措施为止。

④ 讨论分析主要原因。把主要的、关键的原因分别用粗线或其他颜色标出来，或加上框框进行现场验证。在工程施工中，一般影响工程质量的因素往往不一定是五个方面同时存在，因此要灵活运用。

  A. 人（操作者）：意识、文化素质、技术水平、工作态度等。
  B. 法（操作方法）：施工程序、工艺标准、施工方式。
  C. 料（成品、原材料）：配合比、材料的质量。
  D. 机（机械设备）：操作工具、检查器具、运输设备等。
  E. 环（环境）：室内外、季节施工、工程安排等因素。

（4）因果分析图绘制实例

下面结合实例加以说明并绘制因果分析图。

【例 3-5】 某工程采用砖混结构，发现地面沉降并导致内隔墙体、内承重墙体产生水平裂缝。找出沉降变形原因。

【解】 因果分析图的绘制步骤与图中箭头方向恰恰相反，是从"结果"开始将原因逐层分解的，具体步骤如下：

① 明确质量问题—结果。该例分析的质量问题是"沉降变形原因"，作图时首先由左至右画出一条水平主干线，箭头指向一个矩形框，框内注明研究的问题，即结果。

② 分析确定影响质量特性大的方面原因。一般来说，影响质量因素有五大方面，即人、机械、材料、方法、环境等。另外还可以按产品的生产过程进行分析。

③ 将每种大原因进一步分解为中原因、小原因，直至分解的原因可以采取具体措施加以解决为止。

④ 检查图中的所列原因是否齐全，可以对初步分析结果广泛征求意见，并做必要的补充及修改。

⑤ 选择出影响大的关键因素。以便重点采取措施。

图 3-3 中是"沉降变形原因"的因果分析图。由图中可以看出：因果分析图由质量特性（即质量结果指某个质量问题）、要因（产生质量问题的主要原因）、枝干（指一系列箭线表示不同层次的原因）、主干（指较粗的直接指向质量结果的水平箭线）等所组成。

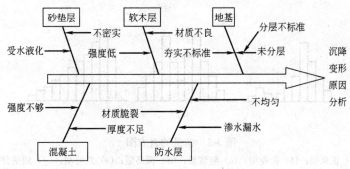

图 3-3 沉降变形的因果分析图

(5) 使用因果分析图法时应注意的事项

① 一个质量特性或一个质量问题使用一张图分析；
② 通常采用 QC 小组活动的方式进行，集思广益，共同分析；
③ 必要时可以邀请小组以外的有关人员参与，广泛听取意见；
④ 分析时要充分发表意见，层层深入，列出所有可能的原因；
⑤ 在充分分析的基础上，由各参与人员采用投票或其他方式，从中选择 1~5 项多数人达成共识的最主要原因。

3. 直方图的用途和观察分析

(1) 直方图的主要用途

直方图法即频率分布直方图法，它是将收集到的质量数据进行分组整理，绘制成频率分布直方图，用以描述质量分布状态的一种分析方法，所以又称质量分布图法。通过直方图的观察分析，可以了解产品质量的波动情况，掌握质量特性的分布规律，以便对质量状况进行分析判断。同时可通过质量数据特征值的计算，估计施工生产过程总体的不合格品率，评价过程能力等。

(2) 直方图法的应用

首先是收集当前生产过程质量特性抽检的数据，然后制作直方图进行观察分析，判断生产过程的质量状况和能力。如某工程 10 组试块的抗压强度数据 150 个，但很难直接判断其质量状况是否正常、稳定和受控情况，如将其数据整理后绘制成直方图，就可以根据正态分布的特点进行分析判断。

(3) 直方图的观察分析

1) 形状观察分析

是指将绘制好的直方图形状与正态分布图的形状进行比较分析，一看形状是否相似，二看分布区间的宽窄。直方图的分布形状及分布区间宽窄是由质量特性统计数据的平均值和标准偏差所决定的。

① 正常直方图呈正态分布，其形状特征是中间高、两边低、成对称，如图 3-4 (a)

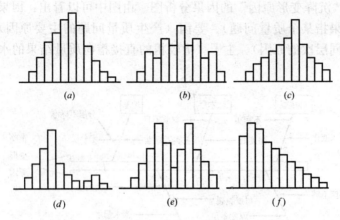

图 3-4 常见的直方图
(a) 正常型；(b) 折齿型；(c) 陡坡型；(d) 孤岛型；(e) 双峰型；(f) 峭壁型

所示。正常直方图反应生产过程质量处于正常、稳定状态。

② 异常直方图呈偏态分布，常见的异常直方图有：

A. 折齿型　如图 3-4 (b)，直方图出现参差不齐的形状，即频数不是在相邻区间减少，而是隔区间减少，形成了锯齿状。原因主要是绘制直方图时分组过多或测量仪器精度不够而造成的。

B. 陡坡型　如图 3-4 (c)，直方图的顶峰偏向一侧，它往往是因计数值或计量值只控制一侧界限或剔除了不合格数据造成的。

C. 孤岛型　如图 3-4 (d)，在远离主分布中心的地方出现小的直方，形如孤岛，孤岛的存在表明生产过程出现了异常因素。

D. 双峰型　如图 3-4 (e)，直方图出现两个中心，形成双峰状。这往往是由于把来自两个总体的数据混在一起作图所造成的。

E. 峭壁型　如图 3-4 (f)，直方图的一侧出现陡峭绝壁状。这是由于人为地剔除一些数据，进行不真实的统计造成的。

2) 位置观察分析

是指将直方图的分布位置与质量控制标准的上下限范围进行比较分析，如图 3-5 所示。

① 生产过程的质量正常、稳定和受控，还必须在公差标准上、下界限范围内达到质量合格的要求。只有这样的正常、稳定和受控才是经济合理的受控状态，如图 3-5 (a) 所示。

② 图 3-5 (b) 中质量特性数据分布偏下限，易出现不合格，在管理上必须提高总体能力。

③ 图 3-5 (c) 中质量特性数据的分布充满上下限，质量能力处于临界状态，易出现不合格，必须分析原因，采取措施。

④ 图 3-5 (d) 中质量特性数据的分布居中且边界与上下限有较大的距离，说明质量能力偏大，不经济。

⑤ 图 3-5 (e)、(f) 中均已出现超出上下限的数据，说明生产过程存在质量不合格，

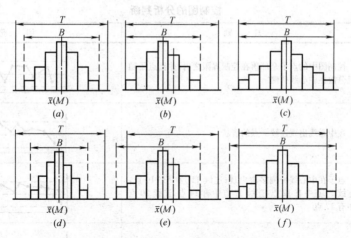

图 3-5 直方图与质量标准上下限

需要分析原因,采取措施进行纠偏。

4. 控制图的用途和观察分析

(1) 控制图的用途

控制图是用样本数据来分析判断生产过程是否处于稳定状态的有效工具。它的用途主要有两个:

1) 过程分析

即分析生产过程是否稳定。为此,应随机连续收集数据,绘制控制图,观察数据点分布情况并判定生产过程状态。

2) 过程控制

即控制生产过程质量状态。为此,要定时抽样取得数据,将其变为点子描在图上,发现并及时消除生产过程中的失调现象,预防不合格品的产生。

(2) 控制图的观察分析

对控制图进行观察分析是为了判断工序是否处于受控状态,以便决定是否有必要采取措施,清除异常因素,使生产恢复到控制状态。详细判断方法见表 3-1。

排列图、直方图法是质量控制的静态分析法,反映的是质量在某一段时间里的静止状态。然而产品都是在动态的生产过程中形成的,因此,在质量控制中单用静态分析法显然是不够的,还必须有动态分析法。只有动态分析法,才能随时了解生产过程中质量的变化情况,及时采取措施,使生产处于稳定状态,起到预防出现废品的作用。控制图就是典型的动态分析法。

5. 工程质量控制的统计分析应用案例

【例 3-6】 排列图分析方法

(1) 背景

某办公楼采用现浇钢筋混凝土框架结构,施工过程中,发现房间地坪质量不合格,因此对该质量问题进行了调查,发现有 80 间房间起砂,调查结果统计见表 3-2。

(2) 问题

1) 施工单位应选择哪种质量统计分析方法来分析存在的质量问题?如何做?

控制图的分析判断　　　　　　　　　　表 3-1

状态	规　则	图　形
控制状态	控制图中的点子全部落在控制界限之内,并且点子随机分散在中心线两侧	
异常状态	在中心线出现连续 7 点的箭状	
	点子在中心线一侧多次出现:连续 11 点中有 10 点,连续 14 点中有 12 点,连续 17 点中有 14 点,连续 20 点中有 17 点	
	点子分布连续 7 点或 7 点以上呈上升或下降趋势	
	周期性波动,点子随时间周期变化	
	点子靠近界限,连续 3 点中有 2 点	

地坪质量不合格调查表　　　　　　　　　　表 3-2

序号	项目	频数	序号	项目	频数
1	砂粒径过细	45	5	水泥强度等级低	3
2	砂含泥量过大	16	6	砂浆终凝前压光不足	2
3	砂浆配合比不当	7	7	其他	2
4	后期养护不良	5			

2) 造成地坪存在质量问题的主要原因是什么?
3) 影响施工阶段质量的主要方面有哪些?
(3) 分析与解答
1) 施工单位应用排列图方法来分析 (表 3-3、图 3-6)。

排列表　　　　　　　　　　表 3-3

序号	项目	频数	频率(%)	累计频率(%)
1	砂粒径过细	45	56.2	56.2
2	砂含泥量过大	16	20	76.2
3	砂浆配合比不当	7	8.8	85
4	后期养护不良	5	6.3	91.3
5	水泥强度等级太低	3	3.8	95.1
6	砂浆终凝前压光不足	2	2.4	97.5
7	其他	2	2.5	100
	合计	80		

A类：（0%～80%）主要因素，砂粒径过细、砂含泥量过大；

B类：（80%～90%）次要因素，砂浆配合比不当、后期养护不良；

C类：（90%～100%）一般因素，其他三项为一般因素。

2）产生质量问题的主要原因是砂粒径过细、砂含泥量过大。

3）影响施工项目质量的因素主要有五大方面，即4M1E，指人、材料、机械、方法、环境。

【例 3-7】 因果分析图方法

（1）背景

某建筑工程项目，在基础混凝土的施工过程中，发现其施工质量存在强度不足问题。

（2）问题

1）试用因果分析图法对影响质量的大小因素进行分析。

2）简述工程施工阶段隐蔽工程验收的主要项目及内容。

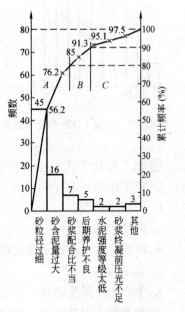

图 3-6 造成地坪存在质量问题的排列图

（3）分析与解答

1）首先应能正确绘出因果分析图，其中包括以下内容：

① 绘出主干，在主干右端注明所要分析的质量问题：混凝土强度不足（应将主干用粗或空箭杆表示，箭头向右）。

② 绘出大枝，应按人、机械、材料、方法、环境五大因素绘制，要求五大因素必须全部标出，因素名称应标于箭尾，大枝可绘成无箭头的枝状，也可绘成箭状（有箭头），但其箭头应指向主干。

③ 绘出主要的中枝，即针对大枝的因素进一步分析其主要原因（例如对人的因素中，可再分为：有情绪、责任心差等）。答题时可重点分析其中重要的因素，若无特别说明应尽可能将各大枝因素绘出中枝，并标明中枝的内容。用箭杆表示的中枝，箭头要指向大枝。

④ 绘出必要的小枝，即针对某个中枝分析出的问题进一步分析其产生的原因（例如对中枝"有情绪"再分为：分工不当、福利差等）。用箭杆表示的小枝，箭头要指向中枝。

⑤ 分析更深入的原因，完成因果分析图。

2）隐蔽工程验收的主要项目及内容见表 3-4。

隐蔽工程验收的主要项目及内容 表 3-4

序号	项 目	内 容
1	基础工程	地质、土质情况,标高尺寸、基础断面尺寸,柱的位置、数量
2	钢筋混凝土工程	钢筋品种、规格、数量、位置、焊接、接头、预埋件,材料代用
3	防水工程	屋面、地下室、水下结构的防水做法、防水措施质量
4	其他完工后无法检查的工程、主要部位和有特殊要求的隐蔽工程	

【例 3-8】 直方图分析方法

(1) 背景

在某高速公路的施工中,收集了一个月的混凝土试块强度资料,画出的直方图如图 3-7 所示。已知 $T_u=31\text{MPa}$,$T_L=23\text{MPa}$,监理工程师确定的试配强度为 26.5MPa,混凝土拌制工序的施工采用两班制。

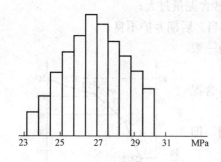

图 3-7 混凝土试块强度的直方图

(2) 问题

1) 分析了该混凝土试块强度的直方图后,写出的结论应该是:

① 该工序处于( )。

a. 稳定状态。

b. 不稳定状态。

c. 调整状态。

d. 时而稳定,时而不稳定状态。

② 该工程( )。

a. 生产向下限波动时,会出现不合格品。

b. 生产向上限波动时,会出现不合格品。

c. 试配强度不当,应适当提高试配强度,使其处于公差带中心。

d. 试配强度不当,应适当提高试配强度,使其处于直方图的分布中心。

e. 改变公差下限为 22MPa,使生产向下波动时,不致出现不合格品。

2) 若直方图呈双峰型,可能是什么原因造成的?

3) 若直方图呈孤岛型,可能是什么原因造成的?

4) 直方图有何用途?

(3) 分析与解答

1) ①a ②a、c

2) 两种不同的分布(两个班组数据形成的分布不同)造成的。

3) 是由于不熟练工人临时替班所造成的。

4) 直方图用途:

① 观察、分析和掌握质量分布规律;

② 判断生产过程是否正常;

③ 制定质量标准,确定公差范围;

④ 估计工序不合格品率的高低;

⑤ 评价施工管理水平。

【例 3-9】 因果分析图方法

(1) 背景

某七层砖混结构住宅楼,在保修期内,房屋结构底层两端发生向中部倾斜的多条微小砌体裂缝,该楼属横墙承重体系,条形基砖,人工开挖,埋深 1.2m。在质量原因分析会议上提出的主要意见如下:

① 施工质量不好而造成的裂缝；
② 地基承载力不足引起不均匀沉降裂缝；
③ 上部结构与地面以下基础结构温差造成的温差变形裂缝；
④ 砖砌体与混凝土楼面结构因材质线胀系数不协调造成的温度裂缝；
⑤ 材料质量不好、强度不足而产生的强度裂缝。
(2) 问题
1) 绘制一因果分析图，找出主要因素、相关因素。
2) 根据原因分析以下资料应重点审查哪些内容？
① 质量保证资料是否齐全；
② 资料内容、项目是否与所依据标准一致；
③ 质量保证资料是否真实、可信；
④ 对于送检的材料、检验单位是否有权威性；
⑤ 提供质量保证资料的时间是否与工程同步。
3) 为找出事故原因拟进行以下复检项目，你认为哪些项目应做，哪些项目可以不做？
① 地基承载力和变形试验；
② 砖的标号测定试验；
③ 水泥强度和安定性测定试验；
④ 灰缝饱满度检查；
⑤ 砂浆强度检查或鉴定试验；
⑥ 砖或混凝土的线胀系数试验；
⑦ 混凝土强度的等级检测试验。
4) 在治理中，提出以下方案，你选哪一种，为什么？
① 将墙体加固；
② 将地基加固；
③ 地基与基础同步加固；
④ 让其变形裂缝发展，控制使用，稳定后再视情况处理。
5) 该事故的产生说明目标控制中，对以下干扰因素中的哪几项应加强控制？应总结哪些经验教训？
① 资金因素干扰；
② 人的因素干扰；
③ 材料、机具因素干扰；
④ 环境因素干扰；
⑤ 地质条件因素干扰；
⑥ 政策性干扰；
⑦ 组织性干扰；
⑧ 技术方法上失误。
(3) 分析与解答
1) 因果分析图如图 3-8 所示。
2) 重点审查的内容：所列①、②、③、④、⑤项均应审查，重点是②、③项。

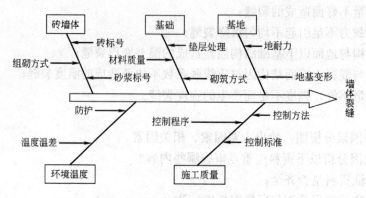

图 3-8 微小砌体裂缝因果分析图

3) 应做的复检项目有①以及②、⑤,其他可以不做。
4) 治理方案③为优,因为经济,技术可行,可以基本治本。
5) 主要②,因为重点人的组织、人的素质、人的责任;其次要重视⑤,地质条件因素,即隐蔽工程一旦失误、失策,必会出现事故。

(五) 质量管理体系标准

1. ISO 9000 族核心标准

(1) ISO 9000—2000《质量管理体系基础和术语》

此标准表述了 ISO 9000 族标准中质量管理体系的基础知识,明确了质量管理的八项原则,是 ISO 9000 族质量管理体系标准的基础。用通俗的语言阐明了质量管理领域所用术语的概念。

(2) ISO 9001—2000《质量管理体系要求》

此标准规定了对质量管理体系的要求,供组织需要证实其具有稳定地提供顾客要求和适用法律法规要求产品的能力时应用,组织通过体系的有效应用,包括持续改进体系的过程及确保符合顾客与适用法规的要求增强顾客满意,成为用于审核和第三方认证的唯一标准,它用于内部和外部评价组织提供满足组织自身要求和顾客、法律法规要求的产品的能力。

标准应用了以过程为基础的质量管理体系模式的结构,鼓励组织在建立、实施和改进质量管理体系及提高其有效性时,采用过程方法,通过满足顾客要求,增强顾客满意。ISO 9001 标准重点规定了质量管理体系和要求,可供组织作为内部审核的依据,也可用于认证或合同目的,在满足顾客要求方面 ISO 9001 所关注的是质量管理的有效性。

(3) ISO 9004—2000《质量管理体系业绩改进指南》

此标准以八项质量管理原则为基础,帮助组织用有效和高效的方式识别并满足顾客和其他相关方的需求和期望,实现、保持和改进组织的整体业绩,从而使组织取得成功。

该标准提供了超出 ISO 9001 要求的指南和建议,不用于认证或合同的目的,也不是 ISO 9001 的实施指南,标准应用了以过程为基础的质量管理体系模式的结构,鼓励组织在建立、实施质量管理体系时提高其有效性和效率,采用过程方法,以便通过满足相关方要求来提高相关方的满意程度。同时该标准将顾客满意和产品质量符合要求的目标扩展为包括相关方满意和改善组织业绩，为希望通过追求业绩持续改进的组织推荐了指南。

(4) ISO 19011—2000《质量和(或)环境管理体系审核指南》

该标准对于质量管理体系和环境管理体系审核的基础原则、审核方案的管理、环境和质量管理体系审核的实施以及对环境和质量管理体系审核员的资格要求提供了指南，它适用于所有运行质量和（或）环境管理体系的组织，指导其内审和外审的管理工作。

2. 质量管理的八项原则

ISO 9000 族标准对八项质量管理原则作了清晰的表述，它是质量管理的最基本最通用的一般规律，适用于所有类型的产品和组织，是质量管理的理论基础。

八项质量管理原则是组织的领导者有效实施质量管理工作必须遵循的原则，同时也为从事质量管理的审核员和所有从事质量管理工作的人员学习、理解、掌握 ISO 9000 族标准提供帮助。

(1) 以顾客为关注焦点

组织依存于顾客。任何一个组织都应时刻关注顾客，将理解和满足顾客的要求作为首要工作考虑，并以此安排所有的活动，同时还应了解顾客要求的不断变化和未来的需求，并争取超越顾客的期望。

以顾客为关注焦点的原则：

① 要调查识别并理解顾客的需求和期望，还要使企业的目标与顾客的需求和期望相结合；

② 要在组织内部沟通，确定全体员工都能理解顾客的需求和期望，并努力实现这些需求和期望；

③ 要测量顾客的满意程度，根据结果采取相应措施和活动；

④ 系统地管理好与顾客的关系，良好的关系有助于保持顾客的忠诚，提高顾客的满意程度。

(2) 领导作用

领导者应当创造并保持使员工能充分参与实现组织目标的内部环境，确保员工主动理解和自觉实现组织目标，以统一的方式来评估、协调和实施质量活动，促进各层次之间协调。

运用领导作用原则：

① 要考虑所有相关方的需求和期望，同时在组织内部沟通，为满足所有相关方需求奠定基础；

② 要确定富有挑战性的目标，要建立未来发展的蓝图。目标要有可测性、挑战性、可实现性；

③ 建立价值共享、公平公正和道德伦理概念，重视人才，创造良好的人际关系，将员工的发展方向统一到组织的方针目标上；

④ 为员工提供所需的资源和培训，并赋予其职责范围的自主权。

(3) 全员参与

各级人员的充分参与，才能使他们的才干为组织带来收益。人是管理活动的主体，也是管理活动的客体。质量管理是通过组织内各职能各层次人员参与产品实现过程及支持过程来实施的，全员的主动参与极为重要。

① 要让每个员工了解自身贡献的重要性；

② 要在各自的岗位上树立责任感，发挥个人的潜能，主动地、正确地去处理问题，解决问题；

③ 要使每个员工感到有成就感，意识到自己对组织的贡献，也看到工作中的不足，找到差距以求改进；

④ 要使员工积极地学习，增强自身的能力，知识和经验。

（4）过程方法

将活动和相关的资源作为过程进行管理，可以更为高效地得到期望的结果。为使组织有效动作，必须识别和管理众多相互关联的过程，系统地识别和管理组织所应用的过程，特别是这些过程之间的相互作用，对于每个过程作出恰当的考虑与安排，更加有效地使用资源、降低成本、缩短周期，通过控制活动进行改进，取得好的效果。采取的措施是：

① 为了取得预期的结果，系统地识别所有活动；

② 明确管理活动的职责和权限；

③ 分析和测量关键活动的能力；

④ 识别组织职能之间与职能内部活动的接口；

⑤ 注重能改进组织活动的各种因素，诸如资源、方法、材料等。

（5）管理的系统方法

将相互关联的过程作为系统加以识别、理解和管理，有助于组织提高实现目标的有效性和效率。这是一种管理的系统方法。优点是可使过程相互协调，最大限度地实现预期的结果。应采取以下措施：

① 建立一个最佳效果和最高效率的体系实现组织的目标；

② 理解体系内务过程的相互依赖关系；

③ 理解为实现共同目标所必需的作用和责任；

④ 理解组织的能力，在行动前确定资源的局限性；

⑤ 设定目标，并确定如何运行体系中的特殊活动；

⑥ 通过测量和评估，持续改进体系。

（6）持续改进

持续改进是组织的一个永恒的目标。事物是在不断发展的。持续改进能增强组织的适应能力和竞争力，使组织能适应外界环境变化，从而改进组织的整体业绩。

采取的措施是：

① 持续改进组织的业绩；

② 为员工提供有关持续改进的培训；

③ 将持续改进作为每位成员的目标；

④ 建立目标指导、测量和追踪持续改进。

（7）基于事实的决策方法

有效的决策是建立在数据和信息分析的基础上，决策是一个在行动之前选择最佳行动方案的过程。作为过程就应有信息或数据输入，输入信息和数据足够可靠，能准确地反映事实，则为决策方案奠定了重要的基础。

应用"基于事实的决策方案"：

① 数据和信息精确和可靠；
② 让数据/信息需要者都能得到信息/数据；
③ 正确分析数据；
④ 基于事实分析，做出决策并采取措施。

(8) 与供方互利的关系

任何一个组织都有其供方和合作伙伴，组织与供方是相互依存、互利的关系，合作得越来越好，双方都会获得效益。

采取的措施是：
① 在对短期收益和长期利益综合平衡的基础上，确立与供方的关系；
② 与供方或合作伙伴共享专门技术和资源；
③ 识别和选择关键供方；
④ 清晰与开放的沟通；
⑤ 对供方所做出的改进和取得的成果进行评价，并予以鼓励。

3. 质量管理体系文件的构成

(1) 质量体系的建立、健全要从编制完善体系文件开始

GB/T 19000 质量管理体系标准对质量体系文件的重要性作了专门的阐述。质量体系的运行、审核与改进都是依据文件的规定进行。质量管理实施的结果也要形成文件，作为证实质量符合规定要求的证据。

(2) 企业应具有完整和科学的质量体系文件

质量管理体系文件一般由以下内容构成：
① 形成文件的质量方针和质量目标；
② 质量手册；
③ 质量管理标准所要求的各种生产、工作和管理的程序性文件；
④ 质量管理标准所要求的质量记录。

(3) 质量方针和质量目标

质量方针和质量目标是企业质量管理的方向目标，是企业质量经营理念的反映。

(4) 质量手册

质量手册是规定企业组织建立质量管理体系的文件，质量手册对企业质量体系作系统、完整和概要地描述，应具备指令性、系统性、协调性、先进性、可行性和可检查性。

1) 质量手册的性质和作用

质量手册是组织质量工作的"基本法"，是组织最重要的质量法规性文件，它具有强制性质。质量手册应阐述组织的质量方针，概述质量管理体系的文件结构并能反映组织质量管理体系的总貌，起到总体规划和加强各职能部门间协调作用。对组织内部，质量手册起着确立各项质量活动及其指导方针和原则的重要作用，一切质量活动都应遵循质量手册；对组织外部，它既能证实符合标准要求的质量管理体系的存在，又能向顾客或认证机构描述清楚质量管理体系的状况。同时质量手册是使员工明确各类人员职责的良好管理工具和培训教材。质量手册便于克服由于员工流动对工作连续性的影响。质量手册对外提供了质量保证能力的说明，是销售广告有益的补充，也是许多招标项目所要求的投标必备文件。

2) 质量手册的编制要求

质量手册的编制应遵循 ISO/TR 10013：2001《质量管理体系文件指南》的要求进行，质量手册应说明质量管理体系覆盖哪些过程和条款，每个过程和条款应开展哪些控制活动，对每个活动需要控制到什么程度，能提供什么样的质量保证等，都应作出明确的交待。质量手册提出的各项条款的控制要求，应在质量管理体系程序和作业文件中作出可操作实施的安排。质量手册对外不属于保密文件，为此编写时要注意适度，既要让外部看清楚质量管理体系的全貌，又不宜涉及控制的细节。

其内容一般包括：

① 企业的质量方针、质量目标；
② 组织机构及质量职责；
③ 体系要素或基本控制程序；
④ 质量手册的评审、修改和控制的管理办法。

(5) 程序文件

1) 概述

质量管理体系程序文件是质量管理体系的重要组成部分，是质量手册具体展开和有力支撑。质量管理体系程序可以是质量管理手册的一部分，也可以是质量手册的具体展开。对于较小的企业有一本包括质量管理体系程序的质量手册足矣，而对于大中型企业在安排质量管理体系程序时，应注意各个层次文件之间的相互衔接关系，下一层的文件应有力地支撑上一层次文件。质量管理体系程序文件的范围和详略程度取决于组织的规模、产品类型、过程的复杂程度、方法和相互作用以及人员素质等因素。程序文件不同于一般的业务工作规范或工作标准所列的具体工作程序，而是对质量管理体系的过程方法所需开展的质量活动的描述。

2) 质量管理体系程序的内容

① 文件控制程序；
② 质量记录控制程序；
③ 内部质量审核程序；
④ 不合格控制程序；
⑤ 纠正措施程序；
⑥ 预防措施程序。

涉及产品质量形成过程各环节控制的程序文件，不作统一规定，可视企业质量控制的需要而制定。

在程序文件的指导下，尚可按管理需要编制相关文件，如：作业指导书、具体工程的质量计划等，确保过程的有效运行和控制。

(6) 质量记录

质量记录是"阐明所取得的结果或提供所完成活动的证据文件"。它是产品质量水平和企业质量管理体系中各项质量活动结果的客观反映，应如实加以记录，用以证明达到了合同所要求的产品质量，并证明对合同中提出的质量保证要求予以满足的程度。如果出现偏差，则质量记录应反映出针对不足之处采取了哪些纠正措施。

质量记录应字迹清晰、内容完整，并按所记录的产品和项目进行标识，记录应注明日期并经授权人员签字、盖章或作其他审定后方能生效。一旦发生问题，应能通过记录查明情况，找出原因和责任者，有针对性地采取防止重复发生的有效措施。质量记录应安全地贮存和维护，并根据合同要求考虑如何向需方提供。

质量记录应完整地反映质量活动实施、验证和评审的情况，并记载关键活动的过程参数，具有可追溯性的特点。质量记录以规定的形式和程序进行，并有实施、验证、审核等签署意见。

4. 质量管理体系的建立和运行

① 质量管理体系的建立是企业按照八项质量管理原则，制定企业的体系文件，确定企业的作业内容、程序要求和工作标准，并将质量目标分解落实到相关层次、相关岗位的职能和职责中，形成企业质量管理体系执行系统的一系列工作。

质量管理体系的建立还包含着员工培训，使员工了解体系工作和执行要求，创造全员参与企业质量管理体系运行的条件。

② 质量管理体系的建立需识别并提供实现质量目标和持续改进所需的资源，包括人员、基础设施、环境、信息等。

③ 质量管理体系的运行是按质量管理文件体系制定的程序、标准、要求及岗位职责进行的。

④ 在质量管理体系运行的过程中，按各类体系文件的要求，监视、测量和分析过程的有效性和效率，做好文件规定的质量记录，持续收集、记录并分析过程的数据和信息，全面体现产品的质量和过程符合要求及可追溯的效果。

⑤ 按文件规定的办法进行管理评审和考核，评审考核应针对发现的主要问题，采取改进措施，使这些过程达到策划的结果和实现持续改进。

⑥ 落实质量体系的内部审核程序，有组织、有计划地开展内部质量审核活动，其主要目的是：

A. 评价质量管理程序的执行情况及适用性；

B. 揭露过程中存在的问题，为质量改进提供依据；

C. 建立质量体系运行的信息；

D. 向外部审核单位提供系统有效的证据。

为确保系统内部审核的效果，企业领导应进行决策领导，制定审核政策，落实内部审核，并对审核发现的问题采取纠正措施和提供人财物等方面的支持。

5. 质量管理体系的认证

（1）质量认证的基本概念

质量认证是第三方依据程序对产品、过程或服务符合规定的要求给予书面保证（合格证书）。质量认证包括产品质量认证和质量管理体系认证两方面。

1）产品质量认证

产品质量认证按认证性质划分可分为安全认证和合格认证。

① 安全认证　对于关系国计民生的重大产品，有关人身安全、健康的产品，必须实施安全认证。此外，实行安全认证的产品，必须符合《标准化法》中有关强制性标准的要求。

② 合格认证　凡实行合格认证的产品，必须符合《标准化法》规定的国家标准或行

业标准要求。

2) 质量管理体系认证

从目前的情况来看，除涉及安全和健康的领域产品认证必不可少之外，在其他领域内，质量管理体系认证的作用要比产品认证的作用大得多，并且质量管理体系认证具有以下特征：

① 由具有第三方公正地位的认证机构进行客观的评价，作出结论，若通过则颁发认证证书。审核人员要具有独立性和公正性，以确保认证工作客观公正地进行。

② 认证的依据是质量管理体系的要求标准，即 GB/T 19001，而不能依据质量管理体系的业绩改进指南标准即 GB/T 19004 来进行，更不能依据具体的产品质量标准。

③ 认证过程中的审核是围绕企业的质量管理体系要求的符合性和满足质量要求和目标方面的有效性来进行。

④ 认证的结论不是证明具体的产品是否符合相关的技术标准，而是验证质量管理体系是否符合 ISO 9001 即质量管理体系要求标准，是否具有按规范要求，保证产品质量的能力。

⑤ 认证合格标志，只能用于宣传，不能将其用于具体的产品上。

(2) 进行质量管理体系认证的意义

近年来随着现代工业的发展和国际贸易的进一步增长，质量认证制度得到了世界各国的普遍重视。通过一个公正的第三方认证机构对产品或质量管理体系做出正确、可信的评价，从而使他们对产品质量建立信心，对供需双方以及整个社会都有十分重要的意义。

1) 通过实施质量认证可以促进企业完善质量管理体系

企业要想获取第三方认证机构的质量管理体系认证或按典型产品认证制度实施的产品认证，都需要对其质量管理体系进行检查和完善，以保证认证的有效性，并在实施认证时，对其质量管理体系实施检查和评定中发现的问题，均需及时地加以纠正，所有这些都会对企业完善质量管理体系起到积极的推动作用。

2) 可以提高企业的信誉和市场竞争能力

企业通过了质量管理体系认证机构的认证，获取合格证书和标志并通过注册加以公布，从而也就证明其具有生产满足顾客要求产品的能力，能大大提高了企业的信誉，增加了企业市场竞争能力。

3) 有利于保护供需双方的利益

实施质量认证，一方面对通过产品质量认证或质量管理体系认证的企业准予使用认证标志或予以注册公布，使顾客了解哪些企业的产品质量是有保证的，从而可以引导顾客防止误购不符合要求的产品，起到保护消费者利益的作用。并且由于实施第三方认证，对于缺少测试设备、缺少有经验的人员或远离供方的用户来说带来了许多方便，同时也降低了进行重复检验和检查的费用。另一方面如果供方建立了完善的质量管理体系，一旦发生质量争议，也可以把质量管理体系作为自我保护的措施，较好地解决质量争议。

4) 有利于国际市场的开拓，增加国际市场的竞争能力

认证制度已发展成为世界上许多国家的普遍做法，各国的质量认证机构都在设法通过签订双边或多边认证合作协议，取得彼此之间的相互认可，企业一旦获得国际上有权威的认证机构的产品质量认证或质量管理体系注册，便会得到各国的认可，并可享受一定的优

惠待遇，如免检、减免税和优价等。
（3）质量管理体系认证的实施程序
1）提出申请
申请单位向认证机构提出书面申请。
① 申请单位填写申请书及附件　附件的内容一般应包括：一份质量手册的副本，申请认证质量管理体系所覆盖的产品名录、简介，申请方的基本情况等。
② 认证申请的审查与批准　认证机构收到申请方的正式申请后，将对申请方的申请文件进行审查。审查的内容包括：填报的各项内容是否完整正确，质量手册的内容是否覆盖了质量管理体系要求标准的内容等。经审查符合规定的申请要求，则决定接受申请，由认证机构向申请单位发出"接受申请通知书"，并通知申请方下一步与认证有关的工作安排，预交认证费用。若经审查不符合规定的要求，认证机构将及时与申请单位联系，要求申请单位作必要的补充或修改，符合规定后再发出"接受申请通知书"。
2）认证机构进行审核
认证机构对申请单位的质量管理体系审核是质量管理体系认证的关键环节。
审核基本工作程序是：
① 文件审核　文件审核的主要对象是申请书的附件，即申请单位的质量手册及其他说明申请单位质量管理体系的材料。
② 现场审核　现场审查的主要目的是通过查证质量手册的实际执行情况，对申请单位质量管理体系运行的有效性作出评价，判定是否真正具备满足认证标准的能力。
③ 提出审查报告　现场审核工作完成后，审核组要编写审核报告，审核报告是现场检查和评价结果的证明文件，并需经审核组全体成员签字，签字后报送审核机构。
3）审批与注册发证
认证机构对审核组提出的审核报告进行全面的审查：
若批准通过认证，予以注册并颁发注册证书。
若需要改进后方可批准通过认证，则由认证机构书面通知申请单位需要纠正的问题及完成修正的期限，到期再作必要的复查和评价，证明确实达到了规定的条件后，仍可批准认证并注册发证。
若决定不予批准认证，则由认证机构书面通知申请单位，并说明不予通过的理由。
4）获准认证后的监督管理
管理工作包括：
① 供方通报；
② 监督检查；
③ 认证注销；
④ 认证暂停；
⑤ 认证撤销；
⑥ 认证有效期的延长。
5）申诉
申请方、受审核方、获证方或其他方，对认证机构的各项活动持有异议时，可向其认证或上级主管部门提出申诉或向人民法院起诉。认证机构或其认可机构应对申诉及时作出处理。

6. 质量管理体系标准案例

【例 3-10】 质量管理体系标准

(1) 背景

某企业按质量管理体系标准进行管理。

(2) 问题

1) 质量管理的八项原则是哪些?
2) 以顾客为关注焦点的原则是什么?
3) 持续改进采取的措施是什么?
4) 质量管理体系文件内容?
5) 质量手册内容?
6) 进行质量管理体系认证的意义?

(3) 分析与解答

1) 质量管理的八项原则是:

① 以顾客为关注焦点;
② 领导作用;
③ 全员参与;
④ 过程方法;
⑤ 管理的系统方法;
⑥ 持续改进;
⑦ 基于事实的决策方法;
⑧ 与供方互利的关系。

2) 以顾客为关注焦点的原则是:

① 要调查识别并理解顾客的需求和期望,还要使企业的目标与顾客的需求和期望相结合;
② 要在组织内部沟通,确定全体员工都能理解顾客的需求和期望,并努力实现这些需求和期望;
③ 要测量顾客的满意程度,根据结果采取相应措施和活动;
④ 系统地管理好与顾客的关系,良好的关系有助于保持顾客的忠诚,提高顾客的满意程度。

3) 持续改进采取的措施是:

① 持续改进组织的业绩;
② 为员工提供有关持续改进的培训;
③ 将持续改进作为每位成员的目标;
④ 建立目标指导、测量和追踪持续改进。

4) 质量管理体系文件内容:

① 形成文件的质量方针和质量目标;
② 质量手册;
③ 质量管理标准所要求的各种生产、工作和管理的程序性文件;
④ 质量管理标准所要求的质量记录。

5）质量手册内容：
① 企业的质量方针、质量目标；
② 组织机构及质量职责；
③ 体系要素或基本控制程序；
④ 质量手册的评审、修改和控制的管理办法。
6）进行质量管理体系认证的意义：
① 通过实施质量认证可以促进企业完善质量管理体系；
② 可以提高企业的信誉和市场竞争能力；
③ 有利于保护供需双方的利益；
④ 有利于国际市场的开拓，增加国际市场的竞争能力。

四、建筑工程施工质量检查与验收

建筑工程施工质量的检查与验收包括工程质量的中间检查与验收和工程质量的竣工验收两个方面。通过对工程建设中间产出品和最终产品的质量验收,从过程控制和最终把关两大方面对工程项目的质量进行控制,以确保达到业主所要求的功能和使用价值,实现建设项目投资的经济效益和社会效益。工程项目的竣工验收,是项目建设程序的最后一个环节,是全面考核项目建设成果、检查设计与施工质量、确认项目能否投入使用的重要步骤。

(一) 建筑工程施工质量验收标准与体系

为了加强建筑工程质量管理,确保工程质量满足业主的期望,工程施工质量必须在统一的标准下进行检查与验收。建筑工程施工质量检查验收标准与体系由《建筑工程施工质量验收统一标准》(GB 50300—2001)(以下简称《统一标准》)和各专业验收规范共同组成。

1. 建筑工程施工质量验收规范构成体系

建筑工程施工质量验收规范的构成体系由一个统一标准和十四个专业验收规范组成:
①《建筑工程施工质量验收统一标准》(GB 50300—2001);
②《建筑地基基础工程施工质量验收规范》(GB 50202—2002);
③《砌体工程施工质量验收规范》(GB 50203—2002);
④《混凝土结构工程施工质量验收规范》(GB 50204—2002);
⑤《钢结构工程施工质量验收规范》(GB 50205—2002);
⑥《木结构工程施工质量验收规范》(GB 50206—2002);
⑦《屋面工程质量验收规范》(GB 50207—2002);
⑧《地下防水工程质量验收规范》(GB 50208—2002);
⑨《建筑地面工程施工质量验收规范》(GB 50209—2002);
⑩《建筑装饰装修工程质量验收规范》(GB 50210—2001);
⑪《建筑给水排水及采暖工程施工质量验收规范》(GB 50242—2002);
⑫《通风与空调工程施工质量验收规范》(GB 50243—2002);
⑬《建筑电气工程施工质量验收规范》(GB 50303—2002);
⑭《智能建筑工程施工质量验收规范》(GB 50307—2002);
⑮《电梯工程施工质量验收规范》(GB 50310—2002)。

2. 建筑工程施工质量验收规范体系的主要内容

《建筑工程施工质量验收统一标准》包括总则、术语、基本规定、建筑工程和质量验收的划分,建筑工程质量验收,建筑工程质量验收程序、组织及附录等。

① 规定了房屋建筑工程各专业工程施工质量验收规范编制的统一准则。对检验批的划分、分项、分部(子分部)、单位(子单位)工程的划分,质量指标的设置和要求,验

收组织和验收程序等作出了原则性要求。

② 规定了单位工程（子单位工程）的验收。建筑工程施工质量验收规范体系的系列标准中，既包括了《统一标准》，又包括了各专业工程质量验收规范，按照工程质量验收的内容、程序共同来完成一个单位（子单位）工程质量验收。

③ 各专业验收规范明确了各分项工程质量验收指标的具体内容。

3. 建筑工程质量验收规范体系的适用范围

建筑工程质量验收规范体系的适用范围是建筑工程施工质量的验收，不包括设计和使用权中的质量问题，包括建筑工程地基基础、主体结构、装饰工程、屋面工程以及给水排水、采暖工程、电气安装工程、通风与空调工程及电梯工程。

4. 基本术语

《统一标准》给出了 17 个基本术语，理解这些术语有利于正确掌握本系列各专业施工质量验收规范的运用。

建筑工程：为新建、改建或扩建房屋建筑物和附属构筑物设施所进行的规划、勘察、设计和施工、竣工等各项技术工作和完成的工程实体。

建筑工程质量：反映建筑工程满足相关标准规定或合同约定的要求，包括其在安全、使用功能及其在耐久性能、环境保护等方面所有明显和隐含能力的特性总和。

验收：建筑工程在施工单位自行质量检查评定的基础上，参与建设活动的有关单位共同对检验批、分项、分部、单位工程的质量进行抽样复验，根据相关标准以书面形式对工程质量达到合格与否作出确认。

进场验收：对进入施工现场的材料、构配件设备等按相关标准规定要求进行检验，对产品达到合格与否作出确认。

检验批：按同一的生产条件或按规定的方式汇总起来供检验用的，由一定数量样本组成的检验体。

检验：对检验项目中的性能进行量测、检查、试验等，并将结果与标准规定要求进行比较，以确定每项性能是否合格所进行的活动。

见证取样检测：在监理单位或建设单位监督下，由施工单位有关人员现场取样，并送至具备相应资质的检测单位所进行的检测。

交接检验：由施工的承接方与完成方经双方检查并对可否继续施工作出确认的活动。

主控项目：建筑工程中的对安全、卫生、环境保护和公众利益起决定性作用的检验项目。

一般项目：除主控项目以外的检验项目。

抽样检验：按照规定的抽样方案，随机地从进场的材料、构配件、设备或建筑工程检验项目，按检验批抽取一定数量的样本所进行的检验。

抽样方案：根据检验项目的特性所确定的抽样数量和方法。

计数检验：在抽样的样本中，记录每一个体有某种属性或计算每一个体中的缺陷数目的检查方法。

计量检验：在抽样检验的样本中，对每一个体测量其某个定量特性的检查方法。

观感质量：通过观察和必要的量测所反映的工程外在质量。

返修：对工程不符合标准规定的部位采取整修等措施。

返工：对不合格的工程部位采取的重新制作、重新施工等措施。

(二) 建筑工程施工质量验收的层次划分、程序和组织

1. 建筑工程施工质量验收划分的层次

建筑工程施工质量验收涉及到工程施工过程控制和竣工验收控制，是工程施工质量控制的重要环节，合理划分建筑工程施工质量验收层次是非常必要的。特别是不同专业工程的验收批如何确定，将直接影响到质量验收工作的科学性、经济性、实用性及可操作性。因此有必要建立统一的工程施工质量验收的层次。

建筑工程施工，从开工到竣工交付使用，要经过若干工序、若干专业工种的共同配合，故工程质量合格与否，取决于各工序和各专业工种的质量。为确保工程竣工质量达到合格的标准，就必须把工程项目进行细化，《统一标准》将工程项目划分为检验批、分项、分部（子分部）、单位（子单位）工程进行质量验收。

(1) 单位工程的划分

单位工程的划分按下列原则确定：

① 具备独立施工条件并能形成独立使用功能的建筑物及构筑物为一个单位工程。建筑物及构筑物的单位工程是由建筑工程和建筑设备安装工程共同组成。如住宅小区建筑群中的一栋住宅楼，学校建筑群中的一栋教学楼、办公楼等。

② 建筑规模较大的单位工程，可将其能形成独立使用功能的部分作为一个子单位工程。子单位工程的划分，也必须具有独立施工条件和具有独立的使用功能，如某商厦大楼的裙楼已建成、主楼暂缓建。子单位工程的划分，由建设单位、监理单位、施工单位自行商议确定，并据此收集整理施工技术资料和验收。

③ 室外工程的划分。室外工程可根据专业类别和工程规模划分单位（子单位）工程。室外单位（子单位）工程、分部工程按表4-1进行划分层次。

室外单位（子单位）工程、分部工程划分　　　　　　　　　　　表4-1

单位工程	子单位工程	分部(子分部)工程
室外建筑环境	附属建筑	车棚，围墙，大门，挡土墙，垃圾收集站
	室外环境	建筑小品，道路，亭台，连廊，花坛，场坪绿化
室外安装	给水排水与采暖	室外给水系统，室外排水系统，室外供热系统
	电气	室外供电系统，室外照明系统

(2) 分部工程的划分

分部工程的划分应按下列原则确定：

① 分部工程的划分应按专业性质、建筑部位确定。如建筑工程划分为地基与基础、主体结构、建筑装饰装修、建筑屋面、建筑给水排水及采暖、建筑电气、智能建筑、通风与空调、电梯等九个分部工程。

② 当分部工程较大或较复杂时，可按施工程序、专业系统及类别等划分为若干个子

分部工程。如智能建筑分部工程中就包含了火灾及报警消防联动系统、安全防范系统、综合布线系统、智能化集成系统、电源与接地、环境、住宅（小区）智能化系统等子分部工程。

(3) 分项工程的划分

分项工程应按主要工种、材料、施工工艺、设备类别等进行划分。如混凝土结构工程中按主要工种分为模板工程、钢筋工程、混凝土工程等分项工程；按施工工艺又分为预应力、现浇结构、装配式结构等分项工程。

建筑工程分部（子分部）工程、分项工程的具体划分见表4-2。

建筑工程分部工程、分项工程划分 表4-2

序号	分部工程	子分部工程	分项工程
1	地基与基础	无支护土方	土方开挖、土方回填
		有支护土方	排桩、降水、排水、地下连续墙、锚杆、土钉墙、水泥土桩、沉井与沉箱，钢及混凝土支撑
		地基处理	灰土地基、砂和砂石地基、碎砖三合土地基，土工合成材料地基，粉煤灰地基，重锤夯实地基、强夯地基，振冲地基，砂桩地基，预压地基，高压喷射注浆地基，土和灰土挤灌桩地基，注浆地基，水泥粉煤灰碎石桩地基，夯实水泥土桩地基
		桩基	锚杆静压桩及静力压桩，预应力离心管桩，钢筋混凝土预制桩，钢柱，混凝土灌注桩(成孔、钢筋笼、清孔、水下混凝土灌注)
		地下防水	防水混凝土，水泥沙浆防水层，卷材防水层，涂料防水层，金属板防水层，塑料板防水层，细部构造，喷锚支护，复合式衬砌，地下连续墙，盾构法隧道，渗排水、盲沟排水，隧道、坑道排水，预注浆、后注浆，衬砌裂缝注浆
		混凝土基础	模板、钢筋、混凝土、后浇带混凝土、混凝土结构缝处理
		砌体基础	砖砌体，混凝土砌块砌体，配筋砌体，石砌体
		劲钢(管)混凝土	劲钢(管)焊接，劲钢(管)与钢筋的连接，混凝土
		钢结构	焊接钢结构、栓接钢结构、钢结构制作、钢结构安装、钢结构涂装
2	主体结构	混凝土结构	模板、钢筋、混凝土、预应力、现浇结构、装配式结构
		劲钢(管)混凝土结构	劲钢(管)焊接、螺栓连接、劲钢(管)与钢筋的连接、劲钢(管)制作、安装、混凝土
		砌体结构	砖砌体、混凝土小型空心砌块砌体、石砌体、填充墙砌体、配筋砖砌体
		钢结构	钢结构焊接，紧固件连接，钢零部件加工，单层钢结构安装，多层及高层钢结构安装，钢结构涂装，钢构件组装，钢构件预拼装，钢网架结构安装，压型金属板
		木结构	方木和原木结构，胶合木结构，轻型木结构，木构件防护
		网架和索膜结构	网架制作，网架安装，索膜安装，网架防火，防腐涂料

续表

序号	分部工程	子分部工程	分项工程
3	建筑装饰装修	地面	整体面层：基层，水泥混凝土面层，水泥砂浆面层，水磨石面层，防油渗面层，水泥钢（铁）屑面层，不发火（防爆的）面层；板块面层：基层，砖面层（陶瓷锦砖、缸砖、陶瓷地砖和水泥花砖面层），大理石面层和花岗岩面层，预制板块面层（预制水泥混凝土、水磨石板块面层），料石面层（条石、块石面层），塑料板面层，活动地板面层，地毯面层；木竹面层：基层，实木地板面层（条材、块材面层），实木复合地板面层（条材、块材面层），中密度（强化）复合地板面层（条材面层），竹地板面层
		抹灰	一般抹灰，装饰抹灰，清水砖体勾缝
		门窗	木门窗制作与安装，金属门窗安装，塑料门窗安装，特种门窗安装，门窗玻璃安装
		吊顶	暗龙骨吊顶，明龙骨吊顶
		轻质隔墙	板材隔墙，骨架隔墙，活动隔墙，玻璃隔墙
		饰面板（砖）	饰面板安装，饰面砖粘贴
		幕墙	玻璃幕墙，金属幕墙，石材幕墙
		涂饰	水性涂料涂饰，溶剂型涂料涂饰，美术涂饰
		裱糊与软包	裱糊、软包
		细部	橱柜制作与安装，窗帘盒、窗台板和暖气罩制作与安装，门窗套制作与安装，护栏和扶手制作与安装，花饰制作与安装
4	建筑屋面	卷材防水屋面	保温层，找平层，卷材防水层，细部构造
		涂膜防水屋面	保温层，找平层，涂膜防水层，细部构造
		刚性防水屋面	细石混凝土防水层，密封材料嵌缝，细部构造
		瓦屋面	平瓦屋面，油毡瓦屋面，金属板屋面，细部构造
		隔热屋面	架空屋面，蓄水屋面，种植屋面
5	建筑给水、排水及采暖	室内给水系统	给水管道及配件安装，室内消火栓系统安装，给水设备安装，管道防腐，绝热
		室内排水系统	排水管道及配件安装，雨水管道及配件安装
		室内热水供应系统	管道及配件安装，辅助设备安装，防腐，绝热
		卫生器具安装	卫生器具安装，卫生器具给水配件安装，卫生器具排水管道安装
		室内采暖系统	管道及配件安装，辅助设备及散热器安装，金属辐射板安装，低温热水地板辐射采暖系统安装，系统水压试验及调试，防腐，绝热
		室外给水管网	给水管道安装，消防水泵接合器及室外消火栓安装，管沟及井室
		室外排水管网	排水管道安装，排水管沟与井池
		室外供热管网	管道及配件安装，系统水压试验及调试、防腐，绝热
		建筑中水系统及游泳池系统	建筑中水系统管道及辅助设备安装，游泳池水系统安装
		供热锅炉及辅助设备安装	锅炉安装，辅助设备及管道安装，安全附件安装，烘炉、煮炉和试运行，换热站安装，防腐，绝热
6	建筑电气	室外电气	架空线路及杆上电气设备安装，变压器、箱式变电所安装，成套配电柜、控制柜（屏、台）和动力、照明配电箱（盘）及控制柜安装，电线、电缆穿管和线槽敷设，电缆头制作、导线连接和线路电气试验，建筑物外部装饰灯具、航空障碍标志灯和庭院路灯安装，建筑照明通电试运行，接地装置安装

续表

序号	分部工程	子分部工程	分项工程
6	建筑电气	变配电室	变压器、箱式变电所安装,成套配电柜、控制柜(屏、台)和动力、照明配电箱(盘)安装,裸母线、封闭母线、插接式母线安装,电缆沟内和电缆竖井内电缆敷设,电缆头制作、导线连接和线路电气试验,接地装置安装,避雷引下线和变配电室接地干线敷设
		供电干线	裸母线、封闭母线、插接式母线安装,桥架安装和桥架内电缆敷设,电缆沟内和电缆竖井内电缆敷设,电线、电缆导管和线槽敷线,电缆头制作、导线连接和线路电气试验
		电气动力	成套配电柜、控制柜(屏、台)和动力、照明配电箱(盘)及控制柜安装,低压电动机、电加热器及电动执行机构检查、接线,低压电气动力设备检测、试验和空载试运行,桥架安装和桥架内电缆敷设,电线、电缆导管和线槽敷设,电线、电缆穿管和线槽敷线,电缆头制作、导线连接和线路电气试验,插座、开关、风扇安装
		电气照明安装	成套配电柜、控制柜(屏、台)和动力、照明配电箱(盘)安装,电线、电缆导管和线槽敷设,电线、电缆导管和线槽敷线,槽板配线、钢索配线,电缆头制作、导线连接和线路电气试验,普通灯具安装,专用灯具安装,插座、开关、风扇安装,建筑照明通电试运行
		备用和不间断电源安装	成套配电柜、控制柜(屏、台)和动力、照明配电箱(盘)安装,柴油发电机组安装,不间断电源的其他功能单元安装,裸母线、封闭母线、插接式母线安装,电线、电缆导管和线槽敷设,电线、电缆导管和线槽敷线,电缆头制作、导线连接和线路电气试验,接地装置安装
		防雷及接地安装	接地装置安装,避雷引下线和变配电室接地干线敷设,建筑物等电位连接,接闪器安装
7	智能建筑	通信网络系统	通信系统,卫星及有线电视系统,公共广播系统
		办公自动化系统	计算机网络系统,信息平台及办公自动化应用软件,网络安全系统
		建筑设备监控系统	空调与通风系统,变配电系统,照明系统,给水排水系统,热源和热交换系统,冷冻和冷却系统,电梯和自动扶梯系统,中央管理工作站与操作分站,子系统通信接口
		火灾报警及消防联动系统	火灾和可燃气体探测系统,火灾报警控制系统,消防联动系统
		综合布线系统	缆线敷设和终接,机柜、机架、配线架的安装,信息插座和光缆芯线终端的安装
		智能化集成系统	集成系统网络,实时数据库,信息安全,功能接口
		电源与接地	智能建筑电源,防雷及接地
		环境	空间环境,室内空调环境,视觉照明环境,电磁环境
		住宅(小区)智能化系统	火灾自动报警及消防联动系统,安全防范系统(含电视监控系统、入侵报警系统、巡更系统、门禁系统、楼宇对讲系统、住户对讲呼救系统、停车管理系统),物业管理系统(多表现现场计量及与远程传输系统、建筑设备监控系统、公共广播系统、小区网络及信息服务系统、物业办公自动化系统),智能家庭信息平台
8	通风与空调	送排风系统	风管与配件制作,部件制作,风管系统安装,空气处理设备安装,消声设备制作与安装,风管与设备防腐,风机安装,系统调试
		防排烟系统	风管与配件制作,部件制作,风管系统安装,防排烟风口、常闭正压风口与设备安装,风管与设备防腐,风机安装,系统调试
		除尘系统	风管与配件制作,部件制作,风管系统安装,除尘器与排污设备安装,风管与设备防腐,风机安装,系统调试

191

续表

序号	分部工程	子分部工程	分项工程
8	通风与空调	空调风系统	风管与配件制作,部件制作,风管系统安装,空气处理设备安装,消声设备制作与安装,风管与设备防腐,风机安装,风管与设备绝热,系统调试
		净化空调系统	风管与配件制作,部件制作,风管系统安装,空气处理设备安装,消声设备制作与安装,风管与设备防腐,风机安装,风管与设备绝热,高效过滤器安装,系统调试
		制冷设备系统	制冷机组安装,制冷剂管道及配件安装,制冷附属设备安装,管道及设备的防腐与绝热,系统调试
		空调水系统	管道冷热(煤)水系统安装,冷却水系统安装,冷凝水系统安装,阀门及部件安装,冷却塔安装,水泵及附属设备安装,管道与设备的防腐与绝热,系统调试
9	电梯	电力驱动的曳引式或强制式电梯安装	设备进场验收,土建交接检验,驱动主机,导轨,门系统,轿厢,对重(平衡重),安全部件,悬挂装置,随行电缆,电气装置,整机安装验收
		液压电梯安装	设备进场验收,土建交接检验,液压系统,导轨,门系统,轿厢,对重(平衡重),安全部件,悬挂装置,随行电缆,电气装置,整机安装验收
		自动扶梯、自动人行道安装	设备进场验收,土建交接检验,整机安装验收

(4) 检验批的划分

分项工程可由一个或若干个检验批组成,检验批可根据施工及质量控制和专业验收需要按楼层、施工段、变形缝等进行划分。建筑工程的地基基础分部工程中的分项工程一般划分为一个检验批;有地下层的基础工程可按不同地下层划分检验批;屋面分部工程中的分项工程不同楼层屋面可划分为不同的检验批;单层建筑工程中的分项工程可按变形缝等划分检验批,多层及高层建筑建筑工程中主体分部的分项工程可按楼层或施工段来划分检验批;其他分部工程中的分项工程一般按楼层划分检验批;对于工程量较少的分项工程可统一划为一个检验批。安装工程一般按一个设计系统或组别划分为一个检验批。室外工程统一划分为一个检验批。散水、台阶、明沟等含在地面检验批中。

(5) 室外工程的划分

室外工程可根据专业类别和工程规模划分单位(子单位)工程。

室外单位(子单位)工程、分部工程可按表4-3采用。

室外工程划分　　　　表 4-3

单位工程	子单位工程	分部(子分部)工程
室外建筑环境	附属建筑	车棚,围墙,大门,挡土墙,垃圾收集站
	室外环境	建筑小品,道路,亭台,连廊,花坛,场坪绿化
室外安装	给水排水与采暖	室外给水系统,室外排水系统,室外供热系统
	电气	室外供电系统,室外照明系统

2. 建筑工程施工质量验收程序

建筑工程施工质量验收的程序首先是验收检验批或者是分项工程质量验收,再验收分部(子分部)工程质量,最后验收单位(子单位)工程的质量。对检验批、分项工程、分部(子分部)工程、单位(子单位)工程的质量验收,都是先由施工单位自我检查评定后，再由监理或建设单位进行验收。

（1）施工单位自检程序

施工单位工程质量验收首先是班组在施工过程中的自我检查，自我检查就是按照施工操作工艺的要求，边操作边检查，将有关质量要求及误差控制在规定的限值内。自检主要是在本班组本工种范围内进行，由承担检验批、分项工程的工种工人和班组等参加。自检互检是班组在分项（或分部）工程交接（检验批、分项工程完工或中间交工验收）前，由班组先进行的检查；也可是分包单位在交给总包之前，由分包单位先进行的检查；还可以是由单位工程项目经理（或企业技术负责人）组织有关班组长（或分包）及有关人员参加的交工前的检查，对单位工程的观感和使用功能等方面易出现的质量疵病和遗留问题，尤其是各工种、分包之间的工序交叉可能发生建筑成品损坏的部位，均要及时发现问题、及时改进，力争工程一次验收通过。

交接检是各班组之间或各工种、各分包之间，在工序、检验批、分项或分部工程完毕之后，下一道工序、检验批、分项或分部（子分部）工程开始之前，共同对前一道工序、检验批、分项或分部（子分部）工程的检查，经后一道工序认可，并为他们创造了合格的工作条件。例如，基础公司把桩基交给承担主体结构施工的公司；瓦工班组把某层砖墙交给木工班组支模；木工班组把模板交给钢筋班组绑扎钢筋；钢筋班组把钢筋交给混凝土班组浇筑混凝土；建筑与结构施工队伍把主体工程（标高、预留洞、预埋铁件）交给安装队安装水电等等。交接检是保证下一道工序顺利进行的有力措施，也有利于分清质量责任和成品保护，也可以防止下道工序对上道工序的损坏。

施工企业对检验批、分项工程、分部（子分部）工程、单位（子单位）工程，都应按照企业标准检查评定合格之后，将各验收记录表填写好，再交监理单位（建设单位）的监理工程师、总监理工程师进行验收。企业的自我检查评定是工程验收的基础。

（2）监理单位（建设单位）的验收

施工企业的质量检查人员（包括各专业的项目质量检查员），将企业检查评定合格的检验批、分项工程、分部（子分部）工程、单位（子单位）工程，填好表格后及时交监理单位（对一些政策允许的建设单位自行管理的工程，应交建设单位）。监理单位（或建设单位）的有关人员及时到工地现场，对该项工程的质量进行验收。由于监理单位（或建设单位）的现场质量检查人员，在施工过程中已进行旁站、平行或巡视检查，所以监理单位应根据监理人员对工程质量了解的程度，对检验批的质量采取抽样检查或抽取重点部位或认为有必要查的部位进行检查。

在对工程进行检查后，确认其工程质量符合标准规定，由有关人员签字认可。

（3）检验批及分项工程的验收程序

检验批和分项工程验收前，施工单位先填好"检验批和分项工程的验收记录"（有关监理记录和结论不填），并由项目专业质量检验员和项目专业技术负责人分别在检验批和分项工程质量检验记录中相关栏目中签字，报监理单位等质量控制部门检查验收，严格按规定程序进行验收。

（4）分部工程的验收程序

分部工程验收前，在施工单位自查、自评工作完成和填好"分部工程的验收记录"后报监理单位，由总监理工程师（建设单位项目负责人）组织施工单位项目负责人和技术、质量负责人等进行验收；由于地基与基础、主体结构技术性能要求严格，关系到整个工程的安全，因此规定与地基基础、主体结构分部工程相关的勘察、设计单位工程项目负责人和施工单位技术、质量部门负责人也应参加相关分部工程验收。

（5）单位（子单位）工程的验收程序

1）竣工预验收的程序

单位工程达到竣工验收条件后，施工单位在自查、自评工作完成情况下，填写工程竣工报验单，并将全部竣工资料报送项目监理机构，申请竣工验收。总监理工程师应组织各专业监理工程师对竣工资料及各专业工程的质量情况进行全面检查，对检查出的问题，应督促施工单位及时整改。对需要进行功能试验的项目（包括单机试车和无负荷试车），监理工程师应督促施工单位及时进行试验，并对重要项目进行监督、检查，必要时请建设单位和设计单位参加；监理工程师应认真审查试验报告单并督促施工单位搞好成品保护和现场清理。

经项目监理机构对竣工资料及实物全面检查、验收合格后，由总监理工程师签署工程竣工报验单，并向建设单位提出质量评估报告。

2）正式验收的程序

建设单位收到工程验收报告后，由建设单位（项目）、施工单位（含分包单位）、设计、监理等单位（项目）负责人进行单位（子单位）工程验收。单位工程有分包单位施工时，分包单位对所承包的工程项目应按规定的程序检查评定，总包单位应派人参加。分包工程完成后，应将工程有关资料交总包单位。建设工程经验收合格的，方可交付使用。

建设工程竣工验收应当具备下列条件：

① 完成建设工程设计和合同约定的各项内容；

② 有完整的技术档案和施工管理资料；

③ 有工程使用的主要建筑材料、建筑构配件和设备的进场试验报告；

④ 有勘察、设计、施工、工程监理等单位分别签署的质量合格文件；

⑤ 有施工单位签署的工程保修书。

（6）单位工程竣工验收备案与移交

单位工程质量验收合格后，建设单位应在规定时间内将工程竣工验收报告和有关文件报建设行政管理部门备案。

① 凡在中华人民共和国境内新建、扩建、改建各类房屋建筑工程和市政基础设施工程的竣工验收，均应按有关规定进行备案。

② 国务院建设行政主管部门和有关专业部门负责全国工程竣工验收的监督管理工作。县级以上地方人民政府建设行政主管部门负责本行政区域内工程的竣工验收备案管理工作。

③ 工程项目经竣工验收合格后，便可办理工程交接手续，即将工程项目的所有权移交给建设单位。交接手续应及时办理，以便使项目早日投产使用，充分发挥投资效益。

在办理工程项目交接前，施工单位要编制竣工结算书，以此作为向建设单位结算最终拨付的工程价款。而竣工结算书通过监理工程师审核、确认并签证后，才能通知建设银行与施工单位办理工程价款的拨付手续。

④ 在工程项目交接时，还应将成套的工程技术资料进行分类整理、编目建档后移交给建设单位，同时，施工单位还应将在施工中所占用的房屋设施等进行维修清理后全部予以移交。

3. 建筑工程施工质量验收组织

《统一标准》规定，检验批、分项工程由专业监理工程师、建设单位项目技术负责人组织施工单位的项目专业技术负责人等进行验收。分部工程、子分部工程由总监理工程师、建设单位项目负责人组织施工单位项目负责人（项目经理）和技术、质量负责人及勘察、设计单位工程项目负责人参加验收。竣工验收由建设单位组织验收。

（1）施工单位自检组织

施工单位的自我检查主要是在本班组（本工种）范围内进行，由项目技术负责人和质量管理人员组织，承担检验批、分项工程的工种班组长等参加，可是分包单位在交给总包之前，由分包单位先进行的检查；还可以是由单位工程项目经理（或企业技术负责人）组织有关班组长（或分包）及有关人员参加的交工前进行检查。

（2）检验批及分项工程的验收组织

检验批和分项工程是建筑工程施工质量基础，因此，所有检验批和分项工程均应由监理工程师或建设单位项目技术负责人组织验收，施工单位项目专业质量（技术）负责人等参与。

（3）分部工程的验收组织

分部工程应由总监理工程师（建设单位项目负责人）组织施工单位项目负责人和技术、质量负责人等进行验收；由于地基与基础、主体结构技术性能要求严格，关系到整个工程的安全，因此规定与地基基础、主体结构分部工程相关的勘察、设计单位工程项目负责人和施工单位技术、质量部门负责人也应参加相关分部工程验收。

（4）单位（子单位）工程的验收组织

1）竣工预验收的组织

单位工程达到竣工验收条件后，由总监理工程师组织各专业监理工程师对竣工资料及各专业工程的质量情况进行全面检查，项目经理的技术负责人参加。经项目监理机构对竣工资料及实物全面检查、验收合格后，由总监理工程师签署工程竣工报验单，并向建设单位提出质量评估报告。

2）正式验收的组织

建设单位收到工程验收报告后，由建设单位项目负责人组织施工（含分包单位）、设计、监理等单位项目负责人进行单位（子单位）工程验收。单位工程由分包单位施工时，分包单位对所承包的工程项目应按规定的程序检查评定，总包单位应派人参加。

在一个单位工程中，对满足生产要求或具备使用条件，施工单位已预验、监理工程师已初验通过的子单位工程，建设单位可组织进行验收。有几个施工单位负责施工的单位工程，当其中的施工单位所负责的子单位工程已按设计完成，并经自行检验，也可组织正式验收，办理交工手续。

4. 施工质量验收程序和组织方法案例

【案例 4-1】 砖混结构办公楼验收

(1) 背景

某厂拟建一幢六层砖混结构办公楼，该市建筑公司通过招标方式承接该项施工任务，某监理公司接受业主委托承担监理任务。该办公楼建筑平面形状为L形，设计采用混凝土小型砌块砌筑，墙体加构造柱，于2004年10月8日开工建设，2005年6月10日竣工。

(2) 问题

1) 该办公楼达到什么条件方可竣工验收？

2) 如何组织该办公楼竣工验收？

3) 该工程施工过程中隐蔽工程验收应如何组织？

(3) 分析与解答

1) 该办公楼竣工验收的条件

① 完成建设工程设计和合同规定的内容；

② 有完整的技术档案和施工管理资料；

③ 有工程使用的主要建筑材料、建筑构配件和设备的进场试验报告；

④ 有勘察、设计、施工、工程监理等单位分别签署的质量合格文件；

⑤ 按设计内容完成，工程质量和使用功能符合规范规定的设计要求，并按合同规定完成了协议内容。

2) 该办公楼竣工验收组织

该办公楼完工后，建筑公司应自行组织有关人员进行检查评定，并向建设单位锅炉厂提交工程验收报告；锅炉厂收到工程验收报告后，应由锅炉厂（项目）负责人组织施工、设计、监理等单位（项目）负责人进行单位工程验收。

3) 施工过程中隐蔽工程验收组织

施工过程中，隐蔽工程在隐蔽前通知建设单位（或监理单位）进行验收，并形成验收文件。

【案例4-2】 智能建筑工程质量验收

(1) 背景

某市银行大厦是一座现代化的智能型建筑，建筑面积6万 m^2，施工总承包单位是该市第二建筑公司，由于该工程设备先进、要求高，因此该公司将机电设备安装工程分包给日本某公司。

(2) 问题

1) 工程质量验收分为哪两个过程？

2) 该银行大厦必须达到何种要求，方准验收？

3) 应如何组织该银行大厦的竣工验收？

(3) 分析与解答

1) 工程质量验收过程

工程质量验收分为过程验收和竣工验收。

2) 该银行大厦的验收要求

① 质量应符合统一标准和混凝土工程及相关专业验收规范的规定；

② 应符合工程勘察、设计文件的要求；

③ 参加验收的各方人员应具备规定的资格；

④ 质量验收应在施工单位自行检查评定的基础上进行；
⑤ 隐蔽工程在隐蔽前应由施工单位通知有关单位进行验收，并形成验收文件；
⑥ 涉及结构安全的试块、试件以及有关材料，应按规定进行见证取样检测；
⑦ 检验批的质量应按主控项目和一般项目验收；
⑧ 对涉及结构安全和使用功能的重要分部工程应进行抽样检测；
⑨ 承担见证取样检测及有关结构安全检测的单位应具有相应资质；
⑩ 工程的观感质量应由验收人员通过现场检查，并应共同确认。

3）该银行大厦的竣工验收组织

施工单位市第二建筑公司应自行组织有关人员进行检查评定，并向建设单位提交工程验收报告；建设单位收到工程验收报告后，应由建设单位（项目）负责人组织施工（含分包单位日本某公司）、设计、监理等单位（项目）负责人进行单位工程验收；分包单位日本某公司对所承包工程项目检查评定，总包市第二建筑公司派人参加，分包完成后，将资料交给总包；当参加验收各方对工程质量验收不一致时，可请当地建设行政主管部门或工程质量监督机构协调处理；单位工程质量验收合格后，建设单位应在规定时间内将工程竣工验收报告和有关文件，报建设行政管理部门备案。

（三）建筑工程施工质量验收规定与记录

1. 建筑工程施工质量验收的基本规定

《统一标准》的基本规定，主要在四个方面对工程质量的验收，进行了基本的要求和规定。

（1）建筑工程施工质量管理的要求

① 建筑工程施工单位应建立必要的质量责任制度，对建筑工程施工的质量管理体系提出较全面的要求，建筑工程的质量控制应为全过程的控制。

② 建筑工程施工单位应推行和健全质量的生产控制和合格控制的质量管理体系。质量管理体系不仅包括原材料控制、工艺流程控制、施工操作控制、每道工序质量检查、各道相关工序间的交接检验以及专业工种之间等中间交接环节的质量管理和控制要求，还应包括满足施工图设计和功能要求的抽样检验制度等。施工单位还应通过内部的审核与管理者的评审，找出质量管理体系中存在的问题和薄弱环节，并制订改正的措施和跟踪检查落实等措施，使质量管理体系健全和完善，以保证该施工单位不断提高建筑工程施工质量。

③ 施工现场必须具备相应的施工技术标准。施工单位应重视综合质量控制水平，应从施工技术、管理制度、工程质量控制等方面制订对施工企业综合质量控制水平的指标，以达到提高整体素质和经济效益。

④ 施工现场质量管理检查必须记录，按表4-4的要求进行填写，总监理工程师或建设单位项目负责人进行检查，并作出检查结论。

（2）对施工过程工序质量控制的要求

① 建筑工程采用的主要材料、半成品、成品、建筑构配件、器具和设备应进行现场验收。凡涉及安全、功能的有关产品，应按各专业工程质量验收规范规定进行复验，并应经监理工程师（建设单位技术负责人）检查认可。

施工现场质量管理检查记录本　　　　　表 4-4

工程名称				施工许可证(开工证)	
建设单位				项目负责人	
设计单位				项目负责人	
监理单位				总监理工程师	
施工单位		项目经理		项目技术负责人	
序号	项　　目			内　　容	
1	项目质量管理制度				
2	质量责任制				
3	主要专业工种操作上岗证书				
4	分包方资质与对分包单位的管理制度				
5	施工图审查情况				
6	地质勘察资料				
7	施工组织设计、施工方案及审批				
8	施工技术标准				
9	工程质量检验制度				
10	搅拌站及计量设置				
11	现场材料、设备存放与管理				
12					

检查结论：

　　　　　　　　　　　总监理工程师
　　　　　　　　　　（建设单位项目负责人）　　　　　　　　　年　月　日

② 各工序应按施工质量验收规范进行质量控制，每道工序完成后，应进行检查。

③ 相关各专业工种之间，应进行交接检验，并形成记录。未经监理工程师（建设单位技术负责人）检查认可，不得进行下道工序施工。

（3）对建筑工程施工质量验收的要求

《统一标准》对建筑工程施工质量验收作出了 10 条强制性条文，必须严格执行，以确保质量验收的质量。

① 建筑工程施工质量应符合《统一标准》和相关专业验收规范的规定。

② 建设工程施工应符合工程勘察、设计文件的要求。

③ 参加工程施工质量验收的各方人员应具备规定的资格。

④ 工程质量的验收均应在施工单位自行检查评定的基础上进行。

⑤ 隐蔽工程在隐蔽前由施工单位通知有关单位进行验收，并应形成验收文件。

⑥ 涉及结构安全的试块、试件以及有关材料，应按规定进行见证取样检测。

⑦ 检验批的质量应按主控项目和一般项目验收。

⑧ 对涉及结构安全和使用功能的重要分部工程应进行抽样检测。

⑨ 承担见证取样检测及有关结构安全检测的单位应具有相应资质。

⑩ 工程的观感质量应由验收人员通过现场检查，并应共同确认。

（4）对检验批验收的抽样方案的有关规定

抽样方案的选择应根据检验项目的特点进行选择，其方案有：
① 计量、计数或计量—计数等抽样方案。
② 一次、二次或多次抽样方案。
③ 根据生产连续性和生产控制稳定性情况，尚可采用调整型抽样方案。
④ 对重要的检验项目当可采用简易快速的检验方法时，可选用全数检验方案。
⑤ 经实践检验有效的抽样方案。

在制定检验批的抽样方案时，应考虑合理分配生产方风险（或错判概率 α）和使用方风险（或漏判概率 β），按下列规定采取：

主控项目：对应于合格质量水平 α、β 不宜超过5%。
一般项目：对应于合格质量水平 α 不宜超过5%，β 不宜超过10%。

2. 检验批质量验收规定与记录

检验批是分项中的最小基本单元，是分项工程质量验收的基础。
（1）检验批质量合格应符合下列规定：
① 主控项目和一般项目的质量经抽样检验合格；
② 具有完整的施工操作依据、质量检查记录。
（2）检验批质量验收
1）主控项目和一般项目的检验

主控项目：主控项目是保证工程安全和使用功能的重要检验项目，是对安全、卫生、环境保护和公众利益起决定性作用的检验项目，它决定该检验批的主要性能。如果达不到规定的质量指标，降低要求就相当于降低该工程项目的性能指标，就会严重影响工程的安全性能；如果提高要求就等于提高性能指标，就会增加工程造价。如混凝土、砂浆的强度等级是保证混凝土结构、砌体工程强度的重要性能，是必须全部达到要求。

主控项目包括的内容主要有：

① 重要材料、构件及配件、成品及半成品、设备性能及附件的材质、技术性能等。检查出厂证明及试验数据，如水泥、钢材的质量；预制楼板、墙板、门窗等构配件的质量；风机等设备的质量。检查出厂证明，其技术数据、项目符合有关技术标准规定。

② 结构的强度、刚度和稳定性等检验数据、工程性能的检测。如混凝土、砂浆的强度，钢结构的焊缝强度，管道的压力试验，风管的系统测定与调整，电气的绝缘、接地测试，电梯的安全保护、试运转结果等。检查测试记录，其数据及项目要符合设计要求和相关验收规范规定。

③ 一些重要的允许偏差项目，必须控制在允许偏差限值之内。对一些有龄期的检测项目，在其龄期不到，不能提供数据时，可先将其他评价项目先评价，并根据施工现场的质量保证和控制情况，暂时验收该项目，待检测数据出来后，再填入数据。如果数据达不到规定数值，或者对一些材料、构配件质量及工程性能的测试数据有疑问时，应进行复试、鉴定及实地检验。

一般项目：一般项目是除主控项目以外的检验项目，其条文也是应该达到的，只不过对影响工程安全和使用功能较小的少数条文可以适当放宽一些。这些条文虽不像主控项目那样重要，但对工程安全、使用功能、建筑美观都是有较大影响的。

一般项目包括的内容主要有：

① 在一般项目中，允许有一定偏差的，如用数据标准判断，其偏差范围不得超过规定值。

② 对不能确定偏差值而又允许出现一定缺陷的项目，则以缺陷的数量来区分。如砖砌体预埋拉结筋的留置间距偏差、混凝土钢筋露筋等。

③ 一些无法定量的而采用定性的项目。如碎拼大理石地面颜色协调，无明显裂缝和坑洼；油漆工程中，油漆的光亮和光滑项目；卫生器具给水配件安装项目，接口严密，启闭部分灵活；管道接口项目，无外露油麻等需要监理工程师来合理控制。

检验批的质量合格与否主要取决于对主控项目和一般项目的检验结果。主控项目是对检验批的基本质量起决定性影响的检验项目，因此必须全部符合有关专业工程验收规范的规定。这意味着主控项目不允许有不符合要求的检验结果，即这种项目的检查具有否决权。而其一般项目则可按专业规范的要求处理。

2) 资料检查

对检验批质量控制资料完整性检查，就是确认施工过程的质量控制是否符合规定要求，这是检验批合格的前提。所要检查的资料主要包括：

① 图纸会审、设计变更、洽商记录；

② 建筑材料、成品、半成品、建筑构配件、器具和设备的质量证明书及进场检（试）验报告；

③ 工程测量、放线记录；

④ 按专业质量验收规范规定的抽样检验报告；

⑤ 隐蔽工程检查记录；

⑥ 施工过程记录和施工过程检查记录；

⑦ 新材料、新工艺的施工记录；

⑧ 质量管理资料和施工单位操作依据等。

3) 检验批的质量验收记录

检验批的质量验收记录由施工项目专业质量检查员填写，监理工程师（建设单位专业技术负责人）组织项目专业质量检查员等进行验收，并按表 4-5 记录。

3. 分项工程质量验收规定与记录

分项工程由一个或若干个检验批组成。分项工程合格质量验收，即只要构成分项工程的各检验批的验收资料文件完整，并且均已验收合格，则分项工程验收合格。

（1）分项工程质量验收合格应符合的规定

① 分项工程所含的检验批均应符合合格质量规定。

② 分项工程所含的检验批的质量验收记录应完整。

分项工程质量的验收是在检验批验收的基础上进行的，是一个统计过程，有时也有一些直接的验收内容，所以在验收分项工程时应注意：

A. 核对检验批的部位、区段是否全部覆盖分项工程的范围，有没有缺漏的部位没有验收到。

B. 一些在检验批中无法检验的项目，在分项工程中直接验收。如砖砌体工程中的全高垂直度、砂浆强度的评定等。

检验批质量验收记录　　　　　　　　　　　　　　表 4-5

工程名称			分项工程名称			验收部位	
施工单位			专业工长			项目经理	
分包单位			分包项目经理			施工班组长	
施工执行标准名称及编号							
		质量验收规范的规定	施工单位检查评定纪录			监理(建设)单位验收记录	
主控项目	1						
	2						
	3						
	4						
	5						
	6						
	7						
	8						
	9						
	10						
一般项目	1						
	2						
	3						
	4						
施工单位检查评定结果			项目专业质量检查员：　　　　　　　年　月　日				
监理(建设)单位验收结论			监理工程师 (建设单位项目专业技术负责人)：　　　年　月　日				

C. 检验批验收记录的内容及签字人是否正确、齐全。

（2）分项工程质量验收记录

分项工程质量应由监理工程师（建设单位项目专业技术负责人）组织项目专业技术负责人等进行验收，并按 4-6 表记录。

4. 分部（子分部）工程质量验收规定与记录

在一个分部工程中只有一个子分部工程时，子分部就是分部工程；当不只一个子分部工程时，可以一个子分部、一个子分部地进行质量验收。

（1）分部（子分部）工程质量验收合格应符合下列规定

① 分部（子分部）工程所含分项工程的质量均应验收合格：

A. 检查每个分项工程验收是否正确。

B. 注意核对所含分项工程，有没有漏、缺的分项工程没有归纳进来，或是没有进行验收。

C. 注意检查分项工程的资料完整不完整，每个验收资料的内容是否有缺漏项以及分项验收人员的签字是否齐全及符合规定。

② 质量控制资料应完整。质量控制资料主要包括以下三个方面的资料：

分项工程质量验收记录本　　　　　　　表 4-6

工程名称		结构类型		检验批数	
施工单位		项目经理		项目技术负责人	
分包单位		分包单位负责人		分包项目经理	
序号	检验批部位、区段		施工单位检查评定结果	监理(建设)单位验收结论	
1					
2					
3					
4					
5					
6					
7					
8					
9					
10					
11					
12					
13					
14					
15					
16					
17					
检查结论	项目专业技术负责人： 　　年　月　日			验收结论	监理工程师 (建设单位项目专业技术负责人) 　　年　月　日

　　A. 核查和归纳各检验批的验收记录资料，核对其是否完整。

　　B. 检验批验收时，应具备的资料应准确完整才能验收。在分部、子分部工程验收时，主要是核查和归纳各检验批的施工操作依据、质量检查记录，查对其是否配套完整，包括有关施工工艺（企业标准）、原材料、构配件出厂合格证及按规定进行的试验资料的完整程度。一个分部（子分部工程）能否具有数量和内容完整的质量控制资料，是验收规范指标能否通过验收的关键，但在实际工程中，有时资料的类别、数量会有欠缺，不够完整，要靠验收人员来掌握其程度，具体操作可参照单位工程的做法。

　　C. 注意核对各种资料的内容、数据及验收人员的签字是否规范等。

　　③ 地基与基础、主体结构设备安装分部工程有关安全及功能的检测和抽样检测结果应符合有关规定，验收时应注意三个方面的工作：

　　A. 检查各规范中规定的检测项目是否都进行了验收，不能进行检测的项目应该说明原因。

　　B. 检查各项检测记录（报告）的内容、数据是否符合要求，包括检测项目的内容、所遵循的检测方法标准、检测结果的数据是否达到规定的标准。

　　C. 核查资料的检测程序、有关取样人、检测人、审核人、试验负责人，以及公章签字是否齐全等。

　　④ 观感质量验收应符合要求：观感质量评价是全面评价一个分部工程（子分部工程）、单位工程（子单位工程）的外观及使用功能质量的必要手段与过程，它可以促进施工过程的管理、成品保护，提高社会效益和环境效益。

　　分部工程的验收在其所含各分项工程验收的基础上进行。由于各分项工程的性质不尽相同，因此作为分部工程不能简单的组合而加以验收，尚须增加以下两类检查。

　　涉及安全和使用功能的地基基础、主体结构、有关安全及重要使用功能的安装分部工程，应进行有关见证取样送样试验或抽样检测。如建筑物垂直度、标高、全高测量记录，建筑物沉降观测测量记录，给水管道通水试验记录，暖气管道、散热器压力试验记录，照明动力全负荷试验记录等。

　　观感质量验收，检查往往难以定量，只能以观察、触摸或简单量测的方式进行，并由各人的主观印象判断，检查结果并不给出"合格"或"不合格"的结论，而是综合给出质量评价。评价的结论为"好"、"一般"和"差"三种。在检查时应注意：

　　A. 要注意一定将工程的各个部位全部看到，能操作的应操作，观察其方便性、灵活性或有效性等；能打开观看的应打开观看，不能只看"外观"，应全面了解分部（子分部）的实物质量。

　　B. 评价标准由检查评价人员宏观掌握，如果没有较明显达不到要求的，就可以评一般；如果某些部位质量较好，细部处理到位，就可评好；如果有的部位达不到要求，或有明显的缺陷，但不影响安全或使用功能的，则评为差。评为差的项目能进行返修的应进行返修，不能返修的只要不影响结构安全和使用功能的可通过验收。有影响安全或使用功能的项目，不能评价，应修理后再评价。

　　观感质量验收评价人员必须具有相应的资格，由总监理工程师组织，不少于三位监理工程师来检查，在听取其他参加人员的意见后，共同作出评价，但总监理工程师的意见应为主导意见。在作评价时，应分项目逐点评价，也可按项目进行综合评价，最后对分部（子分部）作出评价验收结论。

　　(2) 分部（子分部）工程质量验收记录

　　分部（子分部）工程质量应由总监理工程师（建设单位项目专业负责人）组织施工项目经理和有关勘察、设计单位项目负责人进行验收，并按表 4-7 记录。

5. 单位工程质量验收规定与记录

　　(1) 单位（子单位）工程质量验收合格应符合下列规定

　　1) 单位（子单位）工程所含分部（子分部）工程的质量应验收合格

　　A. 核查各分部工程中所含的子分部工程验收是否齐全。

　　B. 核查各分部、子分部工程质量验收记录表的质量评价是否齐全、完整。

　　C. 核查各分部、子分部工程质量验收记录表的验收人员是否是规定的有相应资质的技术人员，并进行了评价和签认。

分部（子分部）工程质量验收记录　　　　　　　表 4-7

工程名称			结构类型		层数	
施工单位			技术部门负责人		质量部门负责人	
分包单位			分包单位负责人		分包技术负责人	
序号	分项工程名称	检验批数	施工单位检查评定		验收意见	
1						
2						
3						
4						
5						
6						
质量控制资料						
安全和功能检验(检测)报告						
观感质量验收						
验收单位	分包单位				项目经理：年　月　日	
	施工单位				项目经理：年　月　日	
	勘察单位				项目负责人：年　月　日	
	设计单位				项目负责人：年　月　日	
	监理(建设)单位	总监理工程师： (建设单位项目专业负责人)			年　月　日	

2）质量控制资料应完整

单位（子单位）工程质量验收应加强建筑结构、设备性能、使用功能方面主要技术性能的检验。总承包单位应将各分部（子分部）工程应有的质量控制资料进行核查，图纸会审及变更记录、定位测量放线记录、施工操作依据、原材料、构配件等质量证书、按规定进行检验的检测报告、隐蔽工程验收记录、施工中有关施工试验、测试、检验以及抽样检测项目的检测报告等，由总监理工程师进行核查确认，可按单位工程所包含的分部（子分部）工程分别核查，也可综合抽查。检查单位工程的质量控制资料时，应对主要技术性能进行系统的核查。如一个空调系统只有分部（子分部）工程全部完成后才能进行综合调试，取得需要的检验数据。

施工操作工艺、企业标准、施工图纸及设计文件、工程技术资料和施工过程的见证记录，必须齐全完整。

单位工程质量控制资料是否完整，通常可按以下三个层次进行判定：

A. 已发生的资料项目必须有。

B. 在每个项目中该有的资料必须有，没有发生的资料应该没有。

C. 在每个资料中该有的数据必须有。

工程资料是否完整，要视工程项目的具体情况、特点和已有资料的情况而定，验收人员关键一点是应看其工程的结构安全和使用功能是否达到设计要求。如果资料能保证该工程结构安全和使用功能，能达到设计要求，则可认为是完整。否则，不能判为完整。

3）单位（子单位）工程所含分部工程有关安全和功能的检验资料应完整

为确保工程的安全和使用功能，在分部（子分部）工程中提出了一些有关安全和功能检测项目，在分部（子分部）工程检查和验收时，应进行检测来保证和验证工程的综合质量和最终质量。这种检测（检验）由施工单位来检测，检测过程中可请监理工程师或建设单位有关负责人参加监督检测工作，达到要求后，并形成检测记录签字认可。在单位（子单位）工程验收时，监理工程师应对各分部（子分部）工程应检测的项目进行核对，对检测资料的数量、数据、检测方法、标准、检测程序、有关人员的签认情况等进行核查。核查后，将核查的情况填入单位（子单位）工程安全和功能检测资料核查和主要功能抽查记录表。并对该项内容做出通过或不通过的结论。

  4）主要功能项目的抽查结果应符合相关专业质量验收规范的规定

  主要功能项目抽查的目的是综合检验工程质量能否保证工程的功能，满足使用要求。主要功能抽测项目已在各分部（子分部）工程中列出，有的是在分部（子分部）工程完成后进行检测，有的还要待相关分部（子分部）工程完成后才能检测，有的则需要待单位工程全部完成后进行检测，这些检测项目应在由施工单位向建设单位提交工程验收报告之前全部进行完毕，并将检测报告写好。建设单位组织单位工程验收时，抽测项目一般由验收委员会（验收组）来确定。但其项目应包含在单位（子单位）工程安全和功能检测资料核查和主要功能抽查记录表中所含项目里，不能随便提出其他项目。如需要进行表中未有的检测项目时，应经过专门研究来确定。通常监理单位应在施工过程中，提醒将抽测的项目在分部（子分部）工程验收时抽测。多数情况是施工单位检测时，监理、建设单位都参加，不再重复检测，防止造成不必要的浪费及对工程的损害。

  通常主要功能抽测项目，应为有关项目最终的综合性的使用功能，如室内环境检测、屋面淋水检测、用电设备全负荷试验检测、智能建筑系统运行等。只有最终抽测项目效果不符合验收标准要求，必须进行中间过程有关项目的检测时，才与有关单位共同制订检测方案，并制订完善的成品保护措施；主要功能抽测项目的进行，以不损坏建筑成品为原则。

  5）观感质量验收应符合要求

  分项、分部工程的验收，对其本身来讲是属产品检验，只有单位工程的验收，才是最终建筑产品的验收。观感质量检查绝不是单纯的外观检查，而是实地对工程的一个全面检查，核实质量控制资料，核查分项、分部工程验收的正确性，对在分项工程中不能检查的项目进行检查等。如工程完工，绝大部分的安全可靠性能和使用功能已达到要求，但出现不应出现的裂缝和严重影响使用功能的情况，应该首先弄清原因，然后再评价。分项、分部工程无法测定和不便测定的项目，在单位工程观感评价中，必须给予核查。如建筑物的全高垂直度、上下窗口位置偏移及一些线角顺直等项目，只有在单位工程质量最终检查时，才能了解得更确切。

  单位（子单位）工程观感质量评价方法同分部（子分部）工程观感质量验收项目。

  (2) 单位（子单位）工程质量竣工验收记录

  表 3-7 为单位工程质量验收汇总表，单位（子单位）工程质量验收应按表 4-8 记录。本表与分部（子分部）工程验收记录表 4-7 和单位（子单位）工程质量控制资料核查记录表 4-9、单位（子单位）工程安全和功能检验资料核查及主要功能抽查记录表 4-10、单位（子单位）工程观感质量检查记录表 4-11 配合使用。

  单位（子单位）工程质量验收记录由施工单位填写，验收结论由监理（建设）单位填写。综合验收结论由参加验收各方共同商定，建设单位填写，应对工程质量是否符合设计和规范要求及总体质量水平作出评价。

单位（子单位）工程质量验收记录

表 4-8

工程名称		结构类型		层数/建筑面积	
施工单位		技术负责人		开工日期	
项目经理		项目技术负责人		竣工日期	
序号	项目	验收记录		验收结论	
1	分部工程	共 分部,经查 分部 符合标准及设计要求 分部			
2	质量控制资料核查	共 项,经审查符合要求 项, 经核定符合规范要求 项			
3	安全和主要使用功能核查及抽查结果	共核查 项,符合要求 项, 共抽查 项,符合要求 项, 经返工处理符合要求 项			
4	观感质量验收	共抽查 项,符合要求 项, 不符合要求 项			
5	综合验收结论				
参加验收单位	建设单位 （公章） 单位(项目)负责人 年 月 日	监理单位 （公章） 总监理工程师 年 月 日		施工单位 （公章） 单位负责人 年 月 日	设计单位 （公章） 单位(项目)负责人 年 月 日

单位（子单位）工程质量控制资料核查记录

表 4-9

工程名称			施工单位			
序号	项目	资料名称		份数	核查意见	核查人
1	建筑与结构	图纸会审、设计变更、洽商记录				
2		工程定位测量、放线记录				
3		原材料出厂合格证书及进场检(试)验报告				
4		施工试验报告及见证检测报告				
5		隐蔽工程验收记录				
6		施工记录				
7		预制构件、预拌混凝土合格证				
8		地基基础、主体结构检验及抽样检测资料				
9		分项、分部工程质量验收记录				
10		工程质量事故及事故调查处理资料				
11		新材料、新工艺施工记录				
12						
1	给排水与采暖	图纸会审、设计变更、洽商记录				
2		材料、配件出厂合格证书及进场检(试)验报告				
3		管道、设备强度试验、严密性试验记录				
4		隐藏工程验收记录				
5		系统清洗、灌水、通水、通球试验记录				
6		施工记录				
7		分项、分部工程质量验收记录				
8						

续表

工程名称			施工单位			
序号	项目	资料名称		份数	核查意见	核查人
1	建筑电气	图纸会审、设计变更、洽商记录				
2		材料、设备出厂合格证书及进场检(试)验报告				
3		设备调试记录				
4		接地、绝缘电阻测试记录				
5		隐蔽工程验收记录				
6		施工记录				
7		分项、分部工程质量验收记录				
8						
1	通风与空调	图纸会审、设计变更、洽商记录				
2		材料、设备出厂合格证书及进场检(试)验报告				
3		制冷、空调、水管道强度试验、严密性试验记录				
4		隐蔽工程验收记录				
5		制冷设备运行调试记录				
6		通风、空调系统调试记录				
7		施工记录				
8		分项、分部工程质量验收记录				
9						
1	电梯	土建布置图纸会审、设计变更、洽商记录				
2		设备出场合格证书及开箱检验记录				
3		隐蔽工程验收记录				
4		施工记录				
5		接地、绝缘电阻测试记录				
6		负荷试验、安全装置检查记录				
7		分项、分部工程质量验收记录				
8						
1	建筑智能化	图纸会审、设计变更、洽商记录、竣工图及设计说明				
2		材料、设备出场合格证和技术文件,以及进场检(试)验报告				
3		隐蔽工程验收记录				
4		系统功能测定及设备调试记录				
5		系统技术、操作和维护手册				
6		系统管理、操作人员培训记录				
7		系统检测报告				
8		分项、分部工程质量验收记录				

结论:

施工单位项目经理　　　　　　　　　　　　总监理工程师
　　　　　　　　　　　　　　　　　　　(建设单位项目负责人)
　　年　月　日　　　　　　　　　　　　　　年　月　日

单位（子单位）工程安全和功能检验资料核查及主要功能抽查记录　　表 4-10

工程名称			施工单位				
序号	项目	安全和功能检查项目		份数	核查意见	抽查结果	核查(抽查)人
1	建筑与结构	屋面淋水试验记录					
2		地下室防水效果检查记录					
3		有防水要求的地面蓄水试验记录					
4		建筑物垂直度、标高、全高测量记录					
5		抽气(风)道检查记录					
6		幕墙及外窗气密性、水密性、耐风压检测报告					
7		建筑物沉降观测测量记录					
8		节能、保温测试记录					
9		室内环境检测报告					
10							
1	给排水与采暖	给水管道通水试验记录					
2		暖气管道、散热器压力试验记录					
3		卫生器具满水试验记录					
4		消防管道、燃气管道压力试验记录					
5		排水干管通球试验记录					
6							
1	电气	照明全负荷试验记录					
2		大型灯具牢固性试验记录					
3		避雷接地电阻测试记录					
4		线路、插座、开关接地检验记录					
5							
1	通风与空调	通风、空调系统试运行记录					
2		风量、温度测试记录					
3		洁净室洁净度测试记录					
4		制冷机组试运行调试记录					
5							
1	电梯	电梯运行记录					
2		电梯安全装置检测报告					
1	智能建筑	系统试运行记录					
2		系统电源及接地检测报告					
3							

结论：

施工单位项目经理　　　　　　　　　　　　　　　总监理工程师
　　年　月　日　　　　　　　　　　　　　　（建设单位项目负责人）
　　　　　　　　　　　　　　　　　　　　　　　　年　月　日

单位（子单位）工程观感质量检查记录　　　　　表 4-11

工程名称		施工单位											
序号	项目		抽查质量状况								质量评价		
											好	一般	差
1	建筑与结构	室外墙面											
2		变形缝											
3		水落管、屋面											
4		室内墙面											
5		室内顶棚											
6		室内地面											
7		楼梯、踏步、护栏											
8		门窗											
1	给排水与采暖	管道接口、坡度、支架											
2		卫生器具、支架、阀门											
3		检查口、扫除口、地漏											
4		散热器、支架											
1	建筑电气	配电箱、盘、板、接线盒											
2		设备器具、开关、插座											
3		防雷、接地											
1	通风与空调	风管、支架											
2		风口、风阀											
3		风机、空调设备											
4		阀门、支架											
5		水泵、冷却塔											
6		绝热											
1	电梯	运行、平层、开关门											
2		层门、信号系统											
3		机房											
1	智能建筑	机房设备安装及布局											
2		现场设备安装											
3													
	观感质量综合评价												
检查结论	施工单位项目经理　　　　　　年　月　日							总监理工程师（建设单位项目负责人）　　　　年　月　日					

6. 施工质量不符合要求时的处理方法

施工质量不符合要求的现象应在检验批的验收时及时发现并妥善处理，所有质量隐患必须尽快消灭在初始状态，否则将影响后续检验批和相关的分项工程、分部工程的验收。《统一验收标准》规定了建筑工程质量不符合要求时的五种处理方法，前三种是能通过正常验收的。第四种是特殊情况的处理，虽达不到验收规范的要求，但经过加固补强等措施能保证结构安全或使用功能，建设单位与施工单位可以协商，根据协商文件进行验收，是让步接受或有条件验收；第五种情况是不能验收，通常这样的事故是发生在检验批。造成不符合规定的原因很多，如操作技术方面的，管理不善方面的，还有材料质量方面的。因此，一旦发现工程质量任何一项不符合规定时，必须及时组织有关人员，查找分析原因，并按有关技术管理规定,通过有关方面共同商定补救方案,及时进行处理。经处理后的工程,可进行质量验收。当建筑工程质量不符合要求时可按下述规定进行处理:

① 经返工重做或更换器具、设备的检验批,应重新进行验收。当检验批在进行验收时发现主控项目不能满足验收规范规定或一般项目超过偏差限值,或某个检验批中的子项不符合检验规定的要求时,应及时进行处理。其中,有严重的缺陷应推倒重来;一般的缺陷通过返修或更换器具、设备予以解决,应允许施工单位在采取相应的措施后重新验收。如能够符合相应的专业工程质量验收规范,则应认为该检验批合格。

② 经有资质的检测单位鉴定达到设计要求的检验批,应予以验收。这种情况是指个别检验批发现试块强度等不满足要求等问题,难以确定是否验收时,应委托具有资质的法定检测单位检测,当鉴定结果能够达到设计要求时,该检验批应允许通过验收。

③ 经有资质的检测单位鉴定达不到设计要求但经原设计单位核算认可能满足结构安全和使用功能的检验批,可予以验收。一般情况下,规范标准给出了满足安全和功能的最低限度要求,而设计往往在此基础上留有一些余量,出现两者限值不完全相符的现象。这种不满足设计要求和符合相应规范标准要求的情况,两者并不矛盾。如原设计计算混凝土强度为25MPa,而选用了C30级混凝土,经检测的结果是26MPa,虽未达到C30级的要求,但仍能大于25MPa是安全的。又如某五层砖混结构,一、二、三层用M10砂浆砌筑,四、五层为M5砂浆砌筑。在施工过程中,由于管理不善等,其三层砂浆强度仅达到7.3MPa,没有达到设计要求。按规定没有达到设计要求,但经过原设计单位验算,砌体强度尚可满足结构安全和使用功能,可不返工和加固。这种情况下,由设计单位出具正式的认可证明,由注册结构工程师签字,并加盖单位公章,质量责任由设计单位承担,可进行验收。

④ 经返修或加固的分项、分部工程,虽然改变外形尺寸但仍能满足安全使用要求,可按技术处理方案和协商文件进行验收。工程质量缺陷或范围经法定检测单位检测鉴定以后认为达不到规范标准的相应要求,即不能满足最低限度的安全储备和使用功能,则必须按一定的技术方案进行加固处理,使之能保证其满足安全使用的基本要求。经过验算和事故分析,找出事故原因,分清质量责任,同时,经过建设单位、施工单位、监理单位、设计单位等协商,是否同意进行加固补强,并协商好加固费用的来源,加固后的验收等事宜,由原设计单位出具加固技术方案,通常由原施工单位进行加固,虽然改变了个别建筑构件的外形尺寸,或留下永久性缺陷,包括改变工程的用途在内,应按协商文件验收,也是有条件的验收,由责任方承担经济损失或赔偿等。这种情况实际是工程质量达不到验收规范的合格规定,应算在不合格工程的范围。但在《建筑工程质量管理条例》的第24条、第32条等条都对不合格工程的处理作出了规定,根据这些条款,提出技术处理方案(包括加固补强),最后能达到保证安全和使用功能,也是可以通过验收的。为了避免造成巨大经济损失,不能将出了质量事故的工程都推倒报废,只要能保证结构安全和使用功能的,仍作为特殊情况进行验收。

⑤ 通过返修或加固仍不能满足安全使用要求的分部工程、单位(子单位)工程,严禁验收。

⑥ 做好原始记录。

经处理的工程必须有详尽的记录资料,包括处理方案等原始数据应齐全、准确,原始记录资料能确切说明问题的演变过程和结论，这些资料不仅应纳入工程质量验收资料中，还应纳入单位工程质量事故处理资料中。对协商验收的有关资料，要经监理单位的总监理工程师签字验收，并将资料归纳在竣工资料中，以便在工程使用、管理、维修及改建、扩建时作为参考依据等。

7. 建筑工程施工质量验收举例

（1）砂和砂石地基的检查验收

1）原材料检验

按同产地、同规格分批验收。用火车、货船或汽车运输的以 400~600t 为一验收批。用马车等小型运输工具运输的以 200~300t 为一验收批。不足上述数量者以一验收批验收。

砂子，每验收批至少应进行颗粒级配、含泥量和泥块含量检验。

石子，每验收批至少应进行颗粒级配、含泥量、含泥块量检验。

2）间歇期的规定

地基施工结束，宜在一个间歇期后，进行质量验收，间歇期由设计确定。

3）检验数量的规定

砂和砂石地基竣工后的结果（地基强度或承载力）必须达到设计要求的标准。检验数量，每单位工程应不少于3点，1000m^2 以上工程，每 100m^2 至少应有1点，3000m^2 以上工程，每 300m^2 至少应有1点。每一独立基础下至少应有1点，基槽每20延米应有1点。

除上面指定的主控项目外，其他主控项目及一般项目可随意抽查。

4）检验规定

砂和砂石地基应分层铺垫、分层夯实。每层铺设厚度及最优含水量见表 4-12。

砂和砂石垫层每铺筑厚度及最优含水量　　　　表 4-12

项次	捣实方法	每层铺筑厚度(mm)	施工时最优含水量(%)	施工说明	备注
1	插振法	200~250	15~20	用平板式振捣器往复振捣	不宜使用于细砂或含泥量较大的砂所铺筑的砂垫层
2	插振法	振捣器插入深度	饱和	(1)用插入式振捣器 (2)插入间距可根据机械振幅大小决定 (3)不应插至下卧黏性土层 (4)插入振捣器完毕后所留的孔洞,应用砂填实	
3	水撼法	250	饱和	(1)注水高度应超过每次铺筑面 (2)钢叉摇撼捣实,插入点间距为100mm (3)钢叉分四齿,齿的间距80mm,长300mm,木柄长90mm	湿陷性黄土、膨胀土地区不得使用
4	夯实法	150~200	8~12	(1)用木夯或机械夯 (2)木夯重 40kg,落距 400~500mm (3)一夯压半夯,全面夯实	
5	碾压法	250~350	8~12	6~12t 压路机往复碾压	(1)适用于大面积砂垫层 (2)不宜用于地下水位以下的砂垫层

注：在地下水位以下的垫层其最下层的铺筑厚度可比上表增加 50mm。

5）检验标准

砂和砂石地基的质量验收标准应符合表4-13的规定。

砂及砂石地基质量检验标准　　　　　表4-13

项	序	检查项目	允许偏差或允许值		检查方法	检 查 数 量
			单位	数值		
主控项目	1	地基承载力		设计要求	按规定方法	每单位工程应不少于3点，1000m²以上工程，每100m²至少应有1点，3000m²以上工程，每300m²至少应有1点。每一独立基础下至少应有1点，基槽每20延米应有1点
	2	配合比		设计要求	检查拌和时的体积比或质量比	柱坑按总数抽查10%，但不少于5个；基坑、沟槽每10m²抽查一处，但不少于5处
	3	压实系数		设计要求	现场实测	应分层抽样检验土的干密度，当采用贯入仪或钢筋检验垫层的质量时，检验点的间距应小于4m。当取土样检验垫层的质量时，对大基坑每50～100m²应不少于1个检验点；对基槽每10～20m应不少于1个点；每个单独柱基应不少于1个点
一般项目	1	砂石料有机质含量	%	≤5	焙烧法	随机抽查，但砂石料产地变化时须重新检测
	2	砂石料含泥量	%	≤5	水洗法	(1)石子的取样、检测。用大型工具（如火车、货船或汽车）运输至现场的，以400m³或600t为一验收批；用小型工具（如马车等）运输的，以200m³或300t为一验收批。不足上述数量者以一验收批取样
	3	石料料径	mm	≤100	筛分法	(2)砂的取样、检测。用大型的工具（如火车、货船或汽车）运输至现场的，以400m³或600t为一验收批；用小型工具（如马车等）运输的，以200m³或300t为一验收批。不足上述数量者以一验收批取样
	4	含水量（与最优含水量比较）	%	±2	烘干法	每50～100m²不少于1个检验点
	5	分层厚度（与设计要求比较）	mm	±50	水准仪	柱坑按总数抽查10%，但不少于5个；基坑、沟槽每10m²抽查1处，但不少于5处

（2）现浇结构分项工程检查验收

现浇结构分项工程以模板、钢筋、预应力、混凝土四个分项工程为依托，是拆除模板后的混凝土结构实物外观质量、几何尺寸检验等一系列技术工作的总称。现浇结构分项工程可按楼层、结构缝或施工段划分检验批。

1）现浇结构分项工程检查验收要求

① 确定现浇结构外观质量严重缺陷、一般缺陷的一般原则。现浇结构的外观质量缺陷，应由监理（建设）单位、施工单位等各方根据其对结构性能和使用功能影响的严重程度，按表4-14确定。

现浇结构外观质量缺陷　　　　　表 4-14

名称	现象	严重缺陷	一般缺陷
露筋	构件内钢筋未被混凝土包裹而外露	纵向受力钢筋有露筋	其他钢筋有少量露筋
蜂窝	混凝土表面缺少水泥砂浆而形成石子外露	构件主要受力部位有蜂窝	其他部位有少量蜂窝
孔洞	混凝土中孔穴深度和长度均超过保护层厚度	构件主要受力部位有孔洞	其他部位有少量孔洞
夹渣	混凝土中夹有杂物且深度超过保护层厚度	构件主要受力部位有夹渣	其他部位有少量夹渣
疏松	混凝土中局部不密实	构件主要受力部位有疏松	其他部位有少量疏松
裂缝	缝隙从混凝土表面延伸至混凝土内部	构件主要受力部位有影响结构性能或使用功能的裂缝	其他部位有少量不影响结构性能或使用功能的裂缝
连接部位缺陷	构件连接处混凝土缺陷及连接钢筋、连接件松动	连接部位有影响结构传力性能的缺陷	连接部位有基本不影响结构传力性能的缺陷
外形缺陷	缺棱掉角、棱角不直、翘曲不平、飞边凸肋等	清水混凝土构件有影响使用功能或装饰效果的外形缺陷	其他混凝土构件有不影响使用功能的外形缺陷
外表缺陷	构件表面麻面、掉皮、起砂、玷污等	具有重要装饰效果的清水混凝土构件有外表缺陷	其他混凝土构件有不影响使用功能的外表缺陷

对现浇结构外观质量的验收，采用检查缺陷，并对缺陷的性质和数量加以限制的方法进行。各种缺陷的数量限制可根据实际情况作出具体规定。当外观质量缺陷的严重程度超过规定的一般缺陷时，可按严重缺陷处理。在具体实施中，外观质量缺陷对结构性能和使用功能等的影响程度，应由监理（建设）单位、施工单位等各方共同确定。对于具有重要装饰效果的清水混凝土，考虑到装饰效果属于主要使用功能，故将其表面外形缺陷、外表缺陷确定为严重缺陷。

② 现浇结构拆模后，应由监理（建设）单位、施工单位对混凝土外观质量和尺寸偏差进行检查，作出记录，并应及时按施工技术方案对缺陷进行处理。不论何种缺陷都应及时进行处理，并重新检查验收。

2）现浇结构分项工程检查验收

① 外观质量

A. 主控项目检验（表 4-15）

主控项目检验　　　　　表 4-15

序号	项目	合格质量标准	检验方法	检查数量
1	外观质量	现浇结构的外观质量不应有严重缺陷，对已经出现的严重缺陷，应由施工单位提出技术处理方案，并经监理（建设）单位认可后进行处理。对经处理的部位，应重新检查验收	观察，检查技术处理方案	全数检查

B. 一般项目检验（表 4-16）

一般项目检验　　　　　表 4-16

序号	项目	合格质量标准	检验方法	检查数量
1	外观质量一般缺陷	现浇结构的外观质量不宜有一般缺陷 对已经出现的一般缺陷，应由施工单位按技术处理方案进行处理，并重新检查验收	观察，检查技术处理方案	全数检查

② 尺寸偏差
A. 主控项目检验（4-17）

主控项目检验　　　　　　　　表 4-17

序号	项目	合格质量标准	检验方法	检查数量
1	过大尺寸偏差处理及验收	现浇结构不应有影响结构性能和使用功能的尺寸偏差。混凝土设备基础不应有影响结构性能和设备安装的尺寸偏差 对超过尺寸允许偏差且影响结构性能和安装、使用功能的部位，应由施工单位提出技术处理方案，并经监理（建设）单位认可后进行处理。对经处理的部位，应重新检查验收	量测，检查技术处理方案	全数检查

B. 一般项目检验（表 4-18）

一般项目检验　　　　　　　　表 4-18

序号	项目	合格质量标准	检验方法	检查数量
1	混凝土设备基础尺寸的允许偏差及检验方法	混凝土设备基础拆模后的尺寸偏差应符合表 4-19 的规定	见表 4-19	全数检查

C. 混凝土设备基础尺寸允许偏差和检验方法（表 4-19）

混凝土设备基础尺寸允许偏差和检验方法　　　　表 4-19

项目		允许偏差(mm)	检验方法
坐标位置		20	钢尺检查
不同平面的标高		0，−20	水准仪或拉线、钢尺检查
平面外形尺寸		±20	钢尺检查
凸台上平面外形尺寸		0，−20	钢尺检查
凹穴尺寸		+20，0	钢尺检查
平面水平度	每米	5	水平尺、塞尺检查
	全长	10	水准仪或拉线、钢尺检查
垂直度	每米	5	经纬仪或吊线、钢尺检查
	全高	10	
预埋地脚螺栓	标高(顶部)	+20，0	水准仪或拉线、钢尺检查
	中心距	±2	钢尺检查
预埋地脚螺栓孔	中心线位置	10	钢尺检查
	深度	+20，0	钢尺检查
	孔垂直度	10	吊线、钢尺检查
预埋活动地脚螺栓锚板	标高	+20，0	水准仪或拉线、钢尺检查
	中心线位置	5	钢尺检查
	带槽锚板平整度	5	钢尺、塞尺检查
	带螺纹孔锚板平整度	2	钢尺、塞尺检查

注：1. 检查坐标、中心线位置时，应沿纵、横两个方向量测，并取其中的较大值。
　　2. 本表摘自《混凝土结构工程施工质量验收规范》(GB 50204—2002)。

D. 现浇结构尺寸允许偏差和检验方法（表 4-20）

现浇结构尺寸允许偏差和检验方法　　　　　表 4-20

项　目			允许偏差(mm)	检　验　方　法
轴线位置	基础		15	钢尺检查
	独立基础		10	
	墙、柱、梁		8	
	剪力墙		5	
垂直度	层高	≤5m	8	经纬仪或吊线、钢尺检查
		>5m	10	经纬仪或吊线、钢尺检查
	全高(H)		$H/1000$ 且 ≤30	经纬仪、钢尺检查
标高	层高		±10	水准仪或拉线、钢尺检查
	全高		±30	
截面尺寸			+8, -5	钢尺检查
电梯井	井筒长、宽对定位中心线		+25, 0	钢尺检查
	井筒全高(H)垂直度		$H/1000$ 且 ≤30	经纬仪、钢尺检查
表面平整度			8	2m 靠尺和塞尺检查
预埋设施中心线位置	预埋件		10	钢尺检查
	预埋螺栓		5	
	预埋管		5	
预留洞中心线位置			15	钢尺检查

注：1. 检查轴线、中心线位置时，应沿纵、横两个方向量测，并取其中的较大值。
2. 本表摘自《混凝土结构工程施工质量验收规范》（GB 50204—2002）。

8. 建筑工程施工质量验收案例

【案例 4-3】 基础施工质量验收

（1）背景

某工程建筑面积 43000m²，框架结构筏板式基础，地下 3 层，基础埋深约为 12.8m。混凝土基础工程由某专业基础施工公司组织施工，于 2005 年 8 月开工建设，同年 10 月基础工程完工。混凝土强度等级 C35 级，在施工过程中，发现部分试块混凝土强度达不到设计要求，但对实际强度经测试论证，能够达到设计要求。

（2）问题

1）该基础工程质量验收的内容是什么？

2）对混凝土试块强度达不到设计要求的问题是否需要进行处理？为什么？

（3）分析与解答

1）基础工程质量验收的内容

① 基础工程所含分项工程质量均应合格；

② 质量控制资料应完整；

③ 基础中有关安全及功能的检验和抽样检测结果应符合有关规定；

④ 观感质量应符合要求。

2）对混凝土试块强度达不到设计要求的问题处理

该质量问题可不作处理。原因是混凝土试块强度不足是检验中发现的质量问题，经测试论证后能够达到设计要求，因此可不作处理。

【案例 4-4】 现浇钢筋混凝土框架结构施工质量验收

(1) 背景

某商厦建筑面积 16600m²，现浇钢筋混凝土框架结构，地上 6 层，地下 2 层，由市建筑设计院设计，市建筑工程公司施工。2004 年 3 月 8 日开工，2005 年 5 月 10 日竣工。

(2) 问题

1) 该钢筋混凝土框架结构施工时，模板分项工程质量验收应如何组织？
2) 模板工程验收的内容是什么？
3) 该商厦质量验收的内容有哪些？

(3) 分析与解答

1) 模板分项工程质量验收组织

模板分项工程应由监理工程师（建设单位项目负责人）组织施工单位项目专业质量（技术）负责人进行验收。

2) 模板工程验收的内容

该模板分项工程所含的检验批质量均应合格；质量验收记录应完整。

3) 该商厦质量验收的内容

① 分部分项工程内容的抽样检查；

② 施工质量保证资料的检查，包括施工全过程的技术质量管理资料，其中又以原材料、施工检测、测量复核及功能性试验资料为重点检查内容；

③ 工程外观质量检查。

【案例 4-5】 综合楼工程质量验收

(1) 背景

某综合楼主体结构采用现浇钢筋混凝土框架结构，基础形式为现浇钢筋混凝土筏形基础，地下 2 层，地上 7 层，混凝土采用 C30 级，主要受力钢筋采用 HRB335 级，在主体结构施工到第 5 层时，发现 3 层部分柱子承载能力达不到设计要求，聘请有资质的检测单位检测鉴定仍不能达到设计要求，拆除重建费用过高，时间较长，最后请原设计院核算，能够满足安全和使用要求。

(2) 问题

1) 该混凝土分项工程质量验收的内容。
2) 该基础工程的验收内容。
3) 对该工程 3 层柱子的质量应如何验收？

(3) 分析与解答

1) 混凝土分项工程质量验收的内容

该混凝土分项工程所含的检验批质量均应合格；质量验收记录应完整。

2) 基础工程的验收内容

基础工程所含分项工程质量均应合格；质量控制资料应完整；基础中有关安全及功能的检验和抽样检测结果应符合有关规定；观感质量应符合要求。

3) 工程 3 层柱子的质量验收

经有资质的检测单位检测鉴定达不到设计要求，但经原设计单位核算认可能够满足结构安全和使用功能，要予以验收。

（四）工程质量缺陷和质量事故处理

1. 工程质量缺陷和工程质量事故的概念

建筑生产与一般工业品生产相比，由于具有产品固定性、多样性、结构类型不统一性；生产具有流动性、露天作业多、受自然条件（地质、水文、气象、地形等）影响大；材料品种、规格不同、性质各异；交叉施工、现场配合复杂、工艺不同、技术标准不一等特点，因此，对工程项目质量影响的因素繁多，故在施工过程中稍有疏忽，就极易引起系统性因素的质量变异，而产生质量问题或严重的工程质量事故。

根据国际标准化组织（ISO）和我国有关质量、质量管理和质量保证标准的定义，凡工程产品质量没有满足某个规定的要求，就称之为质量不合格；而没有满足某个预期的使用要求或合理的期望（包括与安全性有关的要求），则称之为质量缺陷。工程中通常所称的工程质量缺陷，一般是指工程不符合国家或行业现行有关技术标准、设计文件及合同中对质量的要求。

建筑工程由于工程质量不合格、质量缺陷，必须进行返修、加固或报废处理，并造成或引发经济损失、工期延误或危及人的生命和社会正常秩序的事件，当造成的直接经济损失低于5000元时称为工程质量问题；直接经济损失在5000元（含5000元）以上的称为工程质量事故。

由于影响工程质量的因素众多而且复杂多变，难免会出现某种质量事故或不同程度的质量缺陷。工程质量管理人员应学会区分工程质量不合格、质量问题和质量事故，准确掌握处理工程质量不合格、工程质量问题和工程质量事故的基本方法和程序。在工程质量事故处理过程中应正确掌握工程质量事故处理方案的确定基本方法和处理结果的鉴定验收程序。

工程质量管理工作中质量控制的重点之一是加强质量风险分析，及早制定对策和措施，重视工程质量事故的防范和处理，避免已发生的质量问题和质量事故进一步恶化和扩大。因此，处理好工程的质量事故，认真分析原因、总结经验教训、改进质量管理与质量保证体系，使工程质量事故减少到最低程度，是质量管理人员的一个重要内容与任务。

2. 工程质量事故的特点及分类

（1）工程质量事故的特点

建筑工程施工因各种原因，造成了工程质量事故，通过对工程质量事故的调查、分析了解到，工程质量事故具有复杂性、严重性、可变性和多发性的特点。

1）复杂性

由于建筑生产的诸多特点引发出工程质量的影响因素十分复杂，从而增加了对工程质量问题的性质、危害程度的分析、判断和处理的复杂性。例如建筑物的倒塌，可能是由于地质勘测报告时，地基的容许承载力与持力层不符；也可能是未处理好不均匀地基，产生过大的不均匀沉降；或是盲目套用图纸，结构设计方案不正确，计算简图与实际受力不符；或是荷载取值过小，内力计算有误，结构的刚度、强度、稳定性达不到规范的要求；或是建筑材料及制品不合格，擅自代用材料，或是施工偷工减料、不按图施工、施工质量低劣等原因所造成。由此表明，即使同一性质的质量问题，造成的原因有时截然不同。

2）严重性

建筑工程施工中一旦出现质量事故，轻者影响施工顺利进行、拖延工期、增加工程费用，重者则会留下隐患成为危险的建筑，影响使用功能或不能使用，更严重的还会引起建筑物的失稳、倒塌，造成人民生命、财产的巨大损失。例如，1999年我国重庆市綦江县彩虹大桥突然整体垮塌，造成40人死亡，14人受伤，直接经济损失631万元，在国内一度成为人们关注的热点，引起全社会对建设工程质量整体水平的怀疑，构成社会不安定因素；1995年韩国汉城三峰百货大楼出现倒塌事故死亡达400余人，在国内外造成很大影响，甚至导致国内人心恐慌，韩国国际形象下降。所以对于建设工程质量问题和质量事故均不能掉以轻心，必须予以高度重视。

3）可变性

通过对一些工程质量事故的调查发现，许多工程的质量问题出现后，其质量状态并非稳定于发现的初始状态，而是有可能随着时间而不断地发展和变化的。例如，基础的超量沉降可能随上部荷载的不断增大而继续发展；混凝土结构出现的裂缝可能随环境温度的变化而变化，或随荷载的变化及负担荷载的时间而变化等。因此，有些在初始阶段并不严重的质量问题，如不能及时处理和纠正，有可能发展成较为严重或重大质量事故。例如，开始时微细的裂缝有可能发展导致结构断裂或倒塌事故；土坝的渭渭渗漏有可能发展为溃坝。所以，在分析、处理工程质量问题时，一定要注意质量问题的可变性，应及时采取有效可靠的措施，防止其进一步恶化而发生严重的质量事故；对一般的质量问题要加强观测与试验，推断未来可能发展的趋势。

4）多发性

建筑工程施工中的有些质量问题，就像"常见病"、"多发病"一样经常地发生，而成为质量"通病"；如地面起砂、空鼓；抹灰层开裂、脱落；屋面、卫生间漏水；排水管道堵塞；预制构件裂缝等。另有一些同类型的质量问题，往往一再重复发生，如雨篷的倾覆、悬挑梁、板的断裂、钢屋架失稳、混凝土强度不足等。因此，总结经验，吸取教训，采取有效措施予以预防十分必要。

(2) 工程质量事故的分类

建设工程质量事故的分类方法有多种，既可按造成损失严重程度划分，又可按其产生的原因划分，也可按其造成的后果或事故责任区分。我国现行通常采用按工程质量事故造成损失的严重程度进行分类，其基本分类如下：

1) 一般质量事故

凡具备下列条件之一者为一般质量事故：

A. 直接经济损失在5000元（含5000元）以上，不满5万元的；

B. 影响使用功能和工程结构安全，造成永久质量缺陷的。

2) 严重质量事故

凡具备下列条件之一者为严重质量事故：

A. 直接经济损失在5万元（含5万元）以上，不满10万元的；

B. 严重影响使用功能或工程结构安全，存在重大质量隐患的；

C. 事故性质恶劣或造成2人以下重伤的。

3) 重大质量事故
① 凡具备下列条件之一者为重大质量事故,属建设工程重大事故范畴:
A. 工程倒塌或报废;
B. 由于质量事故,造成人员死亡或重伤 3 人以上;
C. 直接经济损失 10 万元以上。
② 按国家建设行政主管部门规定建设工程重大事故分为如下四个等级:
A. 凡造成死亡 30 人以上或直接经济损失 300 万元以上为一级;
B. 凡造成死亡 10 人以上、29 人以下或直接经济损失 100 万元以上不满 300 万元为二级;
C. 凡造成死亡 3 人以上、9 人以下或重伤 20 人以上或直接经济损失 30 万元以上,不满 100 万元为三级;
D. 凡造成死亡 2 人以下,或重伤 3 人以上、19 人以下或直接经济损失 10 万元以上,不满 30 万元为四级。

4) 特别重大事故
凡具备国务院发布的《特别重大事故调查程序暂行规定》所列发生一次死亡 30 人及其以上,或直接经济损失达 500 万元及其以上,或其他性质特别严重,上述影响三个之一均属特别重大事故。

3. 工程质量事故发生的原因与分析

建筑工程由于施工工期较长,所用材料品种又十分繁杂,同时,社会环境和自然条件各方面的异常因素的影响,使产生的工程质量问题表现形式千差万别,类型多种多样。虽然每次发生质量问题的类型各不相同,但是通过对大量质量问题调查与分析发现,其发生的原因有不少相同或相似之处,常见的质量问题发生的原因归纳起来,最主要的有以下八个方面,在这些问题中,最频繁出现质量事故的是施工与管理方面的问题。

(1) 违背建设程序

不按基本建设和建筑施工程序办事,例如,不经可行性论证、不做调查分析就拍板定案;没有搞清工程地质、水文地质就制定施工方案并仓促开工;图纸未经审查就施工;任意修改设计,不按图纸施工;工程竣工进行试车运转、不经验收就交付使用等违背建设程序现象,致使不少工程项目留有严重隐患,房屋倒塌事故也常有发生。

(2) 违反现行法规行为

工程项目无证设计;无证施工;越级设计;越级施工;工程招、投标中的不公平竞争;超常的低价中标;非法分包、转包、挂靠;擅自修改设计等行为。

(3) 工程地质勘察失真

未认真进行地质勘察或勘探时钻孔深度、间距、范围不符合规定要求,地质勘察报告不详细、不准确、不能全面反映实际的地基情况等,从而使得地下情况不清,或对基岩起伏、土层分布误判,或未查清地下软土层、墓穴、孔洞等,它们均会导致采用不恰当或错误的基础方案,造成地基不均匀沉降、失稳,使上部结构或墙体开裂、破坏,或引发建筑物倾斜、倒塌等质量问题。

(4) 设计计算差错

设计考虑不周、盲目套用图纸、结构构造不合理、计算简图不正确、计算荷载取值过小、内力分析有误、沉降缝及伸缩缝设置不当、悬挑结构未进行抗倾覆验算等引发质量事故的原因。

(5) 施工与管理不到位

施工单位不按图施工或未经设计单位同意擅自修改设计。例如,将铰接做成刚接,将简支梁做成连续梁,导致结构破坏;挡土墙不按图设滤水层、排水孔,导致压力增大,墙体破坏或倾覆;不按有关的施工规范和操作规程施工,浇筑混凝土时振捣不充分,造成局部薄弱;砖砌体砌筑上下通缝、灰浆不饱满等均可能导致砖墙或砖柱破坏。施工组织管理紊乱,不熟悉图纸,盲目施工;施工方案考虑不周,施工顺序颠倒;图纸未经会审,仓促施工;技术交底不清,违章作业;保护不当,疏于检查、验收等,均是导致质量问题的原因。

(6) 使用不合格的原材料、制品及设备

1) 建筑材料及制品不合格

如钢筋机械性能不良会导致钢筋混凝土结构产生裂缝;骨料中活性氧化硅会导致碱性骨料反应使混凝土产生裂缝;水泥安定性不合格会造成混凝土爆裂;水泥受潮、过期、结块、砂石含泥量及有害物含量超标,外加剂掺量等不符合要求时,会影响混凝土强度、和易性、密实性、抗渗性,从而导致混凝土结构强度不足、裂缝、渗漏等质量问题;预制构件截面尺寸不足,支承锚固长度不足,不能有效地建立预应力值;漏放或少放钢筋,板面开裂等均可能出现断裂、坍塌。

2) 建筑设备不合格

如变配电设备质量缺陷导致自燃或火灾,施工电梯质量不合格危及人身安全,均可造成工程质量问题。

(7) 自然环境因素

工程项目施工周期长、露天作业多,空气温度、湿度、暴雨、大风、洪水、雷电、日晒和浪潮等均可能成为质量事故的诱因,施工之前应制订有效的应对预防措施。

(8) 结构使用不当

建筑物或设施在使用过程中,因不按规定功能使用也造成质量问题。例如,未经校核验算就任意对建筑物加层,任意拆除承重结构部位,任意在结构物上开槽、打洞、削弱承重结构截面,超性能使用等也会引起质量问题。

通过对上述常见工程质量问题的原因了解,工程质量问题的实际发生,既可能是因设计计算和施工图纸中存在错误,也可能是因施工中出现不合格或质量问题,还可能因使用不当,或者由于设计、施工甚至使用、管理、社会体制等多种原因的复合作用。因此,必须对质量问题的特征表现,以及其在施工中和使用中所处的实际情况和条件进行具体分析。分析方法的基本步骤如下:

① 进行细致的现场调查研究,观察记录全部实况,充分了解与掌握引发质量问题的现象和特征。

② 收集调查与质量问题有关的全部设计和施工资料,分析摸清工程在施工或使用过程中所处的环境及面临的各种条件和情况。如所使用的设计图纸、施工情况、使用的材料情况、施工期间的环境条件及工程的运用情况等。

③ 根据问题的现象及特征,找出可能产生质量问题的所有因素,结合当时在施工过

程中所面临的各种条件和情况,分析、比较和判断,找出最可能造成质量问题的原因。

④ 进行必要的计算分析或模拟试验予以论证确认。

工程质量问题分析的要领是逻辑推理法,其基本原理概括如下:

① 原点分析,即确定质量问题的初始点,它是一系列独立原因集合起来形成的爆发点。因其能反映出质量问题的直接原因,而在分析过程中具有关键性作用。

② 围绕原点对现场各种现象和特征进行分析,区别导致同类质量问题的不同原因,逐步揭示质量问题萌生、发展和最终形成的过程。

③ 确定诱发质量问题的起源点即真正原因。工程质量问题原因分析是对一堆模糊不清的事物和现象的客观属性及其内在联系的反映,它的准确性和质量管理人员的能力学识、经验和态度有极大关系,其结果不单是简单的信息描述,而是逻辑推理的产物,其推理结果可用于工程质量的事前控制。

事故原因分析是确定事故处理措施方案的基础。正确的处理来源于对事故原因的正确判断。只有对提供的调查资料、数据进行详细、深入的分析后,才能由表及里、去伪存真,找出造成事故的真正原因。为此,质量管理人员应当组织设计、施工、建设单位等各方参加事故原因分析。

4. 工程质量事故处理的依据

工程质量事故发生的原因是多方面的,有违反建设程序或法律法规的问题,也有技术上、设计上的失误;更多的是施工、管理或材料方面的原因。引发事故的原因不同,事故的处理措施也不同,事故责任的界定与承担也不同。总之,对于所发生的质量事故,无论是分析原因、界定责任,以及做出处理决定,都需要以切实可靠的客观依据为基础。

进行工程质量事故处理的主要依据有四个方面:质量事故的实况资料;具有法律效力的,得到有关当事各方认可的工程承包合同、设计委托合同、材料或设备购销合同以及监理合同或分包合同等合同文件;有关的技术文件、档案和相关的建设法规。

在这四方面依据中,前三种是与特定的工程项目密切相关的具有特定性质的依据。第四种是法规性依据,具有很高权威性、约束性、通用性和普遍性的依据,因而它在工程质量事故的处理事务中,也具有极其重要的、不容置疑的作用。

(1) 质量事故的实况资料

质量事故的实况资料是指能反映质量事故的实际情况的原始资料。要搞清质量事故的原因和确定处理对策,首要的是要掌握质量事故的实际情况。有关质量事故实况的资料主要可来自以下几个方面:

1) 施工单位的质量事故调查报告

质量事故发生后,施工单位有责任就所发生的质量事故进行周密的调查、研究,掌握实际发生的情况,并在此基础上写出调查报告,提交监理工程师和业主。在调查报告中首先就与质量事故有关的实际情况做详尽的说明,其内容应包括:

① 质量事故发生的时间、地点。

② 质量事故状况的描述。例如,发生的事故类型(如砖砌体裂缝、混凝土裂缝),发生的部位(如楼层、梁、柱,及其所在的具体位置),分布状态及范围,严重程度(如裂缝长度、宽度、深度等)。

③ 质量事故发展变化的情况(其范围是否继续扩大,程度是否已经稳定等)。

④ 有关质量事故的观测记录、事故现场状态的照片或录像。

2) 监理单位编制的质量事故调查报告

监理单位调查的主要目的是要明确事故的范围、缺陷程度、性质、影响和原因，为事故的分析和处理提供依据。调查应力求全面、准确、客观。

调查报告的内容主要包括：

① 与事故有关的工程情况。

② 质量事故的详细情况，诸如质量事故发生的时间、地点、部位、性质、现状及发展变化情况等。

③ 事故调查中有关的数据、资料和初步估计的直接损失。

④ 质量事故原因分析与判断。

⑤ 是否需要采取临时防护措施。

⑥ 事故处理及缺陷补救的建议方案与措施。

⑦ 事故涉及的有关人员的情况。

(2) 有关合同及合同文件

工程项目所涉及的合同文件很多，通常有工程承包合同、设计委托合同、设备与器材购销合同、监理合同等。

各种合同和合同文件在处理质量事故中的作用是确定在施工过程中有关各方是否按照合同有关条款实施其各自活动，借以探寻产生事故的可能原因。例如，施工单位在材料进场时，是否按规定或约定进行了检验；施工单位是否在规定时间内通知监理单位进行隐蔽工程验收；监理单位是否按规定时间实施了检查验收等。此外，各种合同文件还是界定质量责任的重要依据。

(3) 有关的技术文件和档案

1) 设计文件

工程的施工图纸和技术说明等是工程施工的重要依据。在处理质量事故中，其作用一方面是可以对照设计文件，核查施工质量是否完全符合设计的规定和要求；另一方面是可以根据所发生的质量事故情况，核查设计中是否存在问题或缺陷，成为导致质量事故的一方面原因。

2) 与施工有关的技术文件、档案和资料

① 施工组织设计或施工方案、施工计划。

② 施工记录、施工日志等。根据它们可以查对发生质量事故的工程施工时的情况，如：施工时的气温、降雨、风、浪等有关的自然条件；施工人员的情况；施工工艺与操作过程的情况；使用的材料情况；施工场地、工作面、交通等情况；地质及水文地质情况等。借助这些资料可以追溯和探寻事故的可能原因。

③ 有关建筑材料的质量证明资料。例如，材料批次、出厂日期、出厂合格证或检验报告、施工单位抽检或试验报告等。

④ 现场制备材料的质量证明资料。例如，混凝土拌合料的级配、水灰比、坍落度记录；混凝土试块强度试验报告；沥青拌合料配比、出机温度和摊铺温度记录等。

⑤ 质量事故发生后，对事故状况的观测记录、试验记录或试验报告等。例如，对地基沉降的观测记录；对建筑物倾斜或变形的观测记录；对地基钻探取样记录与试验报告；

对混凝土结构物钻取试样的记录与试验报告等。

⑥ 其他有关资料

上述各类技术资料对于分析质量事故原因，判断其发展变化趋势，推断事故影响及严重程度，考虑处理措施等都是不可缺少的，起着重要的作用。

（4）相关的建设法规

为加强建筑活动的监督管理，维护市场秩序，保证建设工程质量提供法律保障，1998年3月1日颁布实施《中华人民共和国建筑法》。这部工程建设和建筑业大法的实施，标志着我国工程建设和建筑业进入了法制管理新时期。通过几年的发展，国家已基本建立起以《建筑法》为基础与社会主义市场经济体制相适应的工程建设和建筑业法规体系，包括法律、法规、规章及示范文本等。与工程质量及质量事故处理有关的有以下几类，简述如下：

1）勘察、设计、施工、监理等单位资质管理方面的法规

《建筑法》明确规定"国家对从事建筑活动的单位实行资质审查制度"。2001年由建设部以部令发布的《建设工程勘察设计企业资质管理规定》、《建筑业企业资质管理规定》和《工程监理企业资质管理规定》等这方面的法规。这类法规主要内容涉及勘察、设计、施工和监理等单位的等级划分，明确各级企业应具备的条件，确定各级企业所能承担的任务范围以及其等级评定的申请、审查、批准、升降管理等方面。例如《建筑业企业资质管理规定》中，明确规定"建筑业企业经审查合格，取得相应等级的资质证书，方可在其资质等级许可的范围内从事建筑活动"。

2）从业者资格管理方面的法规

《建筑法》规定对注册建筑师、注册结构工程师和注册监理工程师等有关人员实行资格认证制度。1995年国务院颁布的《中华人民共和国注册建筑师条例》、1997年建设部、人事部颁布的《注册结构工程师执业资格制度暂行规定》和1998年建设部、人事部颁发的《监理工程师考试和注册试行办法》等。这类法规主要涉及建筑活动的从业者应具有相应的执业资格，注册等级划分，考试和注册办法，执业范围，权利、义务及管理等。例如《注册结构工程师执业资格制度暂行规定》中明确注册结构工程师"不得准许他人以本人名义执行业务"。

3）建筑市场方面的法规

这类法律、法规主要涉及工程发包、承包活动以及国家对建筑市场的管理活动。于1999年1月1日施行的《中华人民共和国合同法》和于2000年1月1日施行的《中华人民共和国招标投标法》是国家对建筑市场管理的两个基本法律。与之相配套的法规有2001年国务院发布的《工程建设项目招标范围和规模标准的规定》、国家计委《工程项目自行招标的试行办法》、建设部《建筑工程设计招标投标管理办法》、2001年国家计委等七部委联合发布的《评标委员会和评标方法的暂行规定》等以及2001年建设部发布的《建筑工程发包与承包价格计价管理办法》和与国家工商行政管理总局共同发布的《建设工程勘察合同》、《建筑工程设计合同》、《建设工程施工合同》和《建设工程监理合同》等示范文本。

这类法律、法规、文件主要是为了维护建筑市场的正常秩序和良好环境，充分发挥竞争机制，保证工程项目质量，提高建设水平。例如《招标投标法》明确规定"投标人不得

以低于成本的报价竞标",就是防止恶性杀价竞争,导致偷工减料引起工程质量事故。《合同法》明文规定"禁止承包人将工程分包给不具备相应资质条件的单位,禁止分包单位将其承包的工程再分包。建设工程主体结构的施工必须由承包人自行完成"。对违反者处以罚款,没收非法所得直至吊销资质证书,这均是为了保证工程施工的质量,防止因操作人员素质低造成质量事故。

4) 建筑施工方面的法规

以《建筑法》为基础,国务院于2000年颁布了《建筑工程勘察设计管理条例》和《建设工程质量管理条例》。建设部于1989年发布《工程建设重大事故报告和调查程序的规定》,于1991年发布《建筑安全生产监督管理规定》和《建设工程施工现场管理规定》,于1995年发布《建筑装饰装修管理规定》,于2000年发布《房屋建筑工程质量保修办法》以及《关于建设工程质量监督机构深化改革的指导意见》、《建设工程质量监督机构监督工作指南》和《建设工程监理规范》等法规和文件。主要涉及到施工技术管理、建设工程监理、建筑安全生产管理、施工机械设备管理和建设工程质量监督管理。它们与现场施工密切相关,因而与工程施工质量有密切关系或直接关系。

这类法律、法规文件涉及的内容十分广泛,其特点是大多与现场施工有直接关系。例如《建设工程施工现场管理规定》明确对施工技术、安全岗位责任制度、组织措施制度,对施工准备、计划、技术、安全交底、施工组织设计编制、现场总平面布置等均做了详细规定。

特别是国务院颁布的《建设工程质量管理条例》,以《建筑法》为基础,全面系统地对与建设工程有关的质量责任和管理问题,作了明确的规定,可操作性强。它不但对建设工程的质量管理具有指导作用,而且是全面保证工程质量和处理工程质量事故的重要依据。

5) 标准化管理方面的法规

2000年建设部发布《工程建设标准强制性条文》和《实施工程建设强制性标准》监督规定是典型的标准化管理类法规,它的实施为《建设工程质量管理条例》提供了技术法规支持,是参与建设活动各方执行工程建设强制性标准和政府实施监督的依据,同时也是保证建设工程质量的必要条件,是分析处理工程质量事故,判定责任方的重要依据。一切工程建设的勘察、设计、施工、安装、验收都应按现行标准进行,不符合现行强制性标准的勘察报告不得报出,不符合强制性条文规定的设计不得审批,不符合强制性标准的材料、半成品、设备不得进场,不符合强制性标准的工程质量必须处理,否则不得验收、不得投入使用。

5. 工程质量事故处理程序

工程质量管理人员应熟悉各级政府建设行政主管部门处理工程质量事故的基本程序,特别是应把握在质量事故处理过程中如何履行自己的职责。

工程质量事故发生后,应及时组织调查处理,调查的主要目的,是要确定事故的范围、性质、影响和原因,通过调查为事故的分析与处理提供依据,一定要力求全面、准确、客观。调查结果,要整理撰写成事故调查报告。工程质量事故处理程序如图4-1所示。

① 工程质量事故发生后,总监理工程师应签发《工程暂停令》,并要求停止进行质量

缺陷部位和与其有关联部位及下道工序施工，应要求施工单位采取必要的措施，防止事故扩大并保护好现场。同时，要求质量事故发生单位迅速按类别和等级向相应的主管部门上报，并于24小时内写出书面报告。

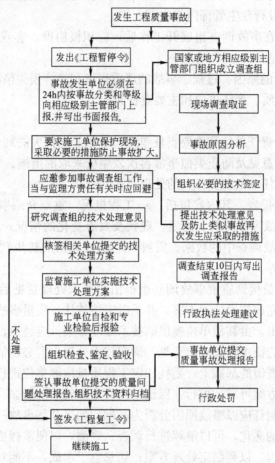

图 4-1　工程质量问题处理程序框图

质量事故报告应包括以下主要内容：
A. 事故发生的单位名称，工程名称、部位、时间、地点；
B. 事故概况和初步估计的直接损失；
C. 事故发生原因的初步分析；
D. 事故发生后采取的措施；
E. 相关各种资料。

② 各级主管部门处理权限及组成调查组权限如下：特别重大质量事故由国务院按有关程序和规定处理；重大质量事故由国家建设行政主管部门归口管理；严重质量事故由省、自治区、直辖市建设行政主管部门归口管理；一般质量事故由市、县级建设行政主管部门归口管理。

工程质量事故调查组由事故发生地的市、县以上建设行政主管部门或国务院有关主管部门组织成立。特别重大质量事故调查组组成由国务院批准；一、二级重大质量事故调查组由省、自治区、直辖市建设行政主管部门提出组成意见，人民政府批准；三、四级重大质量事故调查组由市、县级行政主管部门提出组成意见，相应级别人民政府批准；严重质量事故调查组由省、自治区、直辖市建设行政主管部门组织；一般质量事故调查组由市、县级建设行政主管部门组织；事故发生单位属国务院部委的，由国务院有关主管部门或其授权部门会同当地建设行政主管部门组织调查组。

③ 质量管理人员在事故调查组展开工作后，应积极协助，客观地提供相应证据。质量事故调查组的职责是：

A. 查明事故发生的原因、过程、事故的严重程度和经济损失情况。

B. 查明事故的性质、责任单位和主要责任人。

C. 组织技术鉴定。

D. 明确事故主要责任单位和次要责任单位，承担经济损失的划分原则。

E. 提出技术处理意见及防止类似事故再次发生应采取的措施。

F. 提出对事故责任单位和责任人的处理建议。

G. 写出事故调查报告。其内容包括：a. 工程概况，重点介绍事故有关部分的工程情况；b. 事故情况，事故发生时间、性质、现状及发展变化的情况；c. 是否需要采取临时应急防护措施；d. 事故调查中的数据、资料；e. 事故原因的初步判断；f. 事故涉及人员与主要责任者的情况等。

④ 当质量管理人员接到质量事故调查组提出的技术处理意见后，可组织相关单位研究，并责成相关单位完成技术处理方案，并予以审核签认。质量事故技术处理方案，一般应委托原设计单位提出，由其他单位提供的技术处理方案，应经原设计单位同意签认。技术处理方案的制订，应征求建设单位意见。确定技术处理方案必须依据充分，应在质量事故的部位、原因全部查清的基础上，委托法定工程质量检测单位进行质量鉴定或请专家论证，以确保技术处理方案可靠、可行，保证结构安全和使用功能。

事故处理方案的制订应以事故原因分析为基础。如果某些事故一时认识不清，而且事故一时不致产生严重的恶化，可以继续进行调查、观测，以便掌握更充分的资料数据，作进一步分析，找出原因，以利制定处理方案；切忌急于求成，不能对症下药，采取的处理措施不能达到预期效果，造成反复处理的不良后果。

⑤ 技术处理方案核签后，要求施工单位制定详细的施工方案，必要时应编制实施细则，对工程质量事故技术处理施工质量过程中，对于一些关键部位和关键工序应进行旁站，并会同设计、建设等有关单位共同检查认可。

⑥ 对施工单位完工自检后报验的结果，组织有关各方进行检查验收，必要时应进行处理结果鉴定。要求事故单位整理编写质量事故处理报告，并审核签认，组织将有关技术资料归档。

工程质量事故处理报告主要内容：

① 工程质量事故情况、调查情况、原因分析（选自质量事故调查报告）。

② 质量事故处理的依据。

③ 质量事故技术处理方案。

④ 实施技术处理施工中有关问题和资料。

⑤ 对处理结果的检查鉴定和验收。

⑥ 质量事故处理结论。

⑦ 签发《工程复工令》，恢复正常施工。

6. 工程质量事故处理方案和鉴定验收

（1）工程质量事故处理方案

1）不作处理

某些工程质量问题虽然不符合规定的要求和标准构成质量事故，但经过分析、论证、法定检测单位鉴定和设计等有关单位认可，对工程或结构使用及安全影响不大，也可不作专门处理。通常不用专门处理的情况有以下几种：

① 不影响结构安全和正常使用。某些隐蔽部位结构混凝土表面裂缝，经检查分析，属于表面养护不够的干缩微裂，不影响使用及外观；有的工业建筑物出现放线定位偏差，且严重超过规范标准规定，若要纠正会造成重大经济损失，经过分析、论证其偏差不影响生产工艺和正常使用，在外观上也无明显影响，也可不作处理。

② 有些质量问题，经过后续工序可以弥补。例如，混凝土墙表面轻微麻面，可通过后续的抹灰、喷涂或刷白等工序弥补，亦可不作专门处理。

③ 经法定检测单位鉴定合格。

某检验批混凝土试块强度值不满足规范要求，强度不足，在法定检测单位，对混凝土实体采用非破损检验等方法测定其实际强度已达规范允许和设计要求值时，可不作处理。对经检测未达要求值，但相差不多，经分析论证，只要使用前经再次检测达设计强度，也可不作处理，但应严格控制施工荷载。

④ 出现的质量问题，经检测鉴定达不到设计要求，但经原设计单位核算，仍能满足结构安全和使用功能。

某一结构构件截面尺寸不足或材料强度不足，影响结构承载力，但经按实际检测所得截面尺寸和材料强度复核验算，仍能满足设计的承载力，可不进行专门处理。这种处理方式实际上是挖掘了设计潜力或降低了设计的安全系数。

2）修补处理

通常当工程的某个检验批、分项或分部的质量虽未达到规范、标准或设计要求，存在一定缺陷，但通过修补或更换器具、设备后还可达到要求的标准，又不影响使用功能和外观要求，在此情况下，可以进行修补处理。

属于修补处理这类具体方案很多，诸如封闭保护、复位纠偏、结构补强、表面处理等。某些事故造成的结构混凝土表面裂缝，可根据其受力情况，仅做表面封闭保护。某些混凝土结构表面的蜂窝、麻面，经调查分析，可进行剔凿、抹灰等表面处理，一般不会影响其使用和外观。

对较严重的质量问题，可能影响结构的安全性和使用功能，必须按一定的技术方案进行加固补强处理，这样往往会造成一些永久性缺陷，如改变结构外形尺寸，影响一些次要的使用功能等。

3）返工处理

当工程质量存在着严重质量问题，对结构的使用和安全构成重大影响，且又无法通过修补处理的情况下，可对检验批、分项、分部甚至整个工程返工处理。例如，某防洪堤坝填筑压实后，其压实土的干密度未达到规定值，经核算将影响土体的稳定且不能满足抗渗能力要求时，可挖除不合格土，重新填筑，进行返工处理。又如某公路桥梁工程预应力按规定张力系数为1.03,实际仅为0.9,属于严重的质量缺陷,也无法修补,只有返工处理。对某些存在严重质量缺陷,且无法采用加固补强等修补处理或修补处理费用比原工程造价还高的工程,应进行整体拆除,全面返工。

工程质量管理人员应牢记,不论哪种情况,特别是不作处理的质量问题,均要备好必要的书面文件,对技术处理方案、不作处理结论和各方协商文件等有关档案资料认真组织签认。对责任各方应承担的经济责任和合同中约定的罚则应正确判定。

(2) 质量事故处理的应急措施

建筑工程施工中,质量事故往往随时间、环境、施工情况等变化而发展变化,有时,一个混凝土构件的细微裂缝,可能逐步发展成构件断裂;某个基础的局部沉降、变形,可能致使房屋倒塌。为此,在处理质量问题前,应及时对问题的性质进行分析,作出判断,对那些随着时间、温度、湿度、荷载条件变化的变形、裂缝要认真观测记录,寻找变化规律及可能产生的恶果;对那些表面的质量问题,要进一步查明问题的性质是否会转化;对那些可能发展成为构件断裂、房屋倒塌的恶性事故,更要及时采取应急补救措施。

在拟定应急措施时,应注意以下事项:

① 对危险性较大的质量事故,首先应予以封闭或设立警戒区只有在确认不可能倒塌或进行可靠支护后,方准许进入现场处理,以免人员伤亡。

② 对需要进行部分拆除的事故,应充分考虑事故对相邻区域结构的影响,以免事故进一步扩大,且应制定可靠的安全措施和拆除方案,要严防对原有事故的处理引发新的事故,如托梁换柱,稍有疏忽将会引起整幢房屋的倒塌。

③ 凡涉及结构安全的情况,都应对处理阶段的结构强度、刚度和稳定性进行验算,提出可靠的防护措施,并在处理中严密监视结构的稳定性。

④ 在不卸荷条件下进行结构加固时,要注意加固方法和施工荷载对结构承载力的影响。

⑤ 要充分考虑对事故处理中所产生的附加内力对结构的作用以及由此引起的不安全因素。

(3) 工程质量事故处理方案的鉴定验收

质量事故的技术处理是否达到了预期目的,施工现场质量管理人员应进行验收并予以初步确认。

1) 检查验收

工程质量事故处理完成后,工程质量管理人员,应严格按施工验收标准及有关规范的规定进行,结合旁站、巡视和平行检验结果,依据质量事故技术处理方案的要求,通过实际量测,检查各种资料数据进行验收,填写报表报相关单位办理交工验收文件。

2) 必要的鉴定

为确保工程质量事故的处理效果,凡涉及结构承载力等使用安全和其他重要性能的处理工作,常需做必要的试验和检验鉴定工作,或质量事故处理施工过程中建筑材料及构配件保证资料严重缺乏,或对检查验收结果各参与单位有争议时,常见的检验工作有:混凝土钻芯取样,用于检查密实性和裂缝修补效果或检测实际强度;结构荷载试验,确定其实际承载力;超声波检测焊接或结构内部质量;池、罐、箱、柜工程的渗漏检验等。检测鉴定必须委托政府批准的有资质的法定检测单位进行。

3) 验收结论

对所有质量事故无论经过技术处理，通过检查鉴定验收还是不需专门处理的，均应有明确的书面结论。若对后续工程施工有特定要求，或对建筑物使用有一定限制条件，应在结论中提出。验收结论通常有以下几种：

① 事故已排除，可以继续施工。
② 隐患已消除，结构安全有保证。
③ 经修补处理后，完全能够满足使用要求。
④ 基本上满足使用要求，但使用时应有附加限制条件，例如限制荷载等。
⑤ 对耐久性的结论。
⑥ 对建筑物外观影响的结论。
⑦ 对短期内难以作出结论的，可提出进一步观测检验意见。对于处理后符合《建筑工程施工质量验收统一标准》规定的，请监理工程师应予以验收确认，并应注明责任方主要承担的经济责任。对经加固补强或返工处理仍不能满足安全使用要求的分部工程、单位（子单位）工程，应拒绝验收。

7. 工程质量缺陷和质量事故处理案例

【案例 4-6】 混凝土墙体开裂原因分析和处理

(1) 背景

某地下室混凝土墙体开裂，导致在工程中出现漏水现象。

(2) 问题

请进行原因分析和确定处理方案。

(3) 分析与解答

1) 裂缝渗漏的调查

混凝土表面的裂缝，开始出现极细小，以后逐渐扩大，裂缝的形状不规则，有竖向裂缝、水平裂缝、斜向裂缝等，地下水沿这些裂缝渗入室内，造成渗漏。

2) 裂缝原因分析

混凝土裂缝既有收缩裂缝，也有结构裂缝，主要原因有：①施工时混凝土拌合不均匀或水泥品种混用，收缩不一而产生裂缝；②所采用的水泥安定性不合格导致裂缝；③设计考虑不周，建筑物发生不均匀下沉，使混凝土墙出现裂缝；④混凝土结构缺乏足够的刚度，在土的侧压力及水压作用下发生变形，出现裂缝。

3) 处理方案

地下室混凝土结构裂缝的处理方法通常有直接堵漏法和间接堵漏法和灌浆法等。本案例因混凝土裂缝较深，拟采用压力灌浆补缝法。

4) 处理方法

① 原材料：

水泥：32.5 等级普通硅酸盐水泥；

砂：粒径不大于 1.2mm，用窗纱过筛即可；

胶：108 胶，固体含量 12%，pH 值为 7~8；

或采用水玻璃：相对密度为 1.36~1.52，模数为 2.3~3.3；

或二元乳液：固体含量为 5%，配制聚合物砂浆。

② 浆液稠度：浆液稠度视墙体裂缝宽度而定，分稀浆、稠浆、砂浆三种见表4-21。

裂缝宽度与浆液稠度　　　　　　　　　　　　　　　表4-21

浆液稠度	稀浆	稠浆	砂浆
适用裂缝宽度(mm)	0.3~1.0	1.0~5.0	≥5.0

③ 配合比

配合比根据使用原材料不同，可参考以下三种配方（表4-22）。

浆液配合比　　　　　　　　　　　　　　　表4-22

配方	浆液	水泥	水	砂	108胶	二元乳液	水玻璃
甲	稀浆	1	0.9	1	0.2		
	稠浆	1	0.6	1	0.2		
	砂浆	1	0.6	1	0.2		
乙	稀浆	1	0.9	1		0.2	
	稠浆	1	0.6	1		0.15	
	砂浆	1	0.6~0.7	1		0.15	
丙	稀浆	1	0.9	1			0.01~0.02
	稠浆	1	0.6	1			0.01~0.02
	砂浆	1	0.7	1			0.01

④ 施工机具

空气压缩机一台，容量为 $0.6m^3/min$，压力为 0.4~0.6MPa。

储浆罐一只，耐压强度为 0.6MPa，容量为 0.6L。

喷枪一只。

⑤ 施工工艺

施工工艺为：灌浆孔准备→封缝→清孔→灌浆→封堵灌浆孔。

灌浆孔用砖墙打眼机成孔，孔深 10~20mm，直径 30~40mm 用 12.7mm（1/2英寸）铁管放入孔中，周围堵塞水泥砂浆，抹平压实，待砂浆初凝后，拔出铁管，即形成灌浆孔，其间距视裂缝宽度而定。裂缝宽<1mm，孔距为 200~300mm；裂缝宽为 1~5mm，孔距为 300~400mm；裂缝宽大于 5mm，孔距为 400~500mm。

封缝。可用水泥砂浆或灌浆用砂浆封堵。

清孔。打眼成孔后用风管清孔；封缝后，灌水清孔。

灌浆。自下而上逐孔灌浆，全部灌完后停 30min，再进行二次补灌。灌浆压力为 0.2~0.3MPa。最后，用 1∶3 水泥砂浆封堵灌浆孔。

【案例 4-7】 工程质量事故处理

(1) 背景

某高层住宅施工项目为 2002 年设计、施工，该工程为 18 层剪力墙结构，建筑面积 1.46 万 m^2，地下一层，总高度 56.6m。2003 年 1 月开始桩基施工，同年 9 月主体完成，11 月完成室内外装饰及地面工程，12 月 3 日发现住宅整体向东北倾斜，顶端水平位移达 470mm。当时采取了以下纠偏措施：倾斜一侧减载与对应侧加载、注浆与高压粉喷以及增加锚杆静压桩等措施，控制了房屋向东北倾斜。12 月 21 日起，突然转向西北方向倾斜,虽采取纠偏措施,但无作用,倾斜速度加快,至12月25日顶端水平位移达2884mm,使整座楼重心偏移了1442mm。

(2) 问题

试进行质量事故处理。

(3) 分析与解答

1) 事故的主要原因调查分析

① 桩型选用不当。勘察报告要求高层住宅部分选用大直径钻孔灌注桩,其持力层为地面下40.4～42.6m的砂卵石层。设计却采用了夯扩桩,持力层为地面下13.4～19m的稍密中密粉细砂层。事故发生后,一些专家形象地说,该工程的夯扩桩如同一把筷子插到稀饭里(注:桩穿越的土层主要是高压缩淤泥和淤泥质蒙古土)。

② 违反有关设计规范规定。设计同意建设单位建议将地下室标高提高2m,使该工程埋置深度由5m减少为3m,违反了《钢筋混凝土高层建筑结构设计与施工规程》(JGJ 3—91)的规定,即最小埋深应大于建筑高度的1/15,该工程为1/18.9。

③ 基坑壁及坑底处理不当。对高压缩性淤泥层,勘察报告要求坑壁支护及封底补强。实际仅部分做了2～5排粉喷桩,其余均放坡开挖。由于坑壁未封闭,致使基坑内淤泥层移动而对桩体产生水平推力,严重影响桩体稳定。

④ 大量桩的全长呈折线形,降低了单桩承载力。底板提高2m是在336根夯扩桩已完成190根时提出并实施的,也就是说有190根桩在同一截面接桩,而灌注桩的接桩处是桩体最薄弱处,因此桩基础形成一个薄弱截面。而且已完成的190根桩有不少倾斜严重,最大偏位竟达1700mm,后接的桩是垂直地面的,因此大量桩的全长呈折线形。

⑤ 桩质量缺陷处理不当。经动测检验分析,336根桩中有172根是歪桩,桩身垂直度偏差超过规范的要求。从336根桩中抽63根检验桩身质量,其中有13根为Ⅲ类桩(严重缺陷)。施工单位提出增做160根静压桩,未被采纳。

⑥ 土方工程施工违反规范规定。土方开挖和回填违反了《建筑桩基技术规范》(JGJ 94—94)的一系列规定,诸如:基坑应分层开挖,高差不宜超过1m,机械挖土不得损坏桩体以及关于回填土质和夯填要求等规定。施工中,开挖一次到底,挖土机不仅碾压桩,铲斗还碰撞桩,填土用杂土,且不分层夯实,因此不能有效地限制基础的侧向变形。

⑦ 忽视信息,不认真分析处理。4月中旬在土方开挖中发现两根桩桩身上部断裂,其中一根桩内配的6φ16钢筋有两根脆裂,没有作任何处理。5月22日起作沉降观测,曾经发现过沉降突变,也未作认真处理。

2) 事故成因总结与性质确定

综上所述,该事故原因是严重违反标准规范规定,工程技术人员严重失职,甚至个别环节上弄虚作假,掩盖重大质量隐患。建设单位急于求成,错误地控制造价,质量监督不严,使得多种缺陷汇集叠加一起,导致该工程桩基整体失稳,根据规定该属特别重大事故。

3) 处理

该工程为彻底根治隐患,并确保邻近建筑物及居民的安全,不得不将6～18层控爆引毁,并于2003年底实施,六层及地下室仍作为住宅使用,造成的直接经济损失711万元。

【案例4-8】 混凝土强度不足原因分析和处理

(1) 背景

某框架结构厂房，主体结构完成时，发现部分构件混凝土强度不足，实测混凝土强度结果后，有不少柱混凝土强度仅达 C27~C29，个别柱为 C25。

(2) 问题

试进行原因分析和处理。

(3) 分析与解答

1) 原因调查和分析

混凝土强度不足的原因有很多，但本案的原因经调查主要是以下方面：

① 水泥的用量不足。因本案混凝土是现场搅拌，在搅拌混凝土时，并没有每盘称量水泥的用量，导致水泥的用量不能满足配合比的要求。

② 石子的含泥量过高。现场用的石子没有按要求认真清洗，含泥量过高。

③ 浇筑未分层，捣实不充分。柱子高度大，浇筑时直接从柱顶向下浇灌，产生了分层离析现象，无法按层捣实。

2) 处理方案

经有关人员对设计复核验算后，确定凡混凝土强度小于 C30 的，均采用螺旋筋约束柱法进行加固；其中该八层厂房，3~8 层共有 26 根柱需作加固。加固中采用 $\phi 4$ 钢筋连续缠绕成螺旋状，柱上下端各 1/3 柱高的螺距为 15mm，中心 1/3 高的螺距为 20mm。螺旋筋与后加的 $4\phi 20$ 纵向钢筋采用间隔点焊。然后用 C40 细石混凝土填实原柱与螺旋筋之间的空隙，柱表面抹平后，再用 1:2.5 水泥砂浆压平抹光 14~15mm 厚的保护层。

加固设计时，按普通钢筋混凝土轴心受压柱与配置螺旋式间接钢筋的钢筋混凝土轴心受压柱承载能力相等的原则，计算螺旋筋用量。

3) 施工方法

① 原柱表面凿毛，柱棱角凿成圆弧，用清水配合钢丝刷将柱表面清洗干净。

② 由上向下并向一个方向旋转，将 $\phi 4$ 钢筋紧紧地缠绕在柱上，螺距必须符合前述要求。绕几圈后，将 $\phi 4$ 钢筋点焊在纵向筋上，要防止 $\phi 4$ 钢筋烧熔或断面削弱。

③ 检查缠绕后的螺旋筋，发现有不紧固处，用钢模楔紧。

④ 在柱核心与螺旋筋表面抹一层高强度水泥浆，然后自下向上按螺距填塞高强度细石混凝土，边填边仔细捣实。

⑤ 检查合格后，抹水泥砂浆保护层，并压实抹光。

五、工程建设施工相关法律法规

(一)《建设工程质量管理条例》的主要内容

《建设工程质量管理条例》(以下简称《质量管理条例》)已于 2000 年 1 月 30 日由国务院令第 279 号发布施行。建设工程质量管理条例的颁布和实施,对于加强建设工程质量管理,深化建设管理体制的改革,保证建设工程质量,具有十分重要的意义。

1. 建设工程质量的监督管理

1) 建设工程质量的监督管理的主体

依据我国《质量管理条例》规定:国家实行建设工程质量监督管理制度,国务院建设行政主管部门对全国的建设工程质量实施统一监督管理。国务院铁路、交通、水利等有关部门根据国务院规定的职责分工,负责对全国的有关专业建设工程质量的监督管理。县级以上地方人民政府建设行政主管部门对本行政区域内的建设工程质量实施监督管理。县级以上地方人工政府交通、水利等有关部门在各自的职责范围内,负责对本行政区域内的专业建设工程质量的监督管理。

建设工程质量监督管理,可以由建设行政主管部门或者其他有关部门委托的建设工程质量监督机构具体实施。

2) 建设工程质量监督机构巡视检查制度

各地方建设工程质量监督机构在自己的权限范围内有权对在建工程的质量与安全情况进行定期的巡视检查,可对不合法的违规行为进行处罚。

《质量管理条例》规定:县级以上地方人民政府建设行政主管部门及其他有关部门应当加强对有关建设工程质量的法律、法规和强制性标准执行情况的监督检查。在履行检查职责时,有权采取下列措施:

① 要求被检查的单位提供有关工程质量的文件和资料;

② 进入被检查单位的施工现场进行检查;

③ 发现有影响工程质量的问题时,责令改正。

有关单位和个人对县级以上人民政府建设行政主管部门和其他有关部门进行的监督检查应当支持与配合,不得拒绝或者阻碍建设工程质量监督检查人员依法执行职务。

3) 建设工程竣工验收备案制度

《质量管理条例》规定:建设单位应当自建设工程竣工验收合格之日起 15 日内,将建设工程竣工验收报告和规划、公安消防、环保等部门出具的认可文件或者准许使用文件报建设行政主管部门或者其他有关部门备案。建设行政主管部门或者其他部门发现建设单位在竣工验收过程中有违反国家有关建设工程质量规定行为的,责令停止使用,重新组织竣工验收。

4) 工程质量事故报告制度

《质量管理条例》规定:建设工程发生质量事故,有关单位应当在 24 小时内向当地建设行政主管部门和其他有关部门报告。对重大质量事故，事故发生地的建设行政主管部门和其他有关部门应当按照事故类别和等级向当地人民政府和上级建设行政主管部门和其他有关部门报告。特别重大质量事故的调查程序按照国务院有关规定办理。

5) 违反《质量管理条例》的处罚制度

《质量管理条例》规定：建设单位有下列行为之一的，责令改正，处20万元以上、50万元以下的罚款：

① 迫使承包方以低于成本的价格竞标的；
② 任意压缩合理工期的；
③ 明示或者暗示设计单位或者施工单位违反工程建设强制性标准，降低工程质量的；
④ 施工图设计文件未经审查或者审查不合格，擅自施工的；
⑤ 建设项目必须实行工程监理而未实行工程监理的；
⑥ 未按照国家规定办理工程质量监督手续的；
⑦ 明示或者暗示施工单位使用不合格的建筑材料、建筑构配件和设备的；
⑧ 未按照国家规定将竣工验收报告、有关认可文件或者准许使用文件报送备案的。

勘察、设计、施工、工程监理单位超越本单位资质等级承揽工程的，责令停止违法行为，对勘察、设计单位或者工程监理单位处合同约定的勘察费、设计费或者监理酬金1倍以上、2倍以下的罚款；对施工单位处工程合同价款2%以上、4%以下的罚款，可以责令停业整顿，降低资质等级；情节严重的，吊销资质证书；有违法所得的，予以没收。

《质量管理条例》规定，施工单位在施工中偷工减料的，使用不合格的建筑材料、建筑构配件和设备的，或者有不按照工程设计图纸或者施工技术标准施工的其他行为的，责令改正，处工程合同价款2%以上、4%以下的罚款；造成建设工程质量不符合规定的质量标准的，负责返工、修理，并赔偿因此造成的损失；情节严重的，责令停业整顿，降低资质等级或者吊销资质证书。

《质量管理条例》规定，工程监理单位有下列行为之一的，责令改正，处50万元以上、100万元以下的罚款，降低资质等级或者吊销资质证书；有违法所得的，予以没收；造成损失的，承担连带赔偿责任：

① 与建设单位或者施工单位串通，弄虚作假、降低工程质量的；
② 将不合格的建设工程、建筑材料、建筑构配件和设备按照合格签字的。

2. 建设工程质量管理的基本制度

(1) 工程质量监督管理制度

建设工程质量必须实行政府监督管理。政府对工程质量的监督管理主要以保证工程使用安全和环境质量为主要目的，以法律、法规和强制性标准为依据，以地基基础、主体结构、环境质量和与此有关的工程建设各方主体的质量行为为主要内容，以施工许可制度和竣工验收备案制度为主要手段。

(2) 工程竣工验收备案制度

建设工程质量管理条理确立了建筑工程竣工验收备案制度。该项制度是加强政府监督管理、防止不合格工程流向社会的一个重要手段。结合《建设工程质量管理条例》和《房屋建筑工程和市政基础设施工程竣工验收备案管理暂行办法》（2000年4月4日建设部令第78号发布）的有关规定，建设单位应当在工程竣工验收合格后的15天内到县级以上人民政府建设行政主管部门或其他有关部门备案。建设单位办理工程竣工验收备案应提交以下材料：

① 工程竣工验收备案表；

② 工程竣工验收报告：竣工验收报告应当包括工程报建日期，施工许可证号，施工图设计文件审查意见，勘察、设计、施工、工程监理等单位分别签署的质量合格文件及验收人员签署的竣工验收原始文件，市政基础设备的有关质量检测和功能性试验资料以及备案机关认为需要提供的有关资料；

③ 法律、行政法规规定应当由规划、公安消防、环保等部门出具的认可文件或者准许使用文件；

④ 施工单位签署的工程质量保修书；

⑤ 法规、规章规定必须提供的其他文件；

⑥ 商品住宅还应当提交《住宅质量保证书》和住宅使用说明书。

建设行政主管部门或其他有关部门收到建设单位的竣工验收备案文件后，依据质量监督机构的监督报告，发现建设单位在竣工验收过程中有违反国家有关建设工程质量管理规定行为的，责令停止使用，重新组织竣工验收后，再办理竣工验收备案。建设单位有下列违法行为的，要按照有关规定予以行政处罚：

① 在工程竣工验收合格之日起 15 天内未办理工程竣工验收备案；

② 在重新组织竣工验收前擅自使用工程；

③ 采用虚假证明文件办理竣工验收备案。

(3) 工程质量事故报告制度

建设工程发生质量事故后，有关单位应当在 24 小时内向当地建设行政主管部门和其他有关部门报告。对重大质量事故，事故发生地的建设行政主管部门和其他有关部门应当按照事故类别和等级向当地人民政府和上级建设行政主管部门和其他有关部门报告。

(4) 工程质量检举、控告、投诉制度

《建筑法》与《建设工程质量管理条例》均明确，任何单位和个人对建设工程的质量事故质量缺陷都有权检举、控告、投诉。工程质量检举、控告、投诉制度是为了更好地发挥群众监督和社会舆论监督的作用，是保证建设工程质量的一项有效措施。

3. 施工企业的质量责任与义务

《质量管理条例》规定施工单位的质量责任和义务如下：

① 施工单位对建设工程的质量负责。施工单位应当建立质量责任制，确定工程项目的项目经理、技术负责人和施工管理负责人。

② 建设工程实行总承包的，总承包单位应当对全部建设工程质量负责；建设工程勘察、设计、施工、设备采购的一项或者多项实行总承包的，总承包单位应当对其承包的建设工程或者采购的设备的质量负责。

③ 总承包单位依法将建设工程分包给其他单位的，分包单位应当按照分包合同的约定对其分包工程的质量向总承包单位负责，总承包单位与分包单位对分包工程的质量承担连带责任。

④ 施工单位必须按照工程设计图纸和施工技术标准施工，不得擅自修改工程设计，不得偷工减料。

⑤ 施工单位在施工过程中发现设计文件和图纸有差错的，应当及时提出意见和建议。

⑥ 施工单位必须按照工程设计要求、施工技术标准和合同约定，以建筑材料、建筑构配件、设备和商品混凝土进行检验，检验应当有书面记录和专人签字；未经检验或者检验不合格的，不得使用。

⑦ 施工单位必须建立、健全施工质量的检验制度，严格工序管理，作好隐蔽工程的质量检查和记录、隐蔽工程在隐蔽前，施工单位应当通知建设单位和建设工程质量监督机构。

⑧ 施工人员对涉及结构安全的试块、试件以及有关材料，应当在建设单位或者工程监理单位监督下现场取样，并送具有相应资质等级的质量检测单位进行检测。

⑨ 施工单位在施工中出现质量问题的建设工程或者竣工验收不合格的建设工程，应当负责返修。

⑩ 施工单位应当建立、健全教育培训制度，加强对职工的教育培训；未经教育培训或者考核不合格的人员，不得上岗作业。

4. 建设工程质量保修

《质量管理条例》规定建设工程实行质量保修制度。建设工程承包单位在向建设单位提交工程竣工验收报告时，应当向建设单位出具质量保修书。质量保修书中应当明确建设工程的保修范围、保修期限和保修责任等。

在正常使用条件下，建设工程的最低保修期限为：

① 基础设施工程、房屋建筑的地基基础工程和主体结构工程，为设计文件规定的该工程的合理使用年限；

② 屋面防水工程、有防水要求的卫生间、房间和外墙面的防渗漏，为5年；

③ 供热与供冷系统，为2个采暖期、供冷期；

④ 电气管线、给水排水管道、设备安装和装修工程，为2年。

⑤ 其他项目的保修期限由发包方与承包方约定。

建设工程的保修期，自竣工验收合格之日起计算。

若建设单位因工程质量问题造成了经济损失，则施工方除应负责返修外，还应承担损害赔偿责任。《质量管理条例》第四十一条规定："建设工程在保修范围和保修期限内发生质量问题的，施工单位应当履行保修义务，并对造成的损失承担赔偿责任。"

（二）工程建设技术标准

工程建设标准是指建设工程设计、施工方法和安全保护的统一的技术要求及有关工程建设的技术术语、符号、代号、制图方法的一般原则。

根据国务院《建设工程质量管理条例》和建设部建标[2000] 31号文的要求，建设部会同有关部门共同编制了《工程建设标准强制性条文》（以下称《强制性条文》）。《强制性条文》包括城乡规划、城市建设、房屋建筑、工业建筑、水利工程、电力工程、信息工程、水运工程、公路工程、铁道工程、石油和化工建设工程、矿山工程、人防工程、广播电影电视工程和民航机场工程等部分。《强制性条文》的内容，是工程建设现行国家和行业标准中直接涉及人民生命财产安全、人身健康、环境保护和其他公众利益，同时考虑了提高经济效益和社会效益等方面的要求。列入《强制性条文》的所有条文都必须严格执行。同时，《强制性条文》是参与建设活动各方执行工程建设强制性标准和政府对执行情况实施监督的依据。

1. 工程建设标准的种类

工程建设标准可根据不同方式进行相应的划分。

（1）按标准的内容划分

1）设计标准

设计标准是指从事工程设计所依据的技术文件。

2）施工及验收标准

施工标准是指施工操作程序及其技术要求的标准。验收标准是指检验、接收竣工工程项目的规程、办法与标准。

3）建设定额

建设定额是指国家规定的消耗在单位建筑产品上活劳动和物化劳动的数量标准，以及用货币表现的某些必要费用的额度。

（2）按标准的属性划分

1）技术标准

技术标准是指对标准化领域中需要协调统一的技术事项所制定的标准。

2）管理标准

管理标准是指对标准化领域中需要协调统一的管理事项所制定的标准。

3）工作标准

工作标准是指对标准化领域中需要协调统一的工作事项所制定的标准。

（3）按标准的等级划分

1）国家标准

国家标准是对需要在全国范围内统一的技术要求制定的标准。

2）行业标准

行业标准是对没有国家标准而又需要在全国某个行业范围内统一的技术要求所制定的标准。

3）地方标准

地方标准是对没有国家标准和行业标准而又需要在该地区范围内统一的技术要求所制定的标准。

4）企业标准

企业标准是对企业范围内需要协调、统一的技术要求、管理事项和工作事项所制定的标准。

（4）按标准的约束性划分

1）强制性标准

强制性标准是指保障人体健康、人身财产安全的标准和法律、行政性法规规定强制性执行的国家和行业标准是强制性标准；省、自治区、直辖市标准化行政主管部门制定的工业产品的安全、卫生要求的地方标准在本行政区域内是强制性标准。

对工程建设业来说，下列标准属于强制性标准：

① 工程建设勘察、规划、设计、施工（包括安装）及验收等通用的综合标准和重要

的通用的质量标准；

② 工程建设通用的有关安全、卫生和环境保护的标准；

③ 工程建设重要的术语、符号、代号、量与单位、建筑模数和制图方法标准；

④ 工程建设重要的通用的试验、检验和评定等标准；

⑤ 工程建设重要的通用的信息技术标准；

⑥ 国家需要控制的其他工程建设通用的标准。

2) 推荐性标准

推荐性标准是指其他非强制性的国家和行业标准是推荐性标准。推荐性标准国家鼓励企业自愿采用。

2. 工程建设强制性标准监督检查的内容

工程建设强制性标准监督检查的内容包括：

① 监督检查建设单位、设计单位、施工单位和监理单位是否组织有关工程技术人员对工程建设强制性标准的学习和考核。

② 本行政区域内的建设工程项目，应根据各建设工程项目实施的不同阶段，分别对其规划、勘察、设计、施工、验收等阶段监督检查，对一般工程的重点环节或重点工程项目，应加大监督检查的力度。

③ 对建设工程项目采用的建筑材料、设备，必须按强制性标准的规定进行进场验收，以符合合同约定和设计要求。

④ 在建设工程项目的整个建设过程中，严格执行工程建设强制性标准，确保工程项目的安全和质量，建设单位作为责任主体，负责对工程建设各个环节的综合管理工作。

⑤ 为了便于工程设计和施工的实施，社会上编制了各专业工程的导则、指南、手册、计算机软件等，为工程设计和施工提供了具体、辅助的操作方法和手段，监督检查其是否遵照工程建设强制性标准和有关技术标准中的有关规定。

3. 工程建设强制性标准监督检查方式

(1) 重点检查

一般是指对于某项重点工程或工程中某些重点内容进行的检查。

(2) 抽查

一般指采用随机方法，在全体工程或某类工程中抽取一定数量进行检查。

(3) 专项检查

是指对建设项目在某个方面或某个专项执行强制性标准情况进行的检查。

4. 违反工程建设强制性条文实施的法律责任

(1) 建设单位的法律责任

建设单位有下列行为之一的，责令改正，并处以20万元以上、50万元以下的罚款：

① 明示或者暗示施工单位使用不合格的建筑材料、建筑构配件和设备的；

② 明示或者暗示设计单位或者施工单位违反工程建设强制性标准，降低工程质量的。

(2) 施工单位的法律责任

施工单位违反工程建设强制性标准的，责令改正，处工程合同价款2%以上、4%以下的罚款；造成建设工程质量不符合规定的质量标准的，负责返工、修理，并赔偿因此造成的损失；情节严重的，责令停业整顿，降低资质等级或者吊销资质证书。

(3) 工程监理单位的法律责任

工程监理单位违反强制性标准规定,将不合格的建设工程以及建筑材料、建筑构配件和设备按照合格签字的,责令改正,处 50 万元以上、100 万元以下的罚款,降低资质等级或者吊销资质证书;有违法所得的,予以没收;造成损失的,承担连带赔偿责任。

(4) 主管部门的法律责任

建设行政主管部门和有关行政主管部门工作人员,玩忽职守、滥用职权、营私舞弊的,给予行政处分;构成犯罪的,依法追究刑事责任。

(5) 处罚规定

① 违反工程建设强制性标准造成工程质量、安全隐患或者工程事故的,按照《建设工程质量管理条例》有关规定,对事故责任单位和责任人进行处罚。

② 有关责令停业整顿、降低资质等级和吊销资质证书的行政处罚,由颁发资质证书的机关决定;其他行政处罚,由建设行政主管部门或者有关部门依照法定职权决定。

5. 施工质量验收规范的强制性条文

《建筑工程施工质量验收统一标准》(GB 50300—2001)规定,建筑工程施工质量应按下列要求进行验收:

① 建筑工程质量应符合本标准和相关专业验收规范的规定。

② 建筑工程施工应符合工程勘察、设计文件的要求。

③ 参加工程施工质量验收的各方人员应具备规定的资格。

④ 工程质量的验收均应在施工单位自行检查评定的基础上进行。

⑤ 隐蔽工程在隐蔽前应由施工单位通知有关单位进行验收,并应形成验收文件。

⑥ 涉及结构安全的试块、试件以及有关材料,应按规定进行见证取样检测。

⑦ 检验批的质量应按主控项目和一般项目验收。

⑧ 对涉及结构安全和使用功能的重要分部工程应进行抽样检测。

⑨ 承担见证取样检测及有关结构安全检测的单位应具有相应资质。

⑩ 工程的观感质量应由验收人员通过现场检查,并应共同确认。

6. 施工安全强制性条文

《强制性条文》第九篇"施工安全"共分六部分介绍了施工安全强制性条文:

① 临时用电;

② 高处作业;

③ 机械使用;

④ 脚手架;

⑤ 提升机;

⑥ 地基基础。

(三)《建筑法》的主要内容

《中华人民共和国建筑法》以下简称《建筑法》是建筑行业的重要法律,于 1997 年 11 月由八届全国人大常委会第二十八次会议通过,从 1998 年 3 月 1 日起施行。

《建筑法》内容丰富,可操作性强。以规范建筑市场行为为起点,以保证建筑工程质量和安全为主线,对各类房屋的建筑活动及其监督管理作出了规定。主要包括下面几个方面：

一是市场准入制度，包括建筑工程施工许可制度和从业资格制度。

二是市场交易规则，规定对建筑工程发包与承包实行严格管理，按法定招投标程序进行，禁止转包或违法分包。

三是工程监理制度，规定对监理单位应当进行资质审查，明确了建筑工程监理的任务，监理单位的责任及有关要求等。

四是安全生产管理制度，规定了安全生产责任制度、安全技术措施制度、安全事故报告制度等。

五是工程质量管理制度，规定了建筑活动各市场主体在保证建筑工程质量中的责任和制度。

1．建筑工程发包与承包规定

（1）建筑工程发包

1）建筑工程发包方式

《建筑法》第19条规定："建筑工程依法实行招标发包，对不适于招标发包的可以直接发包"。建筑工程的发包方式可采用招标发包和直接发包的方式进行。招标发包是业主对自愿参加某一特定工程项目的承包单位进行审查、评比和选定的过程。依据有关法规，凡政府和公有制企业、事业单位投资的新建、改建、扩建和技术改造工程项目的施工，除某些不适宜招标的特殊工程外，均应实行招投标。目前，国内外通常采用的招投标方式主要是公开招标、邀请招标、议标三种形式。

关于强制执行招标的范围，《招标投标法》指出，凡在中华人民共和国境内进行下列工程建设项目包括项目的勘察、设计、施工、监理以及与工程建设有关的重要设备、材料等的采购，必须进行招标：

① 大型基础设施、公用事业等关系社会公共利益、公共安全的项目；

② 全部或者部分使用国有资金投资或国家融资的项目；

③ 使用国际组织或者外国政府贷款、援助资金的项目。

上述项目的具体范围和规模标准，在国家计委2000年5月1日发布的《招标范围和规模标准规定》规定必须招标的项目，建设单位可自主决定是否进行招标，任何组织与个人不得强制要求招标。同时单位自愿要求招标的，招投标管理机构应予以支持。

一般情况下，建设单位可以议标发包的工程有：

① 有保密要求的工程；

② 防洪救灾与抢险的工程；

③ 有专利技术要求的工程；

④ 停建后又恢复的工程；

⑤ 施工单位自建的工程；

⑥ 其他不宜采用招标的工程。

2）建筑工程公开招标的程序

《建筑法》第20条规定："建筑工程实行公开招标的，发包单位应当依照法定程序和方式，发布招标公告，提供载有招标工程的主要技术要求、主要的合同条款、评标的标准和方法以及开标、评标、定标的程序等内容的招标文件"。"开标应当在招标文件规定的时间、地点公开进行。开标后应当按照招标文件规定的评标标准和程序对标书进行评价、比较，在具备相应资质条件的投标者中，择优选定中标者"。

《建筑法》第21条规定："建筑工程招标的开标、评标、定标由建设单位依法组织实施，并接受有关行政主管部门的监督。"

我国的工程施工招标程序包括：

① 工程项目报建；
② 招标人自行办理招标或委托招标备案；
③ 编制招标文件；
④ 发布招标公告或发出投标邀请书；
⑤ 对投标人资格审查；
⑥ 招标文件的发放；
⑦ 勘察现场；
⑧ 招标文件的澄清、修改、答疑；
⑨ 投标文件的编制与递交；
⑩ 工程标底价格的编制（设有标底的）；
⑪ 开标；
⑫ 评标；
⑬ 中标；
⑭ 合同签订。

(2) 建筑工程承包

1) 承包单位的资质管理

《建筑法》第26条规定："承包建筑工程的单位应当持有依法取得的资质证书，并在其资质等级许可的业务范围内承揽工程"。"禁止建筑施工企业超越本企业资质等级许可的业务范围或者以任何形式用其他建筑施工企业的名义承揽工程。禁止建筑施工企业以任何形式允许其他单位或者个人使用本企业的资质证书、营业执照，以本企业的名义承揽工程。"

2) 联合承包

《建筑法》第27条规定："大型建筑工程或者结构复杂的建筑工程，可以由两个以上的承包单位联合共同承包。共同承包的各方对承包合同的履行承担连带责任"。"两个以上不同资质等级的单位实行联合共同承包的，应当按照资质等级低的单位的业务许可范围承揽工程"。

3) 禁止建筑工程转包

《建筑法》第28条规定："禁止承包单位将其承包的全部建筑工程转包给他人，禁止承包单位将其承包的全部工程肢解以后以分包的名义分别转包给他人。"

4) 建筑工程分包

房屋建筑和市政基础设施工程施工分包活动必须依法进行。鼓励发展专业承包企业和劳务分包企业，提倡分包活动进入有形建筑市场公开交易，完善有形建筑市场的分包工程交易功能。

《建筑法》第29条规定："建筑工程总承包单位可以将承包工程中的部分工程发包给

具有相应资质条件的分包单位；但是，除总承包合同中约定的分包外，必须经建设单位认可。施工总承包的，建筑工程主体结构的施工必须由总承包单位自行完成。建筑工程总承包单位按照总承包合同的约定对建设单位负责；分包单位按照分包合同的约定对总承包单位负责。总承包单位和分包单位就分包工程对建设单位承担连带责任。"

禁止总承包单位将工程分包给不具备相应资质条件的单位。禁止分包单位将其承包的工程再分包。

根据2004年4月1日起施行的中华人民共和国建设部令《房屋建筑和市政基础设施工程施工分包管理办法》规定：建设单位不得直接指定分包工程承包人。任何单位和个人不得对依法实施的分包活动进行干预。分包工程承包人必须具有相应的资质，并在其资质等级许可的范围内承揽业务。严禁个人承揽分包工程业务。

《房屋建筑和市政基础设施工程施工分包管理办法》规定：禁止将承包的工程进行违法分包。下列行为，属于违法分包：

① 分包工程发包人将专业工程或者劳务作业分包给不具备相应资质条件的分包工程承包人的；

② 施工总承包合同中未有约定，又未经建设单位认可，分包工程发包人将承包工程中的部分专业工程分包给他人的。

《房屋建筑和市政基础设施工程施工分包管理办法》还规定：分包工程发包人应当设立项目管理机构，组织管理所承包工程的施工活动。项目管理机构应当具有与承包工程的规模、技术复杂程度相适应的技术、经济管理人员。其中，项目负责人、技术负责人、项目核算负责人、质量管理人员、安全管理人员必须是本单位的人员。分包工程发包人将工程分包后，未在施工现场设立项目管理机构和派驻相应人员，并未对该工程的施工活动进行组织管理的，视同转包行为。

(3) 违反承发包制度的法律责任

《建筑法》第65条规定："发包单位将工程发包给不具有相应资质条件的承包单位的，或者违反本法规定将建筑工程肢解发包的，责令改正，处以罚款。超越本单位资质等级承揽工程的，责令停止违法行为，处以罚款，可以责令停业整顿，降低资质等级；情节严重的，吊销资质证书；有违法所得的，予以没收。未取得资质证书承揽工程的，予以取缔，并处罚款；有违法所得的，予以没收。以欺骗手段取得资质证书的，吊销资质证书，处以罚款；构成犯罪的，依法追究刑事责任。

《建筑法》第66条规定："建筑施工企业转让、出借资质证书或者以其他方式允许他人以本企业的名义承揽工程的，责令改正，没收违法所得，并处罚款，可以责令停业整顿，降低资质等级；情节严重的，吊销资质证书。对因该项承揽工程不符合规定的质量标准造成的损失，建筑施工企业与使用本企业名义的单位或者个人承担连带赔偿责任。"

《建筑法》第67条规定："承包单位将承包的工程转包的，或者违反本法规定进行分包的，责令改正，没收违法所得，并处罚款，可以责令停业整顿，降低资质等级；情节严重的，吊销资质证书。承包单位有前款规定的违法行为的，对因转包工程或者违法分包的工程不符合规定的质量标准造成的损失，与接受转包或者分包的单位承担连带赔偿责任。"

在工程发包与承包中索贿、受贿、行贿，构成犯罪的，依法追究刑事责任；不构成犯罪的，分别处以罚款，没收贿赂的财物，对直接负责的主管人员和其他直接责任人员给予处分。

对在工程承包中行贿的承包单位，可以责令停业整顿，降低资质等级或者吊销资质证书。

2. 施工许可制度

《建筑法》的规定：在中华人民共和国境内从事各类房屋建筑及其附属设施的建造、装修装饰和与其配套的线路、管道、设备的安装，以及城镇市政基础设施工程的施工，建设单位在开工前应当向工程所在地的县级以上人民政府建设行政主管部门申请领取施工许可证。但是，国务院建设行政主管部门确定的限额以下的小型工程除外。

工程投资额在 30 万元以下或者建筑面积在 $300m^2$ 以下的建筑工程，可以不申请办理施工许可证。省、自治区、直辖市人民政府建设行政主管部门可以根据当地的实际情况，对限额进行调整，并报国务院建设行政主管部门备案。

按规定必须申请领取施工许可证的建筑工程未取得施工许可证的，一律不得开工。任何单位和个人不得将应该申请领取施工许可证的工程项目分解为若干限额以下的工程项目，规避申请领取施工许可证。

按照国务院规定的权限和程序批准开工报告的建筑工程，不再领取施工许可证。

（1）申请领取施工许可证条件

建设单位申请领取施工许可证，应当具备下列条件，并提交相应的证明文件：

① 已经办理该建筑工程用地批准手续。

② 在城市规划区的建筑工程，已经取得建设工程规划许可证。

③ 施工场地已经基本具备施工条件，需要拆迁的，其拆迁进度符合施工要求。

④ 已经确定施工企业。按照规定应该招标的工程没有招标，应该公开招标的工程没有公开招标，或者肢解发包工程，以及将工程发包给不具备相应资质条件的，所确定的施工企业无效。

⑤ 有满足施工需要的施工图纸及技术资料，施工图设计文件已按规定进行了审查。

⑥ 有保证工程质量和安全的具体措施。施工企业编制的施工组织设计中有根据建筑工程特点制定的相应质量、安全技术措施，专业性较强的工程项目编制了专项质量、安全施工组织设计，并按照规定办理了工程质量、安全监督手续。

⑦ 按照规定应该委托监理的工程已委托监理。

⑧ 建设资金已经落实。建设工期不足一年的，到位资金原则上不得少于工程合同价的 50%，建设工期超过一年的，到位资金原则上不得少于工程合同价的 30%。建设单位应当提供银行出具的到位资金证明，有条件的可以实行银行付款保函或者其他第三方担保。

⑨ 法律、行政法规规定的其他条件。

（2）办理施工许可证程序

按《建筑工程施工许可管理办法》的规定：申请办理施工许可证，应当按照下列程序进行：

① 建设单位向发证机关领取《建筑工程施工许可证申请表》。

② 建设单位持加盖单位及法定代表人印鉴的《建筑工程施工许可证申请表》，并附本办法第四条规定的证明文件，向发证机关提出申请。

③ 发证机关在收到建设单位报送的《建筑工程施工许可证申请表》和所附证明文件

后，对于符合条件的，应当自收到申请之日起十五日内颁发施工许可证；对于证明文件不齐全或者失效的，应当限期要求建设单位补正，审批时间可以自证明文件补正齐全后作相应顺延；对于不符合条件的，应当自收到申请之日起十五日内书面通知建设单位，并说明理由。

(3) 施工许可证的管理

① 建设单位申请领取施工许可证的工程名称、地点、规模，应当与依法签订的施工承包合同一致。施工许可证不得伪造和涂改。

② 建筑工程在施工过程中，建设单位或者施工单位发生变更的，应当重新申请领取施工许可证。

③ 施工许可证应当放置在施工现场备查。

④ 建设单位应当自领取施工许可证之日起三个月内开工。因故不能按期开工的，应当在期满前向发证机关申请延期，并说明理由；延期以两次为限，每次不超过三个月。既不开工又不申请延期或者超过延期次数、时限的，施工许可证自行废止。

⑤ 在建的建筑工程因故中止施工的，建设单位应当自中止施工之日起二个月内向发证机关报告，报告内容包括中止施工的时间、原因、在施部位、维修管理措施等，并按照规定做好建筑工程的维护管理工作。

⑥ 建筑工程恢复施工时，应当向发证机关报告；中止施工满一年的工程恢复施工前，建设单位应当报发证机关核验施工许可证。

⑦ 对于未取得施工许可证或者为规避办理施工许可证将工程项目分解后擅自施工的，由有管辖权的发证机关责令改正，对于不符合开工条件的责令停止施工，并对建设单位和施工单位分别处以罚款。罚款的数额法律、法规有幅度规定的从其规定；无幅度规定的，有违法所得的处 5000 元以上 30000 元以下的罚款，没有违法所得的处 5000 元以上、10000 元以下的罚款。

⑧ 建筑工程施工许可证由国务院建设行政主管部门制定格式，由各省、自治区、直辖市人民政府建设行政主管部门统一印制。施工许可证分为正本和副本，正本和副本具有同等法律效力。复印的施工许可证无效。

3. 建筑业资质等级制度

《建筑法》第 12 条规定：从事建筑活动的建筑施工企业、勘察单位、设计单位和工程监理单位，应当具备下列条件：

① 有符合国家规定的注册资本；

② 有与其从事的建筑活动相适应的具有法定执业资格的专业技术人员；

③ 有从事相关建筑活动所应有的技术装备；

④ 法律、行政法规规定的其他条件。

《建筑法》第 13 条规定：从事建筑活动的建筑施工企业、勘察单位、设计单位和工程监理单位，按照其拥有的注册资本、专业技术人员、技术装备和已完成的建筑工程业绩等资质条件，划分为不同的资质等级，经资质审查合格，取得相应等级的资质证书后，方可在其资质等级许可的范围内从事建筑活动。

2001 年 4 月建设部根据《中华人民共和国建筑法》和《建设工程质量管理条例》重新制定并发布了《建筑业企业资质管理规定》，并会同铁道部、交通部、水利部、信息产业部、民航总局等有关部门组织制定了《建筑业企业资质等级标准》。

(1) 建筑业企业资质分类和分级

建筑业企业是指从事土木工程、建筑工程、线路管道设备安装工程、装修工程的新建、扩建、改建活动的企业。建筑业企业分为施工总承包、专业承包和劳务分包三个序列。施工总承包资质、专业承包资质、劳务分包资质序列按照工程性质和技术特点分别划分为若干资质类别。

1) 施工总承包企业

按照房屋建筑工程、公路、铁路工程，港口与航道工程，水利水电工程，电力、冶金工程等划分为12个类别。其中冶金、港口与航道、化学石油工程总承包企业资质分为特级、一级和二级等3个等级；机电安装工程总承包企业分为一级和二级2个等级；通信工程总承包企业分为一级、二级、三级3个等级；其他工程总承包企业分为特级、一级、二级和三级4个等级。

2) 专业承包企业

按照施工工程专业划分为60个类别。一般的专业承包企业分为一级、二级、三级3个等级，少数专业承包企业分为一级、二级或者二级、三级2个等级，个别专业承包企业不分等级。

3) 劳务分包企业

按照木工、砌筑、抹灰、油漆等作业划分为13个类别。其中木工、砌筑、钢筋、脚手架、模板、焊接等作业分包企业资质等级分为一级、二级2个等级，其他作业分包企业不分资质等级。

获得施工总承包资质的企业，可以对工程实行施工总承包，或者对主体工程实行施工总承包，或者对主体工程实行施工承包。承担施工总承包的企业可以对所承接的工程全部自行施工，也可以将非主体工程或者劳务作业分包给具有相应专业承包资质或者劳务分包资质的其他建筑业企业。获得专业承包资质的企业，可以承接施工总承包企业分包的专业工程或者建设单位按照规定发包的专业工程，专业承包企业可以对所承接的工程全部自行施工，也可以将劳务作业分包给具有相应劳务分包资质的劳务分包企业。获得劳务分包资质的企业，可以承接施工总承包企业或者专业承包企业分包的劳务作业。

(2) 施工总承包企业资质等级标准

施工总承包企业的资质等级按照不同的类别分别有不同的等级标准。其中房屋建筑工程施工总承包企业资质分为特级、一级、二级和三级等四个等级。各等级标准如下：

1) 特级资质标准

① 企业注册资本金3亿元以上；

② 企业净资产3.6亿元以上；

③ 企业近3年年平均工程结算收入15亿元以上；

④ 企业其他条件均达到一级资质标准。

2) 一级资质标准

① 企业近5年承担过下列6项中的4项以上工程的施工总承包或主体工程承包，工程质量合格：

A. 25层以上的房屋建筑工程；

B. 高度100m以上的构筑物或建筑物；

C. 单体建筑面积3万 m^2 以上的房屋建筑工程；

D. 单跨跨度30m以上的房屋建筑工程；

E. 建筑面积10万 m^2 以上的住宅小区或建筑群体；

F. 单项建安合同额1亿元以上的房屋建筑工程。

② 企业经理具有10年以上从事工程管理工作经历或具有高级职称；总工程师具有10年以上从事建筑施工技术管理工作经历并具有本专业高级职称；总会计师具有高级会计职称；总经济师具有高级职称。

企业有职称的工程技术和经济管理人员不少于300人，其中工程技术人员不少于200人。工程技术人员中，具有高级职称的人员不少于10人，具有中级职称的人员不少于60人。企业具有的一级资质项目经理不少于12人。

③ 企业注册资本金5000万元以上，企业净资产6000万元以上。

④ 企业近3年最高年工程结算收入2亿元以上。

⑤ 企业具有与承包工程范围相适应的施工机械和质量检测设备。

3) 二级资质标准

① 企业近5年承担过下列6项中的4项以上工程的施工总承包或主体工程承包，工程质量合格：

A. 12层以上的房屋建筑工程；

B. 高度50m以上的构筑物或建筑物；

C. 单体建筑面积1万 m^2 以上的房屋建筑工程；

D. 单跨跨度21m以上的房屋建筑工程；

E. 建筑面积5万 m^2 以上的住宅小区或建筑群体；

F. 单项建安合同额3000万元以上的房屋建筑工程。

② 企业经理具有8年以上从事工程管理工作经历或具有中级以上职称；技术负责人具有8年以上从事建筑施工技术管理工作经历并具有本专业高级职称；财务负责人具有中级以上会计职称。

企业有职称的工程技术和经济管理人员不少于150人，其中工程技术人员不少于100人。工程技术人员中，具有高级职称的人员不少于2人，具有中级职称的人员不少于20人。企业具有的二级资质以上项目经理不少于12人。

③ 企业注册资本金2000万元以上，企业净资产2500万元以上。

④ 企业近3年最高年工程结算收入8000万元以上。

⑤ 企业具有与承包工程范围相适应的施工机械和质量检测设备。

4) 三级资质标准

① 企业近5年承担过下列5项中的3项以上工程的施工总承包或主体工程承包，工程质量合格：

A. 6层以上的房屋建筑工程；

B. 高度25m以上的构筑物或建筑物；

C. 单体建筑面积5000m^2 以上的房屋建筑工程；

D. 单跨跨度15m以上的房屋建筑工程；

E. 单项建安合同额 500 万元以上的房屋建筑工程。

② 企业经理具有 5 年以上从事工程管理工作经历；技术负责人具有 5 年以上从事建筑施工技术管理工作经历并具有本专业中级以上职称；财务负责人具有初级以上会计职称。

企业有职称的工程技术和经济管理人员不少于 50 人，其中工程技术人员不少于 30 人。工程技术人员中，具有中级以上职称的人员不少于 10 人。企业具有的 3 级资质以上项目经理不少于 10 人。

③ 企业注册资本金 600 万元以上，企业净资产 700 万元以上。

④ 企业近三年最高年工程结算收入 2400 万元以上。

⑤ 企业具有与承包工程范围相适应的施工机械和质量检测设备。

(3) 建筑业企业资质管理

1) 资质的申请

建筑业企业申请资质，应当按照属地管理原则，向企业注册所在地县级以上地方人民政府建设行政主管部门申请。其中，中央管理的企业直接向国务院建设行政主管部门申请资质，中央管理企业的所属企业申请施工总承包特级、一级和专业承包一级资质的，由中央管理的企业向国务院建设行政主管部门申请，同时向企业注册所在地省级建设行政主管部门备案。

新设立的建筑业企业，到工商行政管理部门办理登记注册手续并取得企业法人营业执照后，方可到建设行政主管部门办理资质申请手续。新设立的企业申请资质，应当向建设行政主管部门提供下列资料：

① 建筑业企业资质申请表；

② 企业法人营业执照；

③ 企业章程；

④ 企业法定代表人和企业技术、财务、经营负责人的任职文件、职称证书、身份证；

⑤ 企业项目经理资格证书、身份证；

⑥ 企业工程技术和经济管理人员的职称证书；

⑦ 需要出具的其他有关证件和资料及会计师事务所出具的验资报告。

建筑业企业申请资质升级，除向建设行政主管部门提供上述所列资料外，还应当提供：

① 企业原资质证书正副本；

② 企业的财务决算表；

③ 企业完成的具有代表性工程的合同及质量验收、安全评估资料及企业报送统计部门的生产情况、财务状况年报表。

企业改制或者企业分立、合并后组建设立的建筑业企业申请资质，除需提供前述所列的资料外，还应当提供如下说明或证明：

新企业与原企业的关系、资本构成及资产负债情况；国有企业还需出具国有资产管理部门的核准文件；新企业与原企业的人员、内部组织机构的分立与合并情况；工程业绩的分割、合并情况等。

建筑业企业可以申请一项资质或者多项资质。申请多项资质的，应当选择一项作为主项资质,其余为增项资质。企业的增项资质级别不得高于主项资质级别。

2)资质的审批

施工总承包序列特级和一级企业、专业承包序列一级企业(不含中央管理的企业和中央管理企业所属申请特级和一级企业、专业承包序列一级企业)资质经省级建设行政主管部门审核同意后,由国务院建设行政主管部门审批。施工总承包序列、专业承包序列二级及以下的建筑业企业和劳务分包序列企业资质,由企业注册所在地省级建设行政主管部门审批。

新设立的建筑业企业,其资质等级按照最低等级核定,并设一年的暂定期。由于企业改制,或者企业分立、合并后组建的建筑业企业,其资质等级根据实际达到的资质条件核定。

3)外商投资建筑企业的资质管理

国务院建设行政主管部门负责外商投资建筑业企业资质的管理工作,省、自治区直辖市人民政府建设行政主管部门按照规定负责本行政区域内的外商投资建筑业企业的资质管理工作。

根据我国现行法律、法规的规定,在我国境内投资设立的外商投资建筑业企业、中外合资经营建筑业企业以及中外合作经营建筑业企业,应当依法取得对外经济贸易行政主管部门颁发的外商投资企业批准证书,到国家工商行政管理总局或者授权的地方工商行政管理局注册登记,取得企业法人资格。外商投资建筑业企业在取得企业法人营业执照后,应当到建设行政主管部门申请建筑业企业资质,领取资质审批部门核发的《建筑业企业资质证书》。申请资质按照《建筑业企业资质管理规定》和《建筑业企业资质等级标准》办理。

4)资质的监督管理

对建筑业企业资质的监督管理是各级建设行政主管部门的法定职责。建设行政主管部门对建筑业企业资质实行年检制度。资质年检由资质审批部门负责,凡领取资质审批部门核发的《建筑业企业资质证书》的企业均为年检对象。年检的内容是检查企业资质条件是否符合资质条件。

(四)建设工程安全生产的相关内容

《中华人民共和国安全生产法》和《建设工程安全生产管理条例》的颁布施行规定了建设工程安全生产的方针与原则,确认了建设单位、勘察设计单位、监理单位、施工设备供应单位和施工单位的安全管理责任,规范了安全监督机构的监督行为,以及生产安全事故的应急救援和调查处理程序等。

1. 生产经营单位的安全生产保证

(1)生产经营单位保障安全生产的必备条件

生产经营单位应当具备《安全生产法》和有关法律、行政法规和国家标准或者行业标准规定的安全生产条件才能从事生产经营活动。

(2)生产经营(施工)单位的安全责任和义务

1)施工单位主要负责人依法对本单位的安全生产工作全面负责

施工单位应当建立健全安全生产责任制度和安全生产教育培训制度,制定安全生产规章制度和操作规程,保证本单位安全生产条件所需资金的投入,对所承担的建设工程进行定期和专项安全检查，并做好安全检查记录。

施工单位的项目负责人应当由取得相应执业资格的人员担任，对建设工程项目的安全施工负责，落实安全生产责任制度、安全生产规章制度和操作规程，确保安全生产费用的有效使用，并根据工程的特点组织制定安全施工措施，消除安全事故隐患，及时、如实报告生产安全事故。

2) 施工单位应当设立安全生产管理机构，配备专职安全生产管理人员

专职安全生产管理人员负责对安全生产进行现场监督检查。发现安全事故隐患，应当及时向项目负责人和安全生产管理机构报告；对违章指挥、违章操作的，应当立即制止。

3) 施工单位必须保证必要的安全管理经费

施工单位对列入建设工程概算的安全作业环境及安全施工措施所需费用，应当用于施工安全防护用具及设施的采购和更新、安全施工措施的落实、安全生产条件的改善，不得挪作他用。

4) 总分包之间的安全管理责任

建设工程实行施工总承包的，由总承包单位对施工现场的安全生产负总责。总承包单位应当自行完成建设工程主体结构的施工。总承包单位依法将建设工程分包给其他单位的，分包合同中应当明确各自的安全生产方面的权利、义务。总承包单位和分包单位对分包工程的安全生产承担连带责任。

分包单位应当服从总承包单位的安全生产管理，分包单位不服从管理导致生产安全事故的，由分包单位承担主要责任。

5) 特殊施工作业岗位必须持证上岗

垂直运输机械作业人员、安装拆卸工、爆破作业人员、起重信号工、登高架设作业人员等特种作业人员，必须按照国家有关规定经过专门的安全作业培训，并取得特种作业操作资格证书后，方可上岗作业。

6) 重点分项工程应编制安全施工方案

施工单位应当在施工组织设计中编制安全技术措施和施工现场临时用电方案，对达到一定规模的危险性较大的分部分项工程编制专项施工方案，并附具安全验算结果，经施工单位技术负责人、总监理工程师签字后实施，由专职安全生产管理人员进行现场监督。

7) 对操作人员的安全交底责任

建设工程施工前，施工单位负责项目管理的技术人员应当对有关安全施工的技术要求向施工作业班组、作业人员作出详细说明，并由双方签字确认。

施工单位应当向作业人员提供安全防护用具和安全防护服装，并书面告知危险岗位的操作规程和违章操作的危害。

8) 施工现场的安全管理

施工单位应当在施工现场入口处、施工起重机械、临时用电设施、脚手架、出入通道口、楼梯口、电梯井口、孔洞口、桥梁口、隧道口、基坑边沿、爆破物及有害危险气体和液体存放处等危险部位，设置明显的安全警示标志。安全警示标志必须符合国家标准。

施工单位应当将施工现场的办公、生活区与作业区分开设置，并保持安全距离；办公、生活区的选址应当符合安全性要求。

施工单位对因建设工程施工可能造成损害的毗邻建筑物、构筑物和地下管线等，应当

采取专项防护措施。

施工单位采购、租赁的安全防护用具、机械设备、施工机具及配件，应当具有生产（制造）许可证、产品合格证，并在进入施工现场前进行查验。

施工单位在使用施工起重机械和整体提升脚手架、模板等自升式架设设施前，应当组织有关单位进行验收，也可以委托具有相应资质的检验检测机构进行验收；使用承租的机械设备和施工机具及配件的，由施工总承包单位、分包单位、出租单位和安装单位共同进行验收。验收合格的方可使用。

施工单位应当自施工起重机械和整体提升脚手架、模板等自升式架设设施验收合格之日起 30 日内，向建设行政主管部门或者其他有关部门登记。

9）施工单位管理人员的安全教育安全培训

施工单位的主要负责人、项目负责人、专职安全生产管理人员应当经建设行政主管部门或者其他有关部门考核合格后方可任职，且应当对管理人员和作业人员每年至少进行一次安全生产教育培训，其教育培训情况记入个人工作档案。安全生产教育培训考核不合格的人员，不得上岗。

作业人员进入新的岗位或者新的施工现场前，应当接受安全生产教育培训。未经教育培训或者教育培训考核不合格的人员，不得上岗作业。施工单位在采用新技术、新工艺、新设备、新材料时，应当对作业人员进行相应的安全生产教育培训。

10）施工单位应当为施工现场从事危险作业的人员办理意外伤害保险

我国的建筑法规定，施工单位应当为施工现场从事危险作业的人员办理意外伤害保险，意外伤害保险费由施工单位支付。实行施工总承包的，由总承包单位支付意外伤害保险费。意外伤害保险期限自建设工程开工之日起至竣工验收合格止。

2. 从业人员安全生产中的权利和义务

（1）从业人员安全生产中的权利

1）知情权。从业人员有权了解其作业场所和工作岗位存在的危险因素、防范措施和事故应急措施。

2）建议权。从业人员有权对本单位的安全生产工作提出建议。

3）批评权和检举、控告权。从业人员有权对本单位安全生产管理工作中存在的问题提出批评、检举、控告。

4）拒绝权。从业人员有权拒绝违章作业指挥和强令冒险作业。

5）紧急避险权。从业人员发现直接危及人身安全的紧急情况时，有权停止作业或者在采取可能的应急措施后撤离作业场所。

6）依法向本单位提出要求赔偿的权利。

7）获得符合国家标准或者行业标准的劳动防护用品的权利。

8）获得安全生产教育和培训的权利。

（2）从业人员安全生产中的义务

1）自律遵规的义务

从业人员在作业过程中，应当遵守本单位的安全生产规章制度和操作规程，服从管理，正确佩戴和使用劳动防护用品。

2）自觉学习安全生产知识的义务

要求从业人员掌握本职工作所需的安全生产知识,提高安全生产技能,增强事故预防和应急处理能力。

3) 危险报告义务

从业人员发现事故隐患或者其他不安全因素时,应当立即向现场安全生产管理人员或者本单位负责人报告。

3. 安全生产的监督管理

建设工程安全生产的行政监督管理,是指各级人民政府建设行政主管部门及其授权的建设工程安全生产监督机构,对建设工程安全生产所实施的行政监督管理。

我国现行对建设工程(含土木工程、建筑工程、线路管道和设备安装工程)安全生产的行政监督管理是分级进行的,建设行政主管部门因级别不同具有的管理职责也不完全相同。

国务院建设行政主管部门负责建设工程安全生产的统一监督管理,并依法接受国家安全生产综合管理部门的指导和监督。国务院铁道、交通、水利等有关部门按照国务院规定职责分工,负责有关专业建设工程安全生产的监督管理。

县级以上地方人民政府建设行政主管部门负责本行政区域内的建设工程安全生产管理。县级以上地方人民政府交通、水利等有关部门在各自的职责范围内,负责本行政区域内的专业建设工程安全生产的监督管理。县级以上地方人民政府建设行政主管部门和地方人民政府交通、水利等有关部门应当设立建设工程安全监督机构负责建设工程安全生产的日常监督管理工作。

4. 安全生产责任事故的处理

① 县级以上地方各级人民政府应当组织有关部门制定本行政区域内特大生产安全事故应急救援预案,建立应急救援体系。

② 危险物品的生产、经营、储存单位以及矿山、建筑施工单位应当建立应急救援组织;生产经营规模较小,可以不建立应急救援组织的,应当指定兼职的应急救援人员。还应配备必要的应急救援器材、设备,并进行经常性维护、保养,保证正常运转。

③ 生产经营单位发生生产安全事故后,事故现场有关人员应当立即报告本单位负责人。单位负责人接到事故报告后,应当迅速采取有效措施,组织抢救,防止事故扩大,减少人员伤亡和财产损失,并按照国家有关规定立即如实报告当地负有安全生产监督管理职责的部门,不得隐瞒不报、谎报或者拖延不报,不得故意破坏事故现场、毁灭有关证据。

④ 负有安全生产监督管理职责的部门接到事故报告后,应当立即按照国家有关规定上报事故情况。负有安全生产监督管理职责的部门和有关地方人民政府对事故情况不得隐瞒不报、谎报或者拖延不报。

⑤ 有关地方人民政府和负有安全生产监督管理职责的部门的负责人接到重大生产安全事故报告后,应当立即赶到事故现场,组织事故抢救。任何单位和个人都应当支持、配合事故抢救,并提供一切便利条件。

⑥ 事故调查处理应当按照实事求是、尊重科学的原则,及时、准确地查清事故原因,查明事故性质和责任,总结事故教训,提出整改措施,并对事故责任者提出处理意见。

⑦ 生产经营单位发生生产安全事故,经调查确定为责任事故的,除了应当查明事故单位的责任并依法予以追究外,还应当查明对安全生产的有关事项负有审查批准和监督职

责的行政部门的责任，对有失职、渎职行为的，依法追究法律责任。

【案例 5-1】 因工程质量问题而产生工程价款纠纷

（1）背景

某海滨城市为发展旅游业，经批准兴建一座三星级大酒店。该项目甲方于××年10月10日分别与某建筑工程公司（乙方）和某外资装饰工程公司（丙方）签订了主体建筑工程施工合同和装饰工程施工合同。

合同约定主体建筑工程施工于当年11月10日正式开工。合同日历工期为2年5个月。因主体工程与装饰工程分别为两个独立的合同，由两个承包商承建，为保证工期，当事人约定：主体与装饰施工采取立体交叉作业，即主体完成三层，装饰工程承包者立即进入装饰作业。为保证装饰工程达到三星级水平，业主委托监理公司实施"装饰工程监理"。

在工程施工1年6个月时，甲方要求乙方将竣工日期提前2个月，双方协商修订施工方案后达成协议。

该工程变更后的合同工期竣工，经验收后投入使用。

在该工程投入使用2年6个月后，乙方因甲方少付工程款起诉至法院。诉称：甲方于该工程验收合格后签发了竣工验收报告，并已开张营业。在结算工程款时，甲方应付工程总价款1600万元人民币，但只付1400万元人民币。特请求法院判决被告支付剩余的200万元及拖期的利息。

在庭审中，被告答称：原告主体建筑工程施工质量有问题，如：大堂、电梯间、大厅墙面、游泳池等主体施工质量不合格。因此，装修商进行返工，并提出索赔，经监理工程师签字报业主代表认可，共支付15.2万美元，折合人民币125万元。此项费用应由原告承担。另外还有其他质量问题，并造成客房、机房设备、设施损失计人民币75万元。共计损失200万元人民币，应从总工程款中扣除，故支付乙方主体工程款总额为1400万元人民币。

原告辩称：被告称工程主体不合格不属实，并向法庭呈交了业主及有关方面签字的合格竣工验收报告及业主致乙方的感谢信等证据。

被告又辩称：竣工验收报告及感谢信，是在原告法定代表人宴请我方时，提出为了企业晋级的情况下，我方代表才签的字。此外，被告代理人又向法庭呈交业主被日本立成装饰工程公司提出的索赔15.2万美元（经监理工程师和业主代表签字）的清单56件。

原告方再辩称：被告代表纯粹系戏言，怎能以签署竣工验收报告为儿戏，请求法庭以文字为证。又指出：被告委托的监理工程师监理的装饰合同，支付给装饰公司的费用凭单，并无我方（乙方）代表的签字认可，因此不承担责任。

原告最后请求法庭关注：从签发竣工验收报告到起诉前，乙方向甲方多次以书面方式提出结算要求。在长达2年多的时间里，甲方从未向乙方提出过工程存在质量问题。

（2）问题

试进行案例分析。

（3）分析与解答

案例分析：上述是因工程质量问题而产生工程价款纠纷的典型案例。很显然，业主方对工程的验收程序合法有效，在长达2年多的时间里，甲方从未向乙方以书面方式提出过工程存在质量问题，超过了有关诉讼时效与工程保修时效的规定，再提出工程存在质量问题,法院将不予以保护。而业主方拖欠工程款的事实存在,施工方在规定的诉讼时效内提出付款要求法院将予以支持。业主方因质量问题进行扣款应得到施工方的签认。

【案例 5-2】 现场安全管理

(1) 背景

河南省通许县高三学生杨林高考结束后到县里正在改建的体育场散步,巧遇体育场看台网架施工,施工中切割片意外飞出,正飞到 30 米开外杨林的脸上,经送往医院医疗救治,一眼球伤残,移植假眼。

后调查得知,县体育场改造工程的建设单位是该县体委,体委将该工程整体发包给通许县某建筑工程总公司,后由项目经理张某全权挂靠承包,并向公司交管理费。

在施工过程中张某又将主席台网架结构工程分包给李某施工,双方协议了承包的价格,并没有签订书面合同,只是在预算书上盖有开封祁湾建筑公司的公章。后调查得知在法人代表未知情的情况下偷盖的。事发后杨园园将发包方(体委)、承包商(县建总)、张某,分包商(开封祁湾建筑公司)李某一并告上法院,要求其承担 20 万元医药费及损失。

(2) 问题

试分析该案例。

(3) 分析与解答

案情分析:上述是总分包商之间因现场安全管理不到位而发生安全事故的典型案例。上述案例中体委将该工程整体发包给通许县某建筑工程总公司,由项目经理张某全权挂靠承包,总包关系成立;在施工过程中张某将主席台网架结构工程分包给开封祁湾建筑公司李某施工,双方协议了承包的价格,虽然没有签订书面合同,但是存在事实上的分包合同法律关系。据我国建筑法与安全管理条例的规定,总分包商对安全事故承担连带责任。上述承包人张某与李某代表施工企业履行职务行为,应由通许县某建筑工程总公司和开封祁湾建筑公司承担连带责任,分包商没有采取任何安全措施,是事故的主要责任人,总包商对施工现场疏于管理,对事故承担次要责任。承包人张某与李某给施工企业造成的经济损失,属于另外一个法律问题,由施工方依法进行追索。

参 考 文 献

[1] 江见鲸主编. 房屋建筑工程管理与实务. 北京：中国建筑工业出版社，2004.
[2] 田金信主编. 建筑工程质量控制. 北京：中国建筑工业出版社，2003.
[3] 毛鹤琴，张远林主编. 施工项目质量与安全管理. 北京：中国建筑工业出版社，2002.
[4] 潘延平主编：质量员必读. 北京：中国建筑工业出版社，2005.
[5] 本书编委会编. 房屋建筑工程管理与实务. 北京：中国建筑工业出版社，2004.
[6] 张向群主编. 建筑工程质量检查验收一本通. 北京：中国建材工业出版社，2005.
[7] 国家标准. 建筑工程施工质量验收系列规范. 北京：中国建筑工业出版社，2002.
[8] 姚谨英主编. 建筑施工技术. 北京：中国建筑工业出版社，2004.
[9] 毛鹤琴主编. 土木工程施工. 武汉：武汉理工大学出版社，2006.
[10] 谢尊渊、方先和主编. 建筑施工. 北京：中国建筑工业出版社，1998.
[11] 毛鹤琴主编. 建筑施工. 北京：中国建筑工业出版社，2000.
[12] 许兰主编. 质量事故分析. 北京：中国环境科学出版社，1994.
[13] 廖代广主编. 建筑施工技术. 武汉：武汉工业大学出版社，2002.
[14] 赵志缙，应惠清主编. 建筑施工. 上海：同济大学出版社，2003.
[15] 祖青出主编. 建筑施工技术. 北京：中国环境科学出版社，2002.
[16] 徐波主编. 建筑业 10 项新技术（2005）应用指南. 北京：中国建筑工业出版社，2005.
[17] 危道军，李进主编. 建筑施工技术. 北京：人民交通出版社，2007.